●土木工学選書●

地域環境システム

佐藤愼司 ••• 編

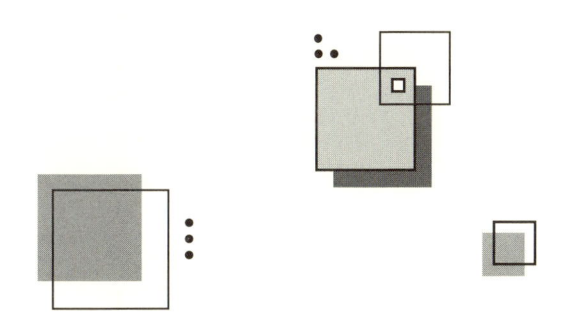

朝倉書店

編 集

佐藤愼司　東京大学大学院工学系研究科社会基盤学専攻・教授

執筆者 （執筆順）

花木啓祐　東京大学大学院工学系研究科都市工学専攻・教授
坂本雄三　東京大学大学院工学系研究科建築学専攻・教授
足永靖信　国土交通省国土技術政策総合研究所建築研究部・室長
楠田哲也　北九州市立大学国際環境工学部エネルギー循環化学科・教授
角　哲也　京都大学防災研究所水資源環境研究センター・教授
辻本哲郎　名古屋大学大学院工学研究科社会基盤工学専攻・教授
佐藤愼司　東京大学大学院工学系研究科社会基盤学専攻・教授
井上隆信　豊橋技術科学大学大学院工学研究科建築・都市システム学系・教授
古米弘明　東京大学大学院工学系研究科附属水環境制御研究センター・教授
鯉渕幸生　東京大学大学院新領域創成科学研究科環境学研究系・講師
磯部雅彦　東京大学大学院新領域創成科学研究科環境学研究系・教授
谷田一三　大阪府立大学大学院理学系研究科生物科学専攻・教授

まえがき

　「人類世」とも呼ばれる現代社会では，人口が急増するとともに，様々な人間活動が高密度に展開されている．このような社会の実現には，産業革命，窒素の固定化，医療革新，治水・農耕技術の発達など，工学をはじめとする諸分野の技術革新が果たした役割が大きく，不断の技術開発とそれを支える学術の探究は，高度に成熟した社会を持続するうえでもきわめて重要である．しかしながらその一方で現代社会において，対応の困難な環境問題が増加しており，技術・学術の質の転換が求められているようにも思える．

　地球規模の環境問題と生活の質の向上，流域圏環境の荒廃と海岸侵食，都市への集積と内湾の水質・生態系問題など，対応が困難なこれらの問題の多くは，物質やエネルギーの流れのバランスが崩れたことに起因し，過度の集積や欠乏が時空間軸上で連鎖的な環境劣化を引き起こしている．

　このような問題に適切に対応するためには，物質やエネルギーの流れを科学的に理解する必要があるが，絶え間なく輸送されているものを動的に分析するのは困難であるとともに，輸送量の変化は局所的な変化であっても，時間遅れを伴いながら広域に影響を及ぼすため，局所的に最適と思われる対応化が必ずしも全体の最適化にならない場合が多い．

　自然と人間社会との望ましい関係の構築を目指す学術体系の代表例である，土木・建築・都市工学など建設系の学術分野では，個人的・局所的な空間から，地域スケールさらには地球規模・長期的なスケールまで，それぞれ異なる時空間スケールや構造物を対象としながら，先端的な学術が蓄積され，良質な社会の形成に貢献してきた．

　しかしながら，上に述べたような新しいタイプの環境問題を解決するには，横断的・俯瞰的なアプローチが必要であり，従来の学術体系の再構築が必要と思われる．

　東京大学では，2003年度より21世紀COE・グローバルGCOEプログラムにより，都市空間の持続的な再生を目標とし，新たな学術体系の創出と展開が進められている．同プログラムでは，土木・建築・都市工学の従来の学術領域を融合

して，実際の問題に様々な専門家が共同して問題解決を図る先進的な研究拠点の形成が図られている．

　本書は，これらの意欲的な研究成果を含め，持続的な地域環境システムの構築を見据えて展開されている研究の先端事例を紹介しつつ，戦略的な地域環境マネジメントを実現するために必要となる基本的な要素と学術的な取扱いについて，体系的に整理したものである．

　本書が，研究・教育の場において，学術の新しい展開に向けた基本的な枠組を議論する材料になるとともに，実務においても問題解決と具体的な環境管理方策の検討に活用されることを願う．

　2011 年 1 月

佐 藤 愼 司

目　次

1. **人間活動が地域環境に与えるインパクト** 〔花木啓祐〕… 1
   - 1.1 環境へのインパクトとは ……………………………………… 1
     - 1.1.1 環境負荷と環境影響 ………………………………………… 1
     - 1.1.2 環境容量 ……………………………………………………… 7
   - 1.2 様々なインパクトと対策 ……………………………………… 10
     - 1.2.1 土地利用の変化 ……………………………………………… 10
     - 1.2.2 資源採取の負荷 ……………………………………………… 15
     - 1.2.3 廃棄物の負荷 ………………………………………………… 18
     - 1.2.4 有機資源のマネジメント …………………………………… 20
     - 1.2.5 水環境への負荷 ……………………………………………… 22
     - 1.2.6 都市気候へのインパクト …………………………………… 24
     - 1.2.7 交通による環境へのインパクト …………………………… 26
     - 1.2.8 農業がもたらすインパクト ………………………………… 28
   - 1.3 直接負荷と誘発負荷 …………………………………………… 28
     - 1.3.1 都市の誘発負荷 ……………………………………………… 28
     - 1.3.2 LCA 的な評価 ………………………………………………… 29
   - 1.4 環境インパクトによる損失の経済的評価 …………………… 31
   - 1.5 環境負荷とトレードオフ ……………………………………… 34
   - 1.6 サステイナブルな地域に向けて ……………………………… 37

2. **都市におけるエネルギーと熱のマネジメント** ………………… 40
   - 2.1 建築物と都市におけるエネルギー消費と省エネルギー… 〔坂本雄三〕… 40
     - 2.1.1 環境問題と建築物の省エネルギー ………………………… 40
     - 2.1.2 京都議定書とその目標達成 ………………………………… 41
     - 2.1.3 建築物のエネルギー消費と省エネルギー基準 …………… 43
     - 2.1.4 業務用建築の省エネルギー基準 …………………………… 46

2.1.5　住宅の省エネルギー基準……………………………………48
　　2.1.6　建築物の省エネルギーにおける課題と展望………………50
2.2　ヒートアイランドのメカニズムと影響……………〔足永靖信〕…52
　　2.2.1　ヒートアイランドとは………………………………………52
　　2.2.2　気温の経年変化………………………………………………53
　　2.2.3　東京の気温分布と風…………………………………………53
　　2.2.4　都市の高温化の要因…………………………………………54
　　2.2.5　ヒートアイランドの影響……………………………………56
2.3　ヒートアイランドの対策とその効果……………………………59
　　2.3.1　都市環境計画とヒートアイランド対策……………………59
　　2.3.2　建物の屋根の熱的構造………………………………………60
　　2.3.3　屋上緑化………………………………………………………61
　　2.3.4　クールルーフ…………………………………………………62
　　2.3.5　建物のエネルギーフロー……………………………………62
　　2.3.6　都市の風通しとヒートアイランド…………………………64
　　2.3.7　数値シミュレーションによる都市環境の評価……………65

3. 水と土砂のマネジメント……………………………………………67
3.1　流域水マネジメント………………………………〔楠田哲也〕…67
　　3.1.1　流域水マネジメントとは……………………………………67
　　3.1.2　流域水マネジメントの考え方………………………………68
　　3.1.3　流域水マネジメントの枠組と対象要素……………………69
　　3.1.4　流域水マネジメントに際して考慮が必要な基本的条件…71
　　3.1.5　流域水マネジメントの対象要素間関係……………………76
　　3.1.6　流域水マネジメントの主要目標についての留意点………78
　　3.1.7　流域水マネジメントの手法と評価…………………………83
　　3.1.8　流域水マネジメントの事例…………………………………85
　　3.1.9　今後の課題……………………………………………………89
3.2　土砂輸送のマネジメント…………………………………………90
　　3.2.1　山地における土砂生産とダム貯水池周辺の環境変化…〔角　哲也〕…90
　　3.2.2　河川における流砂と生態系………………………〔辻本哲郎〕…102
　　3.2.3　海岸の環境変化……………………………………〔佐藤愼司〕…123

4. 物質輸送と生態系のマネジメント ……………………………………………… 144
4.1 物質輸送のマネジメント ………………………………〔井上隆信〕… 144
- 4.1.1 水質成分の流出源 …………………………………………………… 144
- 4.1.2 各水質成分の概要と流出源 ………………………………………… 146
- 4.1.3 水質成分の流出特性 ………………………………………………… 150
- 4.1.4 輸送過程での水質変化 ……………………………………………… 154
- 4.1.5 物質輸送のマネジメント手法 ……………………………………… 154

4.2 都市沿岸域への汚濁負荷と微量汚染物質の動態 ………〔古米弘明〕… 158
- 4.2.1 都市域の水質汚濁問題と下水道整備 ……………………………… 158
- 4.2.2 都市域における人工的な水の流れと汚濁物の流れ ……………… 159
- 4.2.3 都市域からの汚濁負荷の流出経路 ………………………………… 161
- 4.2.4 東京湾への汚濁負荷量の推定 ……………………………………… 163
- 4.2.5 下水排除方式と雨天時汚濁負荷排出 ……………………………… 164
- 4.2.6 微量汚染有機物による都市ノンポイント汚染研究の事例紹介 … 166
- 4.2.7 合流式下水道雨天時越流に伴う病原微生物汚染研究の事例紹介 … 174
- 4.2.8 都市域雨天時汚濁研究の重要性 …………………………………… 184

4.3 内湾の水質と生態系 …………………………〔鯉渕幸生・磯部雅彦〕… 187
- 4.3.1 内湾への物質流入と富栄養化 ……………………………………… 188
- 4.3.2 内湾の流動構造とそのメカニズム ………………………………… 192
- 4.3.3 内湾における富栄養化現象と物質循環 …………………………… 201
- 4.3.4 魅力的で質の高い内湾環境の創造へ向けて ……………………… 214

4.4 河川生態系のマネジメント ………………………………〔谷田一三〕… 217
- 4.4.1 河川生態系のマネジメント（管理）は可能か …………………… 217
- 4.4.2 河川生態系の特性 …………………………………………………… 219
- 4.4.3 河川連続体仮説 ……………………………………………………… 220
- 4.4.4 河川連続体仮説以外の枠組 ………………………………………… 223
- 4.4.5 河川生態系における貯留・徐放装置 ……………………………… 225
- 4.4.6 河川生態系の連続性 ………………………………………………… 229
- 4.4.7 河川生態系マネジメントとモニタリング ………………………… 230
- 4.4.8 生物種個体群のマネジメント ……………………………………… 238
- 4.4.9 連続性のマネジメント ……………………………………………… 240

索　　引 …………………………………………………………………………… 247

1
人間活動が地域環境に与えるインパクト

1.1 環境へのインパクトとは

1.1.1 環境負荷と環境影響

　かつてわが国の環境問題は，その原因と結果が明確なものが主流であった．しかし，今日の社会に典型的な環境問題は，地球温暖化問題，廃棄物問題，生態系の劣化，緑地の喪失，資源の枯渇など，現代の社会において通常と考えている人間活動がもたらす広汎な問題が主たる対象になっている．そして，何よりも重要なことは，ひとつひとつの環境問題は独立ではなく相互に関連し，また人間社会のあり方と深い関係をもつようになっている点である．今日，環境問題は持続可能性（サステイナビリティ）の中で社会および経済と相互連関をもつものとして捉えられるようになった．環境問題が多く生じる都市に対しても，個別の環境問題の解決のみではなく，人間の生活が最も集約的に行われる都市という場を通して環境問題を包括的に捉えるようになってきた．

　今日，大気汚染物質や水質汚濁物質のように，濃度で環境の状態を表現し，それに対して環境基準が設定されるタイプの環境問題のみならず，環境の状態の把握自体が容易でなく，また状態の善し悪しの判断には価値観が含まれるものに課題の中心が移行してきた．たとえば，今日我々が排出している廃棄物の問題を考えてみると，多様な種類の廃棄物の排出がもたらす環境影響をどのように評価するかは容易ではなく，またその影響の深刻さの評価は人々の価値基準によって左右される．ある人は有害物質の排出を重要視し，別の人は埋立て廃棄物の総量を問題と考える．

　環境影響の原因となる人間の活動も，製造業のような特定の活動というよりは日常的な人間活動が中心になってきた．かつてのように特定の工場の不適切な操業によって生じる問題ではなく，当事者は一般市民であり，適切に対処していると自らは考えているにもかかわらず環境問題は生じるのである．したがって，か

つての公害問題の場合のように環境に影響を及ぼしうる活動をもはや汚染物質の排出という言葉で表現することはできない．そこで，より広い範囲の人間活動を含む広義の言葉である環境負荷という用語が使われるようになったのである（図1.1）．

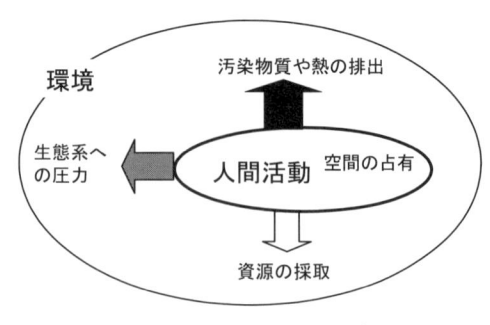

図1.1 人間活動による環境負荷

環境負荷とは，人間活動によって生じる環境への働きかけである．したがって，人間がその活動のために採取する資源，排出する汚染物質や熱，あるいは人為的に占有する空間など，すべてが環境負荷という言葉で表現される．

産業革命前の化石燃料に依存しない生活であった時代でも，人間の基本的な居住は環境負荷を与えていた．すなわち，まず人間の居住のために自然地を人工地に改変した．そして人間はその生存に不可欠なものとして水の供給を行い，それが水資源に対する負荷となった．使用した水は排水となって水環境の悪化の原因となりえた．自分自身が排出したものが自らの環境を悪化させるおそれがあった．しかしながら，多くの場合これらの環境負荷は十分に環境の受入れ能力の範囲に収まる程度に小さかった．

ところが，今日の社会においては1人ひとりの居住に伴い，冷暖房，動力，移動をはじめとして産業革命前に比べて格段に多量のエネルギーの消費を伴い，また人間の消費活動が生産および商業活動を盛んにし，これらもまた環境に大きな負荷を与えている．さらに，人間が化石燃料を手に入れることによって飛躍的に増大した活動，科学技術の進歩は栄養状態の向上とともに疾病の治療の進歩をもたらし，その結果としての人の寿命の延長，人口の爆発的な増加が生じている．科学の進歩がもたらしたこれらの現象は，人類にとっては好循環であると考えられていた．しかし，人間活動の負荷を受け入れる環境にとってはその受容能力を明らかに上回る環境負荷が与えられ，しかも増加しつつあるとの考えが，少なくとも先進国の一般市民の認識になっている．

人間活動の影響を最も幅広く反映する種類の環境負荷は，エネルギー資源の消費と二酸化炭素排出であろう．現代の生活のあらゆる瞬間にこれらの環境負荷が生じている．

密室でたばこを吸うように，環境負荷の増大は環境の悪化をもたらし，それは

人間社会にとっても問題を生じる．このような事態に人類が悩まされるようになるには産業革命後さほど時間がかからなかった．石炭などの燃焼による呼吸器系疾患や，わが国の公害問題の歴史において有名な19世紀終盤の足尾の鉱毒などは古典的な例である．産業の発達とともに公害は悪化の道をたどり，第2次世界大戦後の1950年代に至っても，石炭などの燃焼の煙と霧のためにロンドンで数千人におよぶ多数の死者が出るような事態が生じた．

わが国においては，高度経済成長期の1950〜60年代に生じた水銀に起因する水俣病，カドミウムに起因するイタイイタイ病の例は産業型の公害問題の象徴であるが，より広く一般的に生じたのは，多くの工場の燃焼系や自動車に起因する大気汚染あるいは工場排水と生活排水による水質汚濁である．これらの問題が深刻になった時期には，環境問題による損失は産業がもたらす便益に比べて小さいと考えられ対策が十分に取られていなかった．高度経済成長期終盤の1970年の「公害国会」により，ようやく対策が義務づけられるようになった．このように，社会全体として経済的に余裕が出てくると，環境対策への設備投資，基盤整備が可能になり，また環境および人の健康に対する価値を高く見るようになるため，これらの環境問題は軽減され始めるのである．これらの過程は環境クズネッツ曲線として多くの国で経験されるものである（図1.2）．ここでは横軸に生活水準を表す1人当りのGDPを取っているが，この横軸に時間を

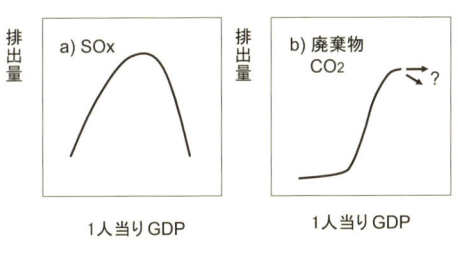

図1.2 環境クズネッツ曲線の典型例

取り1つの国の発展の程度と汚染物質の関係として表現することも多い．ここに示した硫黄酸化物（SOx）はクズネッツ曲線に従う最も典型的な環境問題だといわれる．日本のように図1.2aのSOxの曲線の右側にいる国もあれば，現在最も高い位置にいると思われる国もある．

しかし，このように生活水準の向上とともに環境が悪化し，そして回復するという環境クズネッツ曲線がすべての環境問題に対してあてはまるかというとそう簡単ではない．その典型は廃棄物や二酸化炭素の排出（図1.2b）である．硫黄酸化物のように，環境の悪化が市民の健康悪化に如実に表れ，またある程度の設備投資を行えば排煙からの硫黄除去や燃料の転換など様々な対策技術が存在する場合は，排出量の削減が社会の進展とともに可能になる．21世紀初頭の人類の大

きなチャレンジは，切札的な対策技術をもたない廃棄物や温室効果ガスに対しても，生活水準の向上が排出量の削減をもたらすことができるのかどうかという点である．社会が豊かになるほど環境負荷を低下させることができるのかは人類の持続可能性にとってきわめて重大な点である．

廃棄物や二酸化炭素の排出がクズネッツ型の曲線になるためにはどのような条件が必要であるかを硫黄酸化物の場合を参考にして挙げてみると，二酸化炭素の排出削減の技術，リサイクルによる廃棄物減量の技術，これらの排出の少ない社会の構築が妥当な程度のコストや社会的な犠牲の下で成立すること，またこれらの排出によって生じている環境の劣化を人々が重要視し，その解決への資金の投入や協力を惜しまないような状況が形成されることが必要になる．

さて，空気，水など，問題となる現象が生じる場を環境の媒体（メディア）という．ここで，環境媒体ごとの特性について概略を述べると表1.1のようになる．

表1.1　各環境媒体の特徴と典型的な環境問題

媒体	典型的な環境問題	特徴	対策の戦略
地圏	固形廃棄物，土壌汚染	拡散と反応速度非常に小	汚染の拡散を抑制
水圏	水質汚濁	拡散と反応速度中程度．循環による更新	水循環の作用を活用
気圏	大気汚染	拡散と反応の速度大	拡散作用を活用

まず，その物理的特性ゆえにそれぞれの環境媒体によって物質の移動能力が大きく異なる．排出された汚染物質は拡散を受けて濃度が変化する．その結果として生み出される汚染物質の濃度水準とその分布は，健康や生態系への影響に直接関わるとともに，環境中での汚染物質の反応速度にも関係する．ここでいう反応には水質汚濁物質の分解も含まれるし，逆に光化学反応による生成反応も含まれる．

物理的な原理から明らかなように，固形物系を中心とする地圏では拡散も反応も遅い．典型的には土壌汚染の場合がそうである．固形廃棄物に至っては汚染物質の濃度が変化すること自身がむしろまれである．土壌汚染の場合に典型であるが，このような汚染の場合にはむしろ汚染を拡散させずに狭い範囲で確実に対応を取ることが重要である．

水圏を構成する水は物質移動の観点からは大気と固形物の間といえるが，水に特徴的なことは，1つはものを溶かす能力であり，また循環型の資源としての再生能力である．固形物とともに存在している汚染物質の多くは水によって溶出さ

れる．それは身近な場では降雨に伴って農地や都市域から流出する非特定汚染源であり，また廃棄物埋立て処分場からの浸出水などである．水環境は自らを浄化する自浄作用を有しており，また大気を経由する水循環は巨大な蒸留装置である．このような水循環と環境回復能力を活用することが水環境に対する基本的な戦略である．

一方，大気の場合にはその拡散や移動の速度は非常に大きい．そのことが国境を越えた国際的な大気汚染問題の発生につながっている．さらに，光が関与する光化学反応は他の媒体の場合に比較して速く，秒の単位で生起する反応である．大気については，水の蒸発のように浄化されて新鮮な空気が発生する源があるわけではないが，速度，量ともにその希釈能力の大きさが特徴になっており，その活用が重要となる．

さて，ここで環境問題に対する対策の基本的な方針について考えてみよう．大気汚染物質や水質汚濁物質のような従来からの汚染物質による環境問題に対しては対症療法を行う，というのが伝統的な対処方法であった．すなわち，汚染物質が発生するのであれば，それが環境中に出ないように除去するというのが基本的な対策である．このような技術はエンドオブパイプ技術と呼ばれる．すなわち，環境に排出される直前のパイプの終端（end-of-pipe）で汚染物質を除去するのである．大気汚染物質除去のための脱硫や脱硝装置，排水処理技術としての活性汚泥法に代表されるこれらの技術は環境問題の解決にきわめて大きい効果を発揮した．しかし，今日このエンドオブパイプ技術では対処できない環境負荷が大きな問題となっている．土地利用の変化，二酸化炭素の排出，資源の消費など根本的な環境負荷の増大を抑制するには，もっと根本にさかのぼった対策が必要になる．

水質汚濁物質や工場由来の大気汚染物質などエンドオブパイプが有効な環境負荷のみならず，二酸化炭素のように根本的な体質改善が必要な環境負荷が混合し絡み合った形で，今日の人間の活動は環境に影響を与えている．そのような環境影響を把握し問題を解決していくためには俯瞰的な（ホリスティックな）見方が必要である．すなわち，多くの要素から構成される環境負荷の全体像とそれらの相互関係を把握する見方である．

ここで，資源消費も含む様々なタイプの環境負荷を俯瞰的に見て分類してみよう．ここでは2つの性質をカギとして表1.2のように4つに分類する．第1のカギはその影響が及ぶ範囲が局地的なものか，地球全体に及ぶグローバルなものかであり，もう1つのカギはその負荷が一過性のものか蓄積性のものかである．この第2のカギは，資源消費を扱う場合にはその資源が再生可能か再生不能かとい

う言葉に置き換えるとわかりやすい．

表 1.2　資源消費も含む環境負荷の分類とその例

	局地的	グローバル
一過性，再生可能（renewable）	BOD，窒素，リン	森林資源消費
蓄積性，再生不能（non-renewable）	重金属，廃棄物埋立て	温室効果ガス，フロン類

　グローバルで蓄積性の負荷の典型は二酸化炭素の排出で，世界中のいずれの地で排出された二酸化炭素も，それらがすべて加算された形で環境に影響が与えられるのでその総量が問題になる．これらの負荷の場合，ある1つの行為に起因して異なる場所で生じた負荷を空間的に加算する必要があり，時間的にも蓄積的な効果を考える必要がある．局地的で一過性の環境負荷の典型はBOD，窒素，リンなどの水質汚濁物質で，これらはある水域に高濃度で存在することが問題であって地球全体での発生総量を加算していく性質のものではない．

　実際に生じる環境への影響は，その原因となっている環境負荷とその負荷を受ける環境側の状態によって異なってくる．その因果関係は特に今日の環境問題では複雑である．

　ところで，個々の環境負荷を別々に捉えるのではなく，人間が環境に与える負荷として人間活動の影響を大きく捉えた場合，D-P-S-E-Rモデルと呼ばれる基本的な構造に因果関係を整理することがOECDなどでは行われる[1]．D-P-S-E-Rの由来は，Driving force（経済活動などの駆動力），Pressure（環境への圧力），State（環境の状態），Effect（人体や生物への影響），Response（環境対策）の頭文字である．このように要素に分けて考えることによって，根本的な要因，直接の原因，そしてそれによって生じる環境の変化，そして実際に生じる影響と対策を別々に評価し，因果関係の構造が明らかになる．

　公害が主な環境問題であったときにも，因果関係の詳細が不明でもその関係を「ブラックボックス」として扱い，対策を立てることが可能であった．ブラックボックスとは，インプットである環境負荷とアウトプットである環境影響の間の相関関係が経験的にわかっており，それがどのような物理的な関係であるかを問わず，一方から他方を求めるやり方である．もちろん，インプットとアウトプットの関係がはっきりしておりブラックボックスを構成するシステムに変化がないならば，そのインプットの範囲内の入力に対しては出力を予測することができる（図 1.3）．

　例を挙げると，富栄養化したある湖に対して流入する栄養塩としてのリンの量

と，その湖で発生し問題を起こす植物性プランクトンの因果関係が経験的にわかっていれば，その経験の範囲内ではリンの削減による植物性プランクトンの抑制の効果の結果を予測することができる．世界の湖の統計解析に基づくこの種のモデルは実際に使われている．一見それで十分なように思えるが，多くの場合その湖やその周辺の状態自身も変化し，また季節による変化などが生じるとともに実際には経験していないような負荷に対する影響予測を行わなければならない場合も少なくない．このような場合には，ブラックボックスを用いた推定は論理的に適用ができない．

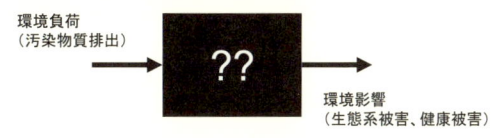

図1.3 環境負荷と環境影響をつなぐブラックボックス

これに対して，単なるブラックボックスではなくその因果関係を物理的に解析しておきモデルを構築すれば，そのモデルの適用可能性，融通性はブラックボックスに比べて大きいものとなる．湖の解析の例でいえば，プランクトンの増殖のメカニズムや湖内の混合を織り込んだ生態系モデルがそれに相当する．

汚染物質が原因になって生じる水質汚濁や大気汚染の場合には，それぞれの環境の場の特性を組み込んだモデルによって環境負荷と環境影響の関係を求める．たとえば，湖沼の生態系と物質変化をモデル化したモデルによって対策効果を評価し，湖沼の水質改善計画を立てる，あるいは光化学反応と拡散を組み込んだ大気汚染モデルで有害物質濃度の時間的および空間的分布を求めることなどが行われる．

1.1.2 環境容量

環境容量（carrying capacity）とは，重大な環境影響を及ぼさずに環境が受け入れることが可能な環境負荷のことである．今日そして21世紀のこれからの人間活動による負荷は，地球が有する環境容量の範囲に収まるのかという地球全体のサステイナビリティに関する議論の際にも用いられるが，一方で現実的な個別の環境管理の場でも用いられる．

後者の具体例としては，内湾に対する栄養塩の汚濁負荷の総量や，ある河川に対する有機汚濁物質の排出量，ある都市の大気に対する汚染物質の排出許容総量の算出の根拠として環境容量が用いられる．

環境容量以下の環境負荷は重大な環境影響を生じることなしに無害化されるから，環境容量は対象とする環境媒体側の影響の受けにくさを表す量ということができる．環境保全の立場からは，この環境容量は排出総量の目標値となる．

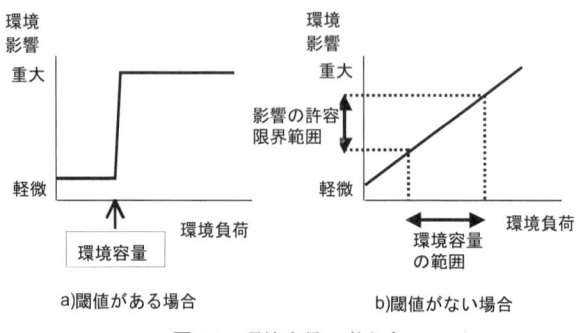

図1.4 環境容量の考え方

　このように，理論的には環境容量をもとにして環境への環境負荷の許容量を明らかにしそれを目標に様々な環境の対策を取ることによって，環境への深刻な影響を回避できる．この環境容量こそが鍵となる数量である．しかしながら，環境容量を求めるに当たって遭遇する現実の状況ははるかに複雑である．まず，重大な環境影響を及ぼさない程度という環境影響の水準を定義することが困難である．図1.4aのように，ある水準を超過すると環境影響が急激に重大になるという，いわゆる閾値（「いきち」あるいは「しきいち」と読む）がある場合はその急激な環境影響が生じない限界を環境容量とすればよい．しかし多くの場合，図1.4bのように環境負荷と環境負荷の関係はなだらかであり，特定の閾値を求めることは困難である．このような場合，許容する環境影響にも幅があり，それに対応する許容負荷すなわち環境容量にも幅が出る結果となる．

　環境容量の理念については，かつて1970年代に活発な議論がなされた[2]．具体的な定義については様々な考えがあるが，大きく分けて，環境基準の達成を目的にし，そのために汚濁物質の排出総量を抑制する総量規制の理論的裏付けとして用いられる場合と，本質的に生態系の復元力などの観点から求める場合がある．前者については，環境基準が定められている環境の場に対してシミュレーションなどで環境容量を算出することは，少なくとも理論的には難しくはない．たとえば，BOD，窒素などの水質汚濁項目については，汚濁源の放流地点を特定し水域の流量などから河川の自浄作用のモデルや湖沼モデルを用いて環境容量を計算

することができる.

　それに比して，後者の方には困難性がある．とりわけ，廃棄物の埋立て，森林の利用などの場合には，様々な環境負荷に対する環境容量をどのように求めるかについては定まった方法が確立していない．

　ここで，環境基準を達成するために環境容量を求める場合について仮想的に考えてみたい．図1.5は環境基準が設定された湖沼の仮想的な例である．この湖沼に排出される汚濁物質（たとえば栄養塩）の量と湖沼の水質の関係は季節によって異なり，一般に夏季の方が冬季よりも水質が悪くなる．湖の中で生じている様々な現象を表現するのが湖沼生態系モデルであるが，その出力として水質指標（たとえばCOD濃度）を取ると図1.5右のようになる．この環境基準値から許容される排出量を求めたものが環境容量である．もし季節ごとに求めるとすれば，冬季の方が夏季よりも環境容量は大きくなる．すなわち冬季の方が多くの汚濁物質を受け入れても所定の環境基準の水質を達成できる．環境容量はこの湖沼内部での植物プランクトンの増殖，湖沼内の混合の状況，そして流入・流出する河川の水量によって影響を受ける．

　このようにして環境容量を求め水質改善計画を立てることは，たとえば東京湾等の閉鎖性水域で行われている．その場合，環境基準を達成するための許容排出量を求め，それと現実の排出量の乖離を基本にして，排出量の総量を制限していく．

　一般に，ある水系の環境容量を求めた場合，実際の排出負荷量をこれと比較する（図1.6）．環境容量と環境負荷を比較し，後者が上回っているときには対策を取る必要がある．対策としては，環境負荷を減じる対策と，環境容量を増大させる対策がある．最も一般に導入されるのが，排水処理による汚濁負荷削減対策である．環境容量を増大させる対策としては，湖沼など閉鎖性水域の場合には清浄

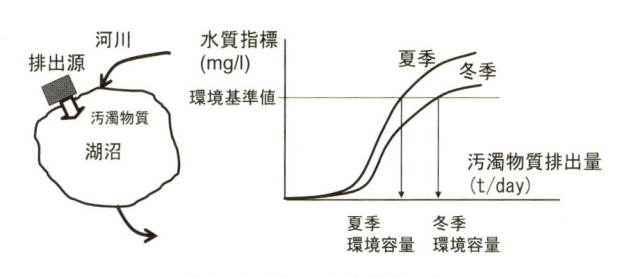

図1.5　湖沼の環境容量の例

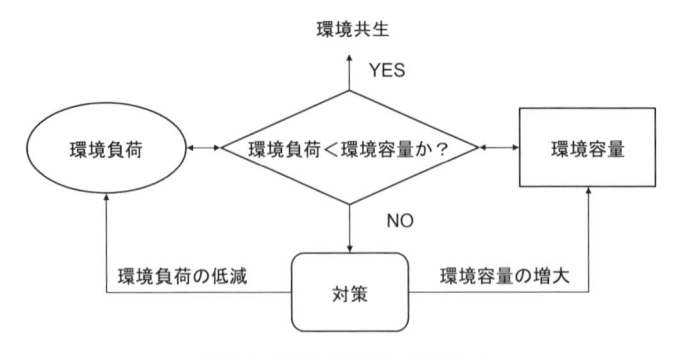

図 1.6 環境容量に基づく対策

な河川の水をその場に導入することによる事業や，河川や湖沼に空気を送り込むなどの方法で汚濁物質の分解能力を高める事業が考えられ，また一部では実際に行われている．

1.2 様々なインパクトと対策

1.2.1 土地利用の変化

土地利用の変化は人間居住によって生じる最も根本的な変化である．それは，発展途上国では森林破壊の大きな原因となる．実際，発展途上国では農村から都市への人口の移動が激しい速度で生じている（表 1.3）．これは都市部の方に就業機会が大きく，所得にも格差があるためである．

図 1.7 に示すように，かつてわが国では高度経済成長期の初期に大量の人口が三大都市圏をはじめとした都市に集中した．1960 年頃の三大都市圏への人口転入は毎年 60 万人程度にも上った．そのような集中に伴って急速に増大する環境

表 1.3 世界の地域・国の都市人口比率の変遷と予測

国	1970 年	2000 年	2030 年（予測）
世界平均	36.1%	46.4%	59.0%
発展途上国	25.3	40.0	55.0
日本	53.2	65.2	73.0
中国	17.4	35.8	61.9
タイ	20.9	31.1	45.8
インド	19.8	27.7	39.7

国連[3]による．ただし，都市人口の定義は国により異なる．

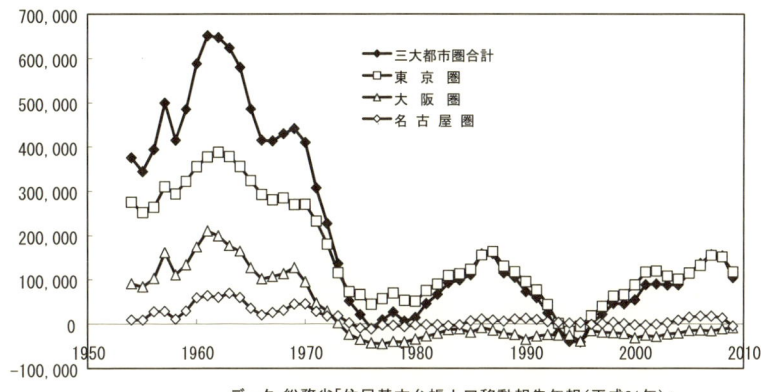

図1.7 三大都市圏への人口の転入超過数（1954～2009年）

データ：総務省「住民基本台帳人口移動報告年報（平成21年）」

　負荷に対して，様々な環境対策や下水道などのインフラが追いつかない状況が生じ，全国の都市部において公害問題が生じた．このような様々な環境問題は都市への人口と機能の集中によるものであり，それらを長期的に管理するものが国土計画である．

　国土全体としての土地利用は国土計画で考えられてきた．表1.4に国土計画の変遷を示す．最初の国土計画である全国総合開発計画（全総計画）が策定された1962年は，まさに図1.7からもわかるように大都市圏への人口集中のピーク時であった．新全総を経て1977年に策定された三全総は大都市への過度な集中を解消し，均衡ある分散型の開発を促進しようとしたものの，図1.7のように東京への集中は引き続き生じた．その後の人口集中の遷移を見ると，三大都市圏の中で東京圏のみへの人口集中がバブル景気に先立つ形で起きており，また2000年代に入っても一定の水準で生じている．

　2005年，計画の根拠法が国土総合開発法から国土形成計画法に改正され，「全国計画」と「広域地方計画」から構成される国土形成計画が新たに策定された．

　この国土形成計画は，人口が減少していく中でどのように国の活力を維持し良好な国土を保っていくかという点に中心が置かれている．

　これら一連の国土の総合計画を環境負荷との関連で振り返ってみると，初期の計画では公害問題に配慮しながらも都市化，工業化の大きな流れの中でどのようにその圧力に対応していくかということが中心であり，環境は留意事項として捉

表 1.4 日本の国土の総合的計画の変遷

名称	策定年	特徴
全国総合開発計画（全総計画）	1962	「拠点開発方式による国土開発」既成大集積以外の地域に対し，新産業都市や工業整備特別地域を指定した拠点開発方式による国土開発
新全国総合開発計画（新全総計画）	1969	「日本列島の主軸の形成」7大中核都市（東京，札幌，仙台，名古屋，大阪，広島，福岡）の整備とこれら相互の交通通信網の整備により日本列島の主軸を形成
第3次全国総合開発計画（三全総計画）	1977	「定住圏の整備」大都市への人口と産業の集中を抑制し，全国に200～300の定住圏を整備するなどして，地方を振興し全国土の利用の均衡を図る．
第4次全国総合開発計画（四全総計画）	1987	「多極分散型国土の形成」特定の地域への人口や機能の過度の集中がなく，地域間，国際間で補完する国土を目指し，定住圏に加えて重層的な広域圏域が全国ネットワークを形成
第5次全国総合開発計画（21世紀の国土のグランドデザイン）	1998	「多軸型国土構造への転換」一極一軸型の国土構造を北東国土軸，日本海国土軸，太平洋新国土軸，西日本国土軸の4つの新しい軸をもつ国土構造に転換し，地域特性を生かした均衡ある発展を図る．
国土形成計画（全国計画と，東北圏，首都圏，北陸圏，中部圏，近畿圏，中国圏，四国圏，九州圏の8ブロックに対する「広域地方計画」から構成される）	2008（全国計画）2009（広域地方計画）	長期的な国土づくりの指針を示す「全国計画」と，国と地方の協働によりブロックごとに特色のある戦略を描いた「広域地方計画」から構成される．これによって，多様な広域ブロックが自立的に発展する国土を構築するとともに，美しく，暮らしやすい国土の形成を図る．量的拡大を伴った「開発」の基調から「成熟社会型の計画」への転換，また，国主導の計画から地方分権型の計画も含む二層の計画体系としたことが特徴である．全国計画において設定された戦略的目標は，東アジアとの円滑な交流・連携，持続可能な地域の形成，災害に強いしなやかな国土の形成，美しい国土の管理と継承，であり，これらの目標を推進するための視点として，「新たな公」を基軸とする地域づくりを掲げている．

えられていた．しかしながら，環境問題の質の変容と日本の産業活動，人口構成の変化の大きな変容を背景として，今日では土地利用のあり方を環境面から考慮する時代になってきている．

　人間の居住によって緑地の喪失が起きる．日本の森林全体については，人口の増加とともに減少しているように誤解しがちだが実際にはそのようなことはなく，統計が整備されている過去100年間を見ると，ほぼ一定もしくは微増[4]である．この間日本では植林の努力が行われ，森林面積は現在では2,500万ヘクタールで

国土の66.5%を占めている．この高い比率は世界でも有数であり，過去30年以上にわたってこの比率が続いている．この高い森林面積比率は，居住に適さない急峻な地域が多いということを示した結果ではあるとはいえ，環境面では誇れることである．しかしながら，その森林を産業として担うべき林業は長年にわたって構造的な不振に陥っており，そのため森林の十分な管理がなされていない現状にある．この不十分な管理状態が，森林が本来有している二酸化炭素の吸収能力をそいでいる．

一方，都市近郊の緑地については，高度経済成長期前に比較して大幅に減少している．たとえば埼玉県は農地から宅地への変化が著しい．図1.8に示すように，1965年にはわずかだった宅地が1960～70年代に大きく伸びそれに見合う形で農用地が減少している[5]．まさに郊外の農地が宅地に転換したのである．このような農地もしくは近郊の緑地の減少は高度経済成長期には著しいものがあり，この埼玉県の例では高度成長期終了後も続いて宅地化が進んでいることがわかる．

このような都市周辺の土地利用変化はいくつかの環境上の問題をもたらす．その問題は農地から宅地の転換面積が増えることによって生じるものと，その転換の面的な分布がいわゆる無秩序なスプロールの形態で生じたことによって起きる問題がある．前者によって，後述するように雨水の浸透面積が減少することによる浸水の問題が生じる．後者の無計画状態でのスプロールは，多くの場合不十分な道路建設，下水道などの基盤施設整備の遅れなど，交通混雑，水質汚濁につな

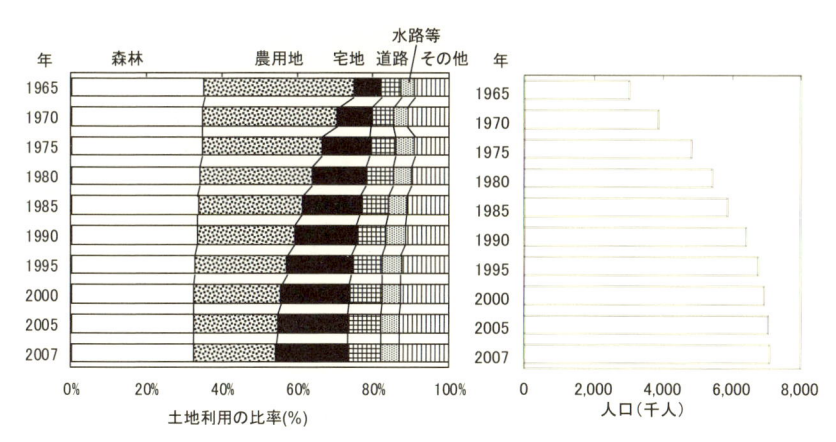

図1.8　埼玉県の土地利用と人口変化（「埼玉県の土地」[5]と国勢調査，埼玉の人口データより花木作成）

がる問題を引き起こす．また無秩序に緑を寸断することによる里地・里山の喪失や生態系にとって重要な生態回廊（エココリドー）を損なう可能性もある．今日，わが国の多くの都市では人口の増加は停止し，減少が始まっている都市も少なくない．このような都市でも，いったんスプロールしてしまった都市用地を緑地や農地に戻すことは容易ではない．

　人間活動としての住宅地によるいわば侵食に対抗して緑を守るために土地利用の規制が行われ，また緑の基本計画が立てられる．

　都市に流入したものの都心部に居住できない人口が都市の外縁部（アーバンフリンジ）に居住する．このような居住地は十分な計画がないままに開発されたり，道路や下水道などの基盤施設が整わないまま開発が行われる場合が多く，様々な都市問題や環境負荷の原因となることも多い．

　土地利用の変化は水循環にも影響を与える．都市化に伴う土地利用の変化により宅地や道路が多くなると，降った雨が地中に浸透せずに表面を流れて直ちに下水道などを通じて河川に流出する．雨水が浸透しないような面を不浸透面と呼ぶ．不浸透面の増大によって従来は水害が起きていなかった地域が浸水を受けるようになる．このような水害を都市型水害という．

　図 1.8 に示したデータは埼玉県全体の変化を示しているのでさほど顕著には表れないが，都市近郊部の農地から宅地への土地利用の転換速度は大きく，各地でこのような問題が生じている．たとえば都市化が進んでしまった東京都区部の場合，コンクリートなどで被覆された雨水の不浸透域が地域面積の約 80%に達している[6]．

　降水の流出に影響が生じて河川や湖沼の水量が変化すると，水環境の汚濁物質受容能力が変化する．特に都市内の小河川では流量が激減し，受容能力をほとんど失ってしまったような例も多い．都市内を流れていた小河川が姿を消した例は数多い．このような現象の背景には，都市の高密利用の結果として生じた人工的な地表面の被覆の増大がある．降雨時には一気に河川が増水するが，ひとたび降水が終わると河川は干上がった状態になる．降水時に備え堤防を強化した河川に晴天時はわずかな水しか流れないというのが，都市の小河川の姿になっている．このような流量の極端な変動は生物にとって生息しにくい水環境である．

　浸透面の減少に対しては，適切な土地利用計画によって非浸透面を抑制する方法が根本的な対策である．しかしながら，一定程度の都市活動を支えることが求められる実際の都市では緑地を多く取ることは容易でない．そこで対症療法としての浸透設備の設置や，透水性舗装が導入されている．

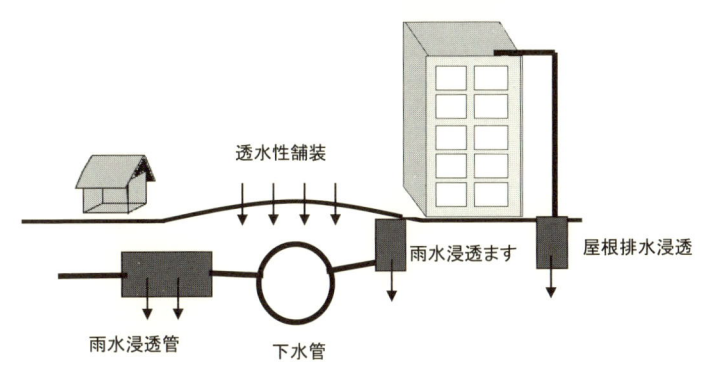

図 1.9 都市部の雨水浸透策

　もともと，雨水浸透はコンクリートのような人工的な被覆面が増えることにより雨水排除に問題が生じ水害を起こす事態を解決するための手法として考えられたが，いまや都市の水循環を自然のものに近づけるという意味合いが増している．
　雨水の地中への浸透を促進する方策としては，雨水浸透ますや雨水浸透管の設置，屋根排水の浸透，さらに透水性舗装の採用があり広く用いられるようになりつつある（図1.9）．さらに，大規模な開発に対しては水害防止を目的とした調整池を設置するように各自治体で行政指導がされている．これらの施策は地道ではあるが，より自然の水循環を復活させるという意味では重要である．

1.2.2 資源採取の負荷
a. 資源の特徴
　今日の人間の活動は大量の資源とエネルギー消費を伴う．そして，使用後不要になる廃棄物もまた膨大な量になる．
　資源の中には，従来から人間が生存のために求めてきた水資源や食料も含まれ，また今日の機械文明を支えるために消費される様々な物資およびエネルギー資源が含まれる．
　資源採取のインパクトは，その資源が再生可能（renewable）な資源か枯渇性資源かによって異なる．水，森林，漁業資源で代表される再生可能な資源は，太陽エネルギーなどの力により常に再生されている資源である．太陽そのものはもちろん，太陽エネルギーを利用して生産される植物とそれを食する動物，太陽エネルギーの力によって生じる気象現象に由来する降水や風などが再生可能エネルギーの代表的なものである．

再生可能資源は，その再生量以内に採取量を抑制すれば持続可能で影響は生じないと考えられる．しかし，実際にはそう単純ではない．後述の水資源の例でも明らかなように，降水によって生み出される水の全量を利用すれば川や湖などの水環境は成立せず，水系の生態系は崩壊する．したがって，環境への悪影響が生じない範囲で利用することが必要となる．この利用可能量は，前述の環境容量の考えと同様である．

　食料資源も再生可能な資源といえるが，その資源再生量は人為的な努力に負うところが多い．緑の革命などの農業の方法の改良によってその再生量はかつてより増加している．しかしその拡大された食料生産量とは裏腹に肥料や農薬の環境負荷，水資源利用による環境負荷が生じていることには留意が必要である．

　枯渇性資源の場合には，一方的に資源の量は減少していく．このような資源の場合には，リサイクルによって新規資源の採取を抑制することによって採取速度を抑制することが非常に重要になる．様々な金属資源の他に近年ではリンの枯渇が懸念されており，また従来用いられなかったが新たな技術革新に伴って爆発的な需要が生じた希土元素などの枯渇も懸念される．

b. 水資源への負荷

　地球全体としての水の再生量と人間による消費量を比較すれば，その消費量は十分に再生範囲に収まっている．しかし，地域によってその過不足は大きく異なる．

　水資源は，その重さと体積の大きさゆえに他の資源のように遠距離にわたる輸送は行われない．そのため，水資源の価値は場所によって大いに異なる．まさに経済の原理により需要と供給の関係で価格が決まるのである．砂漠地帯では天然の水資源はきわめて高価であり，そのため海水淡水化のように高コストの技術でも経済的に適用が可能となる．

　水資源へのインパクトは，その言葉どおり人間が水資源を大量に使用することによって生じるもので，影響を受けるのは生態系である．多量の水利用のために河川が枯渇するような場合が典型である．中国華北部において農業用の水利用が過多なために黄河の水の流れがとぎれる「断流」が生じた例もある．このような直接影響に加えて，水資源の利用のために設けられるダムの影響で生態系に影響が生じる場合も水資源利用のインパクトといえる．

　そもそも，ある地域の利用可能な淡水量は降水量から蒸発散量（直接的な水の蒸発と植物を通じて大気中に放出される水蒸気を合わせた量）を差し引いた水資源賦存量によって決まる．日本全体としては水資源賦存量は大きい．水資源を利

用する主体である人口当りの水資源賦存量でも大きく，降水の少ないヨーロッパなどに比べても十分な水資源に恵まれているといえる．水を多量に必要とする稲作がわが国の主たる農業の形態であったのは，この水の豊かさによるものである．

しかしながら，特定の地域を取ってみると必ずしも水資源賦存量は十分とはいえない．関東臨海部の1人当りの水資源賦存量は北海道の約25分の1になっている[7]．その流域を本来流下する表流水の量に対して淡水の需要が増大すると，河川や湖沼の水環境に負担をかけるのみならず，流域外から水を得るような事態も生じる．その典型例は東京である[6]．東京の水資源を供給するために東京の西部の奥多摩に小河内ダムが設けられている．しかし，東京の水需要のうち地下水も含めて都内でまかなわれる比率はわずか2割程度であり，とても自力ではまかなえないのである．そのため不足する水は主として利根川水系などに依存している．その利根川水系の水資源は，群馬県や栃木県のダムに依存している．

地域としての資源面での自立を考えた場合，このような水の消費と供給のアンバランスな状態は本来望ましくない．このアンバランスをただすためには，環境負荷の原因となっている水の消費を抑制することが第一であるが，同時に水の供給を内部でまかなうことが必要になる．後者については下水処理水の再利用，雨水の利用が可能である．これは東京だけの問題ではない．都市自らの水需要を抑制し，内部で水を供給することは多くの都市で求められている．

下水処理水の最大の特徴は，量的にきわめて安定した水源であることである．その再利用には，個別の建物ないしは地区で発生する下水をその場で再利用する場合（個別循環）と，下水処理場で処理された再利用水を地区に供給する場合（地区循環）がある．近年，再開発に伴って個別循環を行う業務ビルも増えつつある．しかし，再利用水の用途はトイレ洗浄水やその他の洗浄水，工業用水に限定されているのが現状であり，水需要のごく一部をまかなうに留まっている．そのため，わが国では処理水の1〜2%程度が再利用されているに留まっている[8]．

もう1つの方策は雨水利用である．潜在的には住宅地などでも可能であるが，現在は大規模な施設，とりわけ球場やスポーツ施設など屋根面積の大きい施設で行われ，トイレ用水などに用いられている．

このような下水の再利用や海水の淡水化に積極的に取り組んでいるのがシンガポールである．シンガポールは自国内に降る雨では十分な需要がまかなえないため，マレーシアから水道原水を輸入している．しかし，国家としての安全を考えると，生命線である水を他国に依存している状態は望ましくない．

同国では，下水処理水を逆浸透など高度な処理を行って作り出すNEWaterと

呼ばれる純水を再利用水として用いている．再利用水としては非飲料水に用いているほか，貯水池にいったん戻すことによって自然の水と混和後飲料水に用いることも行われている．もっとも，飲料水へのNEWaterの混入率は数％に留める計画である[9]．

1.2.3 廃棄物の負荷

廃棄物は今日の多くの都市において深刻な問題である．発展途上国においては廃棄物がもたらす衛生上の問題，有害廃棄物の問題などが主たる問題であり，先進国においては廃棄物をもたらしている背景である，循環しない一方通行的な物質流が問題となっている．

廃棄物問題に関する環境容量を考える場合，水質汚濁問題と異なるのは環境の自浄作用を期待できない点である．水環境の場合は，排水処理によってある程度までの浄化を行えば最終的には自然界の水が汚濁物質を分解し，いわば環境に同化してくれる．しかしながら，廃棄物の場合には，ガラス，プラスチックなど自然界で分解がほとんど生じないものも少なくない．また，食物など有機性の廃棄物は，その特性ゆえに衛生害虫の問題や温室効果ガスであるメタン発生の問題を生じる．

根本的な解決である循環型社会の形成が今日目指されているのは，このように自浄作用が期待できず，今日でも焼却灰が次々と限られた埋立て処分場の空間を埋めつつあるという背景があるためである．

廃棄物の蓄積は，根本的には過剰な資源の利用によるものである．図 1.10 に示すのは典型的な生態学の教科書に書かれている自然生態系の物質循環と，それを今日の都市に対して模擬して描いた図である．産業革命前までは図 1.10a のような自然の循環の中に人間活動も含まれていた．太陽エネルギーを得てそれを植

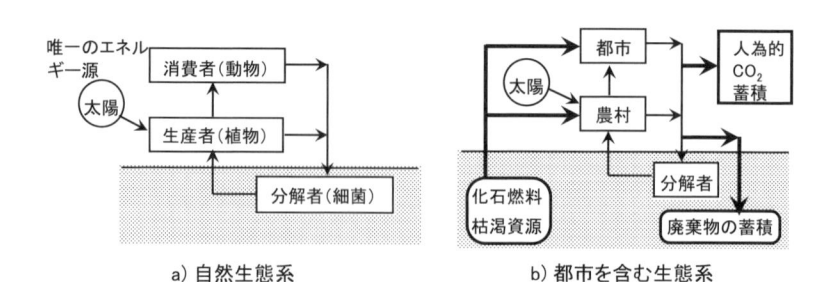

a) 自然生態系　　　　　b) 都市を含む生態系

図 1.10　自然生態系の現代社会の生態系

物である生産者が有機物に変え，それを動物が摂取し，これらの死骸あるいは排泄物は分解者である微生物によって再び「土に帰る」という循環が基本であった．人間は社会を形成しその中で分業を進めてきたから，この生態系の自然の循環の中で生産者でもありまた消費者でもあった．そして分解を促進するようなことも行ってきた．産業革命前の人間社会においても太陽エネルギーを得て農村で食料が生産され，それを都市で摂取し，それらが分解されるというサイクルが形成されていた．しかしながら化石燃料への依存が始まった産業革命以降，それらのフローがアンバランスになってきた．本来唯一のエネルギーである太陽エネルギーに加えて化石燃料を用いるようになった分，再生可能でないエネルギーが使われるようになり，今日の二酸化炭素排出による気候変動そして分解能力を超えた排泄物，すなわち廃棄物の蓄積をもたらした．このことが廃棄物問題の基本的な原因である．そしてこれらの廃棄物を処分するとき，埋立て地からのメタンの発生，焼却に伴う大気汚染物質・有害物質の発生，そして埋立て空間の消費という環境負荷をもたらす．

　今日では廃棄物は「循環資源」と呼ばれる．廃棄物と安易に呼ばれている循環資源を材料として再び利用することはどういう意味をもつだろうか．それは，処分すべき廃棄物を減少させることによって環境負荷を削減できるとともに，新規資源の消費量を削減するという意味ももつ．すなわち，資源面と廃棄物面の両面に対して負荷低減を実現できる．

　実際に廃棄物を循環資源として再び活用するにはどうすればよいだろうか．そのままの形で利用可能な場合もあるが，多くの場合はある程度集約して廃棄物を利用可能物に変換する技術が必要になる．

　都市活動によって生じる廃棄物であり，また見方を変えると有用な資源は有機性廃棄物である．これについては次項で詳しく述べたい．

　ここで「ゼロエミッション」について説明しておこう．ゼロエミッションの考え方はもともと産業界を中心にして発展してきた．狭義には，1つの工場から発生する廃棄物をゼロにするということとして使われる．しかし，廃棄物をゼロにすることにこだわるあまり，膨大なエネルギーをかけてその廃棄物をリサイクル品として再生することには疑問がある．ゼロエミッションの本質は，産業間の連携を行うことによって廃棄物と同時にエネルギー消費を含むそれ以外の環境負荷を産業群全体として小さくすることに目的を置くものである．さらに重要なことは，このような廃棄物を含む環境負荷の低減を行うために，物質の流れの上流にさかのぼった対策をとる点である．すなわち，ある産業から排出された廃棄物の

用途を考えることからスタートするのではなく，その産業から排出される物質の品質を管理するとともに，さらには他産業で活用されやすいような物質が排出されるようにプロセス自身の変更も考える点が重要なのである．単に発生した廃棄物をリサイクルするのではなく，原料として利用されやすいような副産物が発生するようにプロセスを設計するわけである．産業間のこのような連携がうまく機能している例としてはデンマークのKalundborg工業団地がある．

これら産業どうしのゼロエミッションの考え方は産業と生活系，さらに農業系の間にも適用できるものである．しかし，このようなゼロエミッションの考え方が実際に機能するためにはいくつかの要件が満たされなければならない．それは量のバランスと質の要求である．

ある産業から良質の利用可能物質が生成されても，それを受け入れる十分な需要がなければそのゼロエミッションは成立しない．工場どうしの場合には，そもそも受入れ相手を見出せるかどうかが問題になるが，生活系の廃棄物の場合にはその量が非常に大きいゆえに十分な需要が存在しない場合もままある．大都市で都市廃棄物や下水汚泥から生成するコンポストの場合にはともすると供給過剰になる場合がある．

第2の，質の要求はまさにゼロエミッションの本質である．良質の副産物を生産することが必須要件となる．下水汚泥や都市廃棄物の場合，元々の原料の品質管理が非常に困難である．したがって，これらの処理の結果生成する物質の品質を精密に保証することは必ずしも容易ではない．

1.2.4 有機資源のマネジメント
a. 有機資源ポテンシャル

化石燃料は有限の資源であり，さらに二酸化炭素排出源として地球温暖化の問題を引き起こしている．エネルギーの消費を削減していくことがもちろん根本的に重要だが，今日の社会を維持していくためにはある程度のエネルギー消費は避けられない．そのような中で資源枯渇の問題と温暖化の問題を解決するためには再生可能エネルギーの利用を増大させていくことが必要となる．再生可能エネルギーの中で最も基本的なものは太陽エネルギーである．太陽エネルギーを直接用いるものとしては太陽電池があるが，そのコストの高さが普及の障害になっているのは周知のとおりである．

間接的に太陽エネルギーを利用する再生可能エネルギーがバイオマスである．バイオマスとは，本来は木や農作物，草のように光合成によって自らの体をつく

る植物のことである．都市域においては植物体の量は少なく，一方で廃棄物や下水由来の有機物が豊富である．廃棄物や下水由来の有機物の究極の起源は太陽エネルギーの利用によって生み出された植物であるから，これらもバイオマスと呼ぶことができる．都市廃棄物および下水は都市内の有望なバイオマスとしてバイオマス・ニッポン戦略[10]でも重要なものに位置づけられている．同戦略によれば，廃棄物系バイオマスの年間の賦存量としては，湿潤重量で約32,700万トン，乾燥重量で約7,600万トンが見込まれる．これをエネルギーに換算すると約1,270 PJ（原油換算で約2,400万 kl）に相当する．日本全体のエネルギー用化石燃料消費量が約17,600 PJ（2005年）なので（文献11より計算），その約7%に相当する量である．なお，バイオマスが燃焼したり微生物を活用してメタンに変換したりした結果，最終的には二酸化炭素が排出されるが，この二酸化炭素は元々は光合成によって固定されたものであるから，人為的な二酸化炭素排出量には算入しない．したがってバイオマスの利用は二酸化炭素の面では排出でも吸収でもなく中立であり，このことをカーボンニュートラル（carbon-neutral）という．

b. 都市のバイオマス資源

厨芥や下水汚泥には潜在的に有望な量の有機物が含まれており，これを活用することは不適切な処分による環境汚染を防ぐ意味もあって意義が大きい．しかし，これらは水分の含有量が高いため，単純に焼却してエネルギーを得ることは得策でない．現実的なのは微生物によるメタン発酵を利用する方法である．この場合，発生したメタンを燃料にして発電することができる．メタンからの発電はガス発電機によって行うのが一般的であるが，技術的に確立しているリン酸型の燃料電池を用いることもできる．発電した電力を電力会社に売電すれば，都市全体としてこのエネルギーを活用することができる．

下水道の分野では下水汚泥のメタン発酵は嫌気性消化法として長い歴史をもっている．発電を行う場合，得られる発電量は下水処理場内で消費される電力よりも小さいことが多いので，場内の電力に充てる方が無理がない．この場合でも実質的には都市全体のエネルギー消費の削減に役立っていることを評価すべきである．

廃棄物の場合には，食品に由来する厨芥をメタン発酵する方法が実用化に向けて検討されている．ただし，一般の廃棄物へこの方法を適用するためには厨芥のみを別途収集する必要がある．レストランなど事業系の厨芥の場合は，食品リサイクル法で減量および再生利用を進めることが責務になっているので，一般家庭からの厨芥に比較してその利用の実現可能性が高い．

厨芥は下水汚泥に比較して有機物の含有量が高いという点で有利である．一方下水汚泥については長年の技術の蓄積がある．このようなことから，この両者の管理を一体的に考えることが新たな方策として有効である．従来，廃棄物処理事業と下水道事業は多くの自治体で別個のものとして行われてきた．確かに，下水道の役割を水環境への負荷の軽減のみと捉えれば廃棄物事業との接点は少ない．しかし，下水道は今後資源循環の面でも大きな役割を果たすことが期待されており[8]，そのような中では厨芥のような有機性廃棄物と一体的に管理することがメリットをもたらす．

　実際，下水道の分野ではメタン発酵によるエネルギー回収をさらに促進するために厨芥を混合して処理することも考えられて，下水汚泥の処理の方向性を示したバイオソリッド利活用基本計画（下水汚泥処理総合計画）策定マニュアル[12]ではそのような混合処理を推進する方向を示している．かつては，汚泥処理としての位置づけであったメタン発酵をさらに積極的にエネルギー回収の手段として位置づけようというわけである．

　しかし，現実の都市において家庭から厨芥を分別収集することは必ずしも容易ではない．衛生上の問題を考えると，家庭内での厨芥の保管，収集の頻度の面で様々な問題がある．そこで，台所にディスポーザを導入することによって厨芥を下水道側に入れることも選択肢として考えられる．

　下水汚泥や廃棄物などのバイオマスを好気的な条件で分解させると，腐敗しやすい物質は分解しあとには土壌改良材や肥料として有効なコンポスト（たい肥）が製品として残る．

　コンポストは厨芥や下水汚泥の緑農地利用として従来から試みられてきた方法である．しかし，すべての都市でコンポストの利用が成功してきたわけではない．農業側の需要とうまく合わず生産過剰となるケースも生じている．需要側の量および質のニーズに合った生産と管理に重点を置く必要があり，場合によってはコンポストの質の改良のために厨芥の選別あるいは下水汚泥処理，さらに下水処理へとさかのぼって改めていく考え方も必要とされる．この考え方は前述のゼロエミッションと通じるものである．

1.2.5　水環境への負荷

　水環境とは広い概念である．水の量，水質，水深や流速，水生生物，水辺の陸域の生物，景観，人間の水辺へのアクセスなどを含む．かつては，水質の劣化すなわち水質汚濁が水に関わる公害の代表であった．今日でも水質を良好に保つこ

との必要性は変わらないが，水質に加えて上記のような事項が重要になってきている．人間の居住は水質汚濁物質を含む汚水の排出につながる．汚水による水質汚濁を防止するために，下水道，浄化槽，し尿処理場などが使われてきた．これらは排水処理技術を中心としており，典型的なエンドオブパイプ技術である．今後，排水処理技術における論点はどの程度までの処理を行うかという点になるだろう．技術的には相当に高度な水準の処理が可能であるが，コストおよびエネルギー・資源消費が大きくなり，その導入にはバランスのとれた検討が必要である．このトレードオフの問題については後述する．

水環境の目標として環境基準が定められている水質項目をまとめて示すと表1.5のようになる．

表 1.5 公共用水域に対する環境基準

	水質項目	特徴
人の健康の保護に関する項目（健康項目）	重金属，ヒ素などの有害物質	人間の健康に関わる項目であり，一律の基準である．
生活環境の保全に関する項目（生活環境項目）	BODまたはCOD，浮遊物質，栄養塩類，pH，全亜鉛	水の利用や水環境保全に関わる項目で，河川，湖，海のそれぞれについて用途に応じた類型分けがなされる．

環境基準のうち，健康項目は人間の健康に影響を与えるおそれのある項目であり，健康へのリスクをもとに定められるため水系によらず一律の数値である．一方，生活環境項目は健康への影響ではなく水の利用に関わる項目であるため，個別の水環境の利用形態と実態に応じて何段階かのランクが指定される（類型指定という）．このような類型指定は，水環境の水準達成に必要な経費と水準達成の必要性のバランスを考慮の上で目標を定めていくという基本的な考え方の表れである．この目標値によって環境容量が規定される．

わが国の水質汚濁問題の克服はこの健康項目の達成に始まり，次いで生活環境項目の達成に力点が置かれてきた．今日では健康項目は地下水中の硝酸性窒素を除けばほぼ達成されている．これに対して，生活環境項目のうち東京湾，伊勢湾，瀬戸内海などの閉鎖性海域や湖沼の水質項目達成率が思わしくない．その原因に窒素およびリンの栄養塩類が挙げられる．栄養塩である窒素とリンは，それによって植物性プランクトンが異常増殖する富栄養化を通じて問題を起こす．

下水道をはじめとした生活排水処理は微生物を用いて行われるが，通常の処理では栄養塩は十分には除去されない．栄養塩を除去するには高度処理技術を導入する必要がある．

しかしながら，2007（平成19）年度末現在，高度処理を受けている下水は人口比率で約17％に留まっている状況である[13]．その背景には，かつてよりは経済的になったとはいえ高度処理を行うことによって追加的なコストが発生するという点が挙げられる．このコストは処理場によってかなり異なる．これらのコストの負担を軽減するために比較的コストの低い処理場で栄養塩を除去し，コストが高い処理場がその費用の一部を負担するという「高度処理共同負担事業」の制度が創設された[13]．これは環境経済的な政策の1つである排出権取引に相当する方法であり，今後の適用が待たれている．

1.2.6 都市気候へのインパクト
a. ヒートアイランドの形成

ヒートアイランド（heat island）とは，都市部の気温が周辺よりも島（island）のように高くなる現象である．図1.11は東京の例である[14]．ちょうど市街地の部分の温度が上昇しており，郊外とは数度程度の気温の差が生じている．

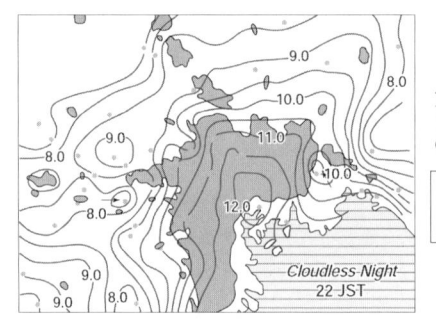

図1.11　東京におけるヒートアイランドの形成（環境省）

都市では二重の温暖化が進んでいるという言い方もされる．すなわち，地球規模での温暖化とヒートアイランドによる都市部の温度上昇の両方が重なり，夏には非常に高温になることが懸念され，また実際に記録的な高温が観測されることが増えている．

実は，ヒートアイランドについては，地球温暖化が問題になるはるか以前100年以上も前から現象としては知られていた．ただし，そのような報告は当初は主にヨーロッパにおけるものであったし，ここ数年起きているような異常高温がヨーロッパでは生じていなかったこともあって環境問題としては捉えられていな

かった．わが国で都市の環境問題としてヒートアイランドが捉えられるようになったのは1990年代からであり，また一般社会に知れ渡ったのは2000年代になってからである．

このヒートアイランドの現象は，大気汚染の問題を除けば冬季には必ずしも負の効果をもたらさない．冬季の気温上昇は慢性疾病による健康リスクを減じ，また暖房のためのエネルギー消費を減じる．夏季には逆の効果をもつことは自明であろう．したがって，夏季に高温多湿になる気候帯に位置する日本を始めとした多くのアジア諸国でこそ，ヒートアイランドは大きい問題なのである．

ヒートアイランドの原因は図1.12のように示される．それらはおよそ3つに分けられる．第1は前に土地利用の変化の項で述べたように，自然の緑地から人工的な建物やコンクリートへの地表面の被覆の変更によって蒸発熱が奪われなくなることである．緑地があれば，とくに昼間に地表面に熱が与えられても蒸発散によって温度の上昇を軽減することができる．しかし，地表面がコンクリートになった場合にはそのような効果はまったく期待できない．第2は，エネルギー消費の結果として生じる人工的な熱の排出である．照明であれ家電機器であれ，使われたエネルギーのほとんどは熱として放出される．事務所が集積しているような場所では，夜になっても太陽の熱に相当する量の熱が人工的に排出される．

そして第3は，建物が多数建築されたことによる風通しの悪化である．また，建物の存在のために太陽の放射が反射しにくくなり，太陽のエネルギーの反射率の指標であるアルベドが低下する現象もある．

ヒートアイランドに対する対策は，上記のような要因を軽減することにある．コンクリートの被覆面を緑地や樹木に改めて，水分を蒸発させて地表面を冷却することが考えられる．また，建物の表面や地表に水を散布して蒸発による冷却を行うような試みも行われている．もう1つはアルベドすなわち太陽の反射率を高

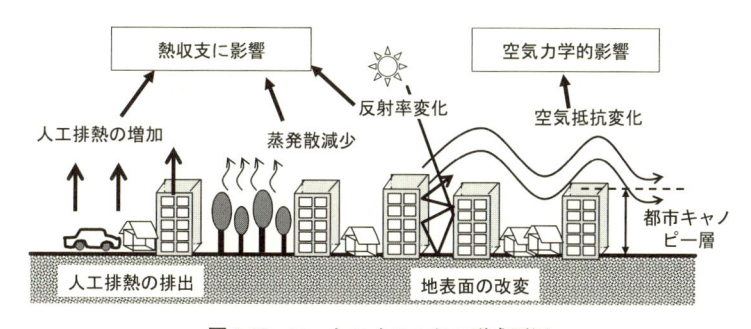

図1.12 ヒートアイランドの形成要因

める対策で，白い色の壁にする，反射率の高い材料や塗装を建物に用いるなどの対策が考えられる．建物の冷房を行うと必ず熱が発生し，その排熱は建物外に排出される．家庭用のエアコンなど普通はその熱がそのまま空気中に放出され温度上昇につながる．これに対し，クーリングタワーを使って水を蒸発させることによってその排熱を潜熱として除去すると，気温の上昇を抑えることができる．ただし，水分を蒸発させるために湿度が上昇する点には注意が必要である．

都市の風通しを良くする対策は，個別の対策というよりは都市全体の体質改善に属する対策となる．沿岸の都市であれば海からの風を流入させることが，盆地の都市では周辺の山地からの風を流入させることが都市の冷却のために有効である．このような風の通り道を「風の道」と呼び，これを確保することがヒートアイランド対策として考えられる．ただし，現実には風の道の存在とその効果を明らかにすることは簡単ではない．

b. 都市型水害

近年異常気象と呼ばれる豪雨や高温が頻繁に観測されるようになった．特に熱帯地方で生じるいわゆるスコールのような短期間の集中豪雨が近年増えている．地球温暖化が進むとそのような降雨が増えると考えられるが，それに加えてヒートアイランドの形成が都市における集中豪雨を招いているという意見もある．

その因果関係については必ずしも意見が一致していないが，都市において水害が起きやすくなっているのは事実である．それは前述のように浸透面が減少しており，一気に降雨が流出するためである．

現代の都市は地下部分が地下街として発達し，またそれぞれの建物でも地下を生かす工夫がされており，その分浸水のリスクが高くなっている．水害時の地下鉄への水の浸入，地下室での死亡事故が実際に起きている．

都市に降った雨は下水道施設によって河川や海に排除される．しかし，短時間に強い雨が降った場合には下水道の管の太さが足りなくなり，水害が起きる．このような水害を，大河川の堤防が決壊して起きるような洪水と区別して，都市型水害あるいは内水（ないすい）型の水害と呼ばれる．内水型の水害を防ぐためには下水管を強化すればよいが，それには莫大な投資が必要になる．そのため，下水管の強化と浸透策，さらには雨水を一時的に貯留させる施設を設けて水害を防ぐ手だてが取られる．

1.2.7 交通による環境へのインパクト

わが国のように産業公害がほぼ終息したような国では，都市の自動車が大きな

環境汚染源になっている．また，規制が不十分であり自動車本体の形式や整備水準あるいは燃料の品質を十分に管理できないような国では，深刻な大気汚染が生じている．

自動車によって生じる環境問題は二酸化炭素排出，大気汚染物質排出，騒音，振動であり，また交通事故の問題は都市の住環境にも影響を与えている．騒音と振動は沿道で問題となり，大気汚染に関しては沿道はもちろん都市全体さらには光化学スモッグの場合郊外地域にも影響を及ぼす．

それにもかかわらず自動車が用いられるのは，人間が移動することすなわちモビリティによって得られる生活の質の向上が大きいからである．

大気汚染の分野では工場などを固定発生源と呼び，自動車のことを移動発生源という．まさに移動しながら発生する大気汚染物質はさらに都市大気において複雑な挙動を取る．それは，発生したあと酸化を受けたり光化学反応を受けるとともに，風に乗って移動するとともに拡散するためである．

自動車由来の汚染物質で問題になるのは，窒素酸化物（NOx），一酸化炭素（CO）の他，浮遊粒子状物質（PM），非メタン炭化水素（NMHC）があり，NOxとPMは環境基準が達成されない状況が続いている．そのため，大気汚染の著しい都市域ではトラック・バスおよびディーゼル乗用車に対する規制（自動車NOx・PM法）が導入されている．

このような直接的な機器の規制は確かに汚染物質の排出を抑制するが，そもそもの交通量が汚染物質排出総量に大きく影響する．とりわけ交通渋滞は燃料の消費量を増大させ，大気汚染物質と二酸化炭素の排出量を増大させる．このようなことから，交通量自体の減少を目的とする交通需要管理（transportation demand management：TDM）が種々検討され，実施されている．

混雑する地区への自動車の乗り入れに課徴金を課すロードプライシング，多人数が乗車した自動車（high occupancy vehicle：HOV）に対する優先レーンの設置，都市の周辺部において自動車から鉄道に乗り換えるPark & Rideなどは自動車交通を減ずるための施策であり，様々な国で導入されている．

自動車から鉄道への移動手段の変更を促すモーダルシフトは大気汚染物質と二酸化炭素の排出を大幅に削減することを可能にする．しかし，その実現のためには代替手段が自動車と同等の利便性をもつ必要があり，その点の解決が困難である．

1.2.8 農業がもたらすインパクト

　都市の中には緑が不足しており，農地は貴重である．人間にとって重要な活動である農業は，生態系の重要な役割である「生産者」の活動を進める活動である．したがって，生態系の循環の中では環境に負荷を与えないようにも思われる．しかしながら，実際には単一品種が集約的に生産され農薬や肥料が使用されるため，そこに形成される生態系はかなり人工的なものであり，環境に負荷を与えている．また水資源の利用の面でも農業は非常に大きな負荷を与える．

　日本の場合，地域によってその比率は異なるが，肥料に由来する栄養塩が水質汚濁現象である富栄養化の原因の1つになっている．窒素肥料が原因となって地下水を中心とした水系の硝酸性窒素が環境基準以上の水準になっている地域も少なくない．

　このように農業が環境に与える負荷が小さくないことから，持続性の高い農業を促進するエコファーマー制度などの施策が講じられている．

1.3　直接負荷と誘発負荷

1.3.1　都市の誘発負荷

　膨大で多様な活動を行う今日の社会においては，かつての自給自足の社会とは異なり様々な分業が行われている．都市においてもその都市の中で人間の活動は完結せず，またその都市活動を支えるために都市外に依存する面も多くもつ．都市の中ですべてを自給することは不可能に近い．典型的には，都市の食料は多くの場合都市外の農業地域に依存している．工業製品についても分業が進んでいる今日，都市外あるいはさらに国外から物資が都市に流入している．すなわち，多数の外部地域から物資が流入して都市の活動が維持されているのである．このことを逆に見れば，ある都市の消費活動は都市外の非常に広い範囲に環境負荷を誘発することになる．

　このような場合，自動車の走行で発生する排気ガスのように都市において直接発生する環境負荷を直接負荷，都市外において発生する環境負荷を誘発負荷（または間接負荷）と呼ぶ．真に環境負荷が小さい都市をつくるためには，直接負荷だけでなく，誘発負荷をも抑制することが必要であり，そのためには，まず誘発負荷を定量的に把握することが必要になる．

　誘発負荷の評価には大きく2通りのアプローチがある．1つは都市全体として生じている誘発負荷を評価する方法である．ある都市の地域産業連関表が整備さ

表 1.6 様々な都市の直接および誘発二酸化炭素排出量の比率

都市	直接排出 (%)	誘発排出 (%)	摘要
東京 23 区	30.1	69.9	1990 年の値 [15]
福岡市	36.8	63.2	1985 年の値 [16]
北九州市	69.7	30.3	1985 年の値 [16]
北京市	57	43	1997 年の値 [17]
上海市	51	49	1997 年の値 [17]

れている場合，その都市と都市外の間での金銭授受が産業部門別に把握できるので，都市全体としての誘発負荷を評価することができる．都市による負荷の本質を評価する場合にはこのような都市単位での誘発負荷の推定は有用である．

表 1.6 に日本のいくつかの都市と中国の都市に対する直接二酸化炭素排出量と誘発二酸化炭素排出量を示す [15〜17]．

東京のようにサービス業が主体の都市では多くの製品や素材を都市外から輸入しているが，それらの製品や素材を製造する際に排出される二酸化炭素は誘発分に含まれる．そのことから，東京の都市活動に由来する二酸化炭素の実に 70% が域外で排出されているのである．それに対して，製造業が盛んな北九州市の場合には域外の比率は非常に低い．中国の都市でも上海のように商業活動が中心の都市では誘発分の比率が高い．このように都市によっては誘発二酸化炭素排出量の方が直接分よりもはるかに大きい．すなわち通常推定され，都市の二酸化炭素排出削減計画などに使われている直接分の二酸化炭素排出量のみではその都市の活動が与えている環境負荷の全容を把握できず，このような解析を行うことによってはじめてその都市がもっている特性を明らかにすることができる．

しかし，このように都市活動が生み出す誘発の環境負荷の総量を算出しても，都市活動の中で用いられる個別の技術や個々の人間活動の評価および改善効果の評価には使えない．そこで，誘発負荷を個別に評価する手段として，都市における活動や消費行動に対するライフサイクルアセスメント（LCA）が行われる．

1.3.2 LCA 的な評価

今日，社会の目標に掲げられている循環型社会の形成は資源の循環を図り全体としての環境負荷の低減を目指すものである．都市の内部で資源の循環利用を図る場合，エネルギーの新たな消費を伴うことが多く，新規に製品を都市の外部からもち込む場合に比べて直接の環境負荷はかえって大きくなる．しかしながら，このような循環利用はその都市外での製造に伴う環境負荷や資源消費を低減させ

る効果があり，そのような効果と合わせた評価が必要である．LCA の手法を用いることによって，このような対策の効果を評価することができる．

都市環境とそこで行われる様々な事業を対象にしたLCA は，個々の事業による環境改善効果を高める一方で，副次的な環境負荷を低減することに定量的に貢献する．

もっとも，このようにLCA を用いたとしても実際の都市環境に関わる施策が循環型社会の形成に資するかどうかという点について，その答は必ずしも自明ではない場合もある．とりわけ，LCA において異なった種類の環境負荷を統合的に評価する環境インパクト分析の段階には多くの課題が残っている．

様々な廃棄物のリサイクル，廃棄物の焼却によるエネルギーの回収のような技術を取り上げた場合，ある環境負荷項目が増加する一方で別の環境負荷が減少するいわゆるトレードオフの関係を生じる場合が多く，全体として環境負荷の低減につながるかどうかの答が出にくい場合も多い．とりわけ廃棄物の埋立てのように，その行為がもたらす環境への影響が場所によって異なる場合には地域単位での影響の評価を行うことが求められる．

大規模事業を行う場合には環境アセスメントが事前に行われるが，様々な環境影響の有無をチェックするに留まっている場合がほとんどである．このように，環境影響がいわば閾値を超えるか否かという判断には，総量として環境負荷を算出するLCA は必ずしも適していない．

LCA はむしろ事業の初期段階で様々な代替案を比較する戦略的環境アセスメントに向いている．そこでは様々な要因を比較しながら事業の適否，代替案の比較を行うので，LCA によって評価した環境負荷の大小を判断基準の1つにすることができる．このようなLCA の利用については今後の発展が期待される．

感覚的にはLCA に似ているが，単純化して活動による環境負荷を示したものにエコロジカルフットプリント，フードマイレージなどがある．

エコロジカルフットプリントは，人間活動によってある物質を消費した場合，それを支えるのに必要な地球上の面積を算出することによって人間の負荷を算出するものである．食料の場合はその生産に必要な面積，紙，木材の場合にはその生産に必要な土地面積，二酸化炭素の排出の場合，その量の二酸化炭素を吸収するために必要な森林の面積を計算し，それに実際に人間が居住に用いている面積も計算し，これらを単純に加算したものである．今日の人間活動の総計は地球上の生産可能な土地面積を2005 年時点で約30％上回っていると試算されている[18]．

この方法は，異なる意味をもつ面積を直接加算することに限界があり，学術的

には議論の余地があるが，国ごとに人間1人が与えている足跡（フットプリント）を計算し比較を行う場合にはわかりやすい．

1.4 環境インパクトによる損失の経済的評価

環境の持続可能性を考える場合，人間が形成する資本と同様に環境を資本と捉え，環境資本の減耗分は人工資本で代替できるとする考え方がある．これは弱意の持続可能性と呼ばれる[19]．その考えをとる場合，人間活動によってもたらされる便益と環境インパクトによって生じる損害を比較することになる．そのとき，環境インパクトによる損失の経済的な評価を行うことが重要になる．

これは，環境自身の価値を評価することに他ならない．

環境は様々な価値をもつ．それを分類すると表1.7のようになる．環境を利用することによって得られる価値を利用価値と呼ぶ．利用価値はさらに森林からの材木採取や海や湖沼における漁業のように，直接的に環境から物質を得て収入にする直接利用価値と，レクリエーション利用のように直接的には物的な収入はもたらさないが利用することによって便益を得る間接利用価値に分けられる．これらの価値は人間の能動的な行動によってもたらされるものである．現時点ではそれらの価値の恩恵を自分は受けていないがやがていつの日か利用するかもしれないという点に価値を見出し，それを維持しておこうと考えるのがオプション利用価値である．さらに，自分自身は使わないが将来の世代が利用するための価値は遺産価値もしくは遺贈価値と呼ばれる．一方，生態系のように，利用するわけではないがそれが存在すること自身に価値を見出すものもあり，それらは存在価値と呼ばれる．将来の世代にその存在を受け継いでいく価値は遺産価値の中に含まれる．

環境の価値を表現するためにはいくつかの可能性が考えられるが，最もよく用

表1.7 様々な種類の環境の価値

価値の種類		価値の例示
利用価値	直接利用価値	森林からの材木収入，漁業収入
	間接利用価値	レクリエーション利用，二酸化炭素の吸収
	オプション利用価値	将来の個人の利用価値
非利用価値	遺産価値	将来世代のレクリエーション利用
		将来世代への自然の保全
	存在価値	自然や生態系の保全

いられるのは金銭単位である．環境の価値を金銭に換算することに抵抗を感じる面もあるが，相対的に価値を比較するための最もわかりやすい尺度であること，実際にかかる費用との比較が可能になることから金銭単位での表現は有用である．

人間は，価値を見出すからこそ環境を保全するわけであり，そのために経費を支出することに合意するわけである．環境の維持や回復には，多くの場合費用の支出が必要となる．環境の改善策をとる場合，投入される費用に対して環境改善による価値の上昇の方が大きい場合，そのような対策を取ることは社会にとって有益である．一方，対策に要する費用の方が環境価値の上昇より大きい場合，そのような対策を取ることは社会にとっては必ずしも有益ではない．環境が劣化した状態に対して環境対策を進めていくと，当初は環境改善の便益の方が大きいがしだいに対策費用が大きくなり，やがてその費用は対策によってもたらされる便益を越えてしまう．対策が有益かどうかの分岐点での環境汚染の状態を最適汚染水準と呼ぶ．

環境経済的な表現をすれば，限界対策費用（marginal abatement cost：MAC）と限界損害費用（marginal damage cost：MDC）が交わる点すなわち排出量 P*が最適汚染水準であり，最適な対策の水準である（図1.13）．

限界対策費用とは1単位の汚染物質を除去するために必要なコストで，汚染水準が低くなるほど大きくなる．すなわち，図では左上がりの傾向を示す．たとえば排水処理を例に取ると，汚濁物質の90％を除去する技術に比べ99％を除去する技術は高価であり，99.9％除去を目指すとさらにコストがかかることは理解できるであろう．

限界損害費用とは，汚染物質が1単位増加したときの環境の損害の増加額である．汚染水準が高くなるほど大きくなる．すなわち図では右上がりの傾向を示す．環境の状態が悪いときには汚染物質の追加は深刻な環境問題をもたらし，環境が良好なときにはさほど深刻な影響はないことから理解できるであろう．

両曲線が交差する点の少し右側を考えると，1単位の汚染を減らすコストに比べ環境改善による損害の減少額の方が大きいため，対策を取る価値がある．一方，交差す

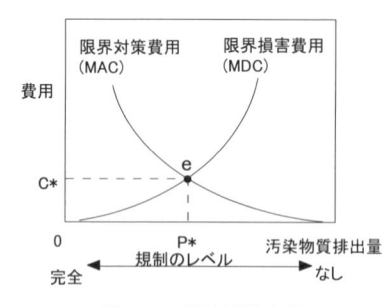

図1.13　最適汚染水準

る点の左側では，逆に1単位の汚染を減らすコストの方が環境改善による損害の減少額よりも大きくなってしまうため，対策を取ることは得策ではないことがわかる．環境改善技術の進歩はこの MAC の低下をもたらし，結果として最適汚染水準も左に移動することになる．また，人々が評価する環境の価値が上昇すれば，環境に対するさらなる支出を人々が認めるということになり，最適汚染水準はまた左に移動することになる．

　環境の価値の金銭評価のためには，いくつかの方法が使われている．それらは，表明選好法と顕示選好法に大きく分けられる．前者は，環境の価値の金額を人々に「表明」させるものであり，顕示選好法は人々の行動の結果や技術から価値を推定するものである．

　表明選好法の代表的なものに仮想評価法（contingent valuation method：CVM）がある．この方法では，たとえばある地域の自然環境の価値を評価するために，その地域に居住する人々にその環境を維持するためにどれだけのお金を支払う意志があるかという支払い意志額（willingness to pay：WTP）を調査し，その地域の総額を足し合わせたものをその環境の価値とする方法である．この方法では，対象とする環境のすべての価値を包括的に計測することができる．

　また，コンジョイント分析とは，環境の改善，費用負担などの組合せを変化させたシナリオの中から好ましいものを住民に選ばせる調査であり，その結果として環境の価値を金銭的に推定することができる．

　顕示選好法の代表は，トラベルコスト法（旅行費用法）である．この方法では自然公園などを来訪する人々が支出した交通費と時間価値からこの公園の価値を評価する．ヘドニック法は，実際に行われた土地の売買価格から公園などの環境の正の価値や騒音などの負の価値を評価するものである．また，代替価値法は，失われた価値と同等の価値を得るために他の方法をとるとどれくらい費用がかかるかで評価するものである．

　表明選考法はあらゆる環境に対して適用が可能であるが，直接的，間接的に環境の価値の金額を仮想的に被験者に答えさせるために，高めに回答したり安めに回答したりするバイアスが生じやすいという問題がある．一方，顕示選好法はその人の行動すなわち実際に負担した金銭などをもとにして計算をするため，客観的で信頼性が高い反面，適用できる環境の場が限られたり存在価値の評価が難しいという点が欠点として挙げられる．

1.5 環境負荷とトレードオフ

　先の環境統合指標の要素となっている指標をみてもわかるとおり，今日多様な要素が都市環境を構成している．しかし，それらの環境負荷をすべて極限まで低下させるのがよいわけではない．それらの要素間あるいは投ずべき資金との間でトレードオフがある．かつての公害時代のように，大気汚染や水質汚濁などのはっきりした公害問題に可能な限り資金を投入すればよいという時代ではない．社会全体に投入する資金が限られている中で，環境も含めた生活の質を高める様々な施策にどのように投資するかが問題で，予算をめぐって福祉と環境対策の競合すら生じる．このトレードオフの問題を定量的に評価してこそ，持続可能性を論ずる際に基本となる環境，経済，社会の3つの側面からみた望ましい社会の実現に向けて進むことができるのである．

　とりわけ，生活の質と環境負荷の間にはしばしばトレードオフが生じる．住宅における1人当りの居住面積が近年増大しており，そのこと自身は生活の質の向上に資するものである．しかし一方では空調・照明のエネルギー消費を増大させる結果になる．特に，住宅の充実やモータリゼーションなど物質的な面での生活の質の向上を目指す段階にある新興工業国の場合，生活の質の向上が環境負荷を大きく増大させることになる

　また，異なった種類の環境負荷どうしでもトレードオフが生じる．その典型例は排水処理などの環境改善技術である．環境改善技術に関して生じるトレードオフを整理すると表1.8のようになる．

　しかし，その一方で環境負荷が低減し，生活の質も向上するような場合もある．たとえば都市内の緑地を増やすことによってヒートアイランドを緩和したり，水循環を改善するという環境負荷低減効果が期待できるとともに，自然との触れ合いの機会を増やすことによって生活の質が高まる．このように両方がともに向上する場合を通称 Win-Win (ウィン・ウィン) という．Win-Win の状態に至れば様々な施策が前進しやすいが実際には必ずしもそうはならず，トレードオフの中で実行していかなければならないことが多い．

　このようなトレードオフの存在は定性的には理解できるが，実際に技術を導入したり施策を実行するに当たってはそれらを定量的に比較することが求められる．俯瞰的に環境を把握しなかった頃には，ある技術や施策は特定の環境面の改善のみを目的としていたためこのような比較は必要がなかったが，今日これらの

1.5 環境負荷とトレードオフ

表 1.8 トレードオフの種類と解析の方法

	トレードオフの種類	例	有効な手法	留意点
A	同一環境負荷間（環境影響に地域性なし）	［太陽電池の［運用時 CO_2 削減］対［製造時 CO_2 排出］比較	LCA（インベントリー分析）	
B	同一環境負荷間（環境影響に地域性あり）	［脱硝設備の NOx 削減］対［資材・製造時 NOx 排出］比較	LCA（インベントリー分析）	地域による環境影響の差を評価することが課題
C	異種環境負荷	［排水処理による水環境改善］対［運用に伴う CO_2 排出］	LCA（インパクト分析）	インパクト分析の手法により結論が異なる．
			金銭価値評価	地域的な環境影響を把握できるが環境負荷の網羅的把握困難
D	リスク軽減と環境負荷	［水道による健康リスク軽減］対［建設・運用に伴う各種環境負荷］	被害算定型 LCA による比較	受苦者が異なるリスクを比較する際の公平性の問題
			金銭価値評価	リスクの金銭価値変換の問題
E	生活の質と環境負荷	［街並み整備］対［整備に伴う各種環境負荷］	金銭価値評価	環境負荷の網羅的把握困難．文化の多様性評価困難

定量的な比較が必要になっている．これらの比較のために有効なのは LCA と貨幣価値による推定である．これらの方法がどのようにトレードオフの評価に使えるかを表 1.8 に示した．

環境負荷削減のための製品の製造や施設の建設に伴って生じる環境負荷は，いわば副次的な環境負荷である．LCA はこのような副次的な環境負荷の把握に有効である．LCA によって環境負荷のインベントリーを作成する段階は確立されているといえるであろう．

一方，貨幣価値による評価は，とりわけ環境改善の効果やリスク軽減など市場をもたないものも含めて考えれば，ほとんどすべての事象を同じ単位で比較できるという大きな利点を有している．前述の環境経済的な手法を用いれば，多くのものを価値に換算することが可能になる．

これらの方法を単独で，また組み合わせて用いることは有力な手段である．しかし，環境改善技術のトレードオフの比較を行うに当たっては限界もあり，それを十分に理解した上で用いる必要がある．

同一の環境負荷の場合で，しかもその環境負荷によって生じる環境影響に地域性がない場合，LCA のインベントリー分析の段階のみでトレードオフを評価することができる（表 1.8 中の A）．その典型例は二酸化炭素の排出を削減するた

めの装置や設備の製造段階で生じる二酸化炭素の場合である．たとえば太陽電池の製造時に生成する二酸化炭素と，運用時に太陽光発電によって回避される発電分に相当する二酸化炭素排出量を単純に数値比較すればよい．二酸化炭素はどの場所で発生しようとその影響は同一と考えられるからこのような比較が可能である．この比較は $LCCO_2$（ライフサイクル CO_2）として知られる．

同一の環境負荷でも，その環境影響に地域性がある場合は多少複雑である（表1.8中のB）．たとえば，大気汚染物質である窒素酸化物を除去するための脱硝装置を製造，運転するために用いられる電力や資材の製造由来の窒素酸化物の比較のような場合である．この場合には排出場所によって環境影響が異なる．

もっと一般的に生じるケースは異種の環境負荷の間のトレードオフを比較する場合（表1.8中のC）であり，排水処理による水環境改善とその建設や運用に伴う二酸化炭素の排出を比較する場合が一例である．ほとんどの環境改善技術は資源とエネルギーを消費するので，二酸化炭素をはじめとした副次的な環境負荷が生じる．この場合，LCAで評価する困難性は2つある．第1は異種の環境負荷を統合評価するインパクト分析の段階の問題である．様々な手法が提案されており，手法によって得られる結果が異なる．第2は環境影響の地域性の評価である．排水処理を例に取ると，この技術は特定の水環境の場に対して導入されるので，その効果の評価にはその地域固有の状況を考慮しなければならない．それにもかかわらずLCAの手法では通常地域性を考慮しない．

これに対し，貨幣価値に換算する手法を組み合わせると地域特性も考慮した比較が可能になる．諏訪湖の水環境改善効果の評価の例[20, 21]を取ると，異なる水準の水質改善に対して仮想評価法でその価値を評価し，下水道の整備を進めることで達成できる諏訪湖水環境改善の価値が約728百万円/年となる．一方その事業に伴って生成する二酸化炭素他の環境負荷をLCAで求めそれを金銭換算すると，それは前記の1/50程度の金額になりはるかに小さい．貨幣価値に基づく評価をこのように行うことによって便益が大きいことを示すことができる．

リスク軽減と環境負荷の比較（表1.8中のD）は，健康リスクを軽減する水道施設などの評価の際に重要になる．このような事業がもたらす副次的な環境負荷がもたらす健康影響を算出して比較する方法がある．

最後に生活の質と環境負荷の比較（表1.8中のE）もしばしば課題となる．これは従来環境問題とは考えられていなかった福祉の問題やまちづくりの場で必要とされる．都市の中の水辺環境を整備し人間と水との触れ合いを豊かにする事業，景観を考えたまちづくり，生態系の価値という意味では大きくないが人間にとっ

て憩いになる都市内のみどりの整備などである．これらは生活の質を高めることを目的としている．また，人間としての機会を平等にするためのユニバーサルデザインもこの範疇に入るであろう．

生活の質の向上をLCAによって計測することは困難であるが，注意深く金銭的な評価を行うことによって，環境の負荷と生活の質の向上のトレードオフを比較することも可能になるだろう．

1.6 サステイナブルな地域に向けて

本章では地域環境に与える人間活動の負荷を中心に考えてきたが，現実の地域が人間によって構成されている限り社会と経済的な要因はきわめて重要である．人間活動の極端な低下や社会的制度の崩壊によって生じた活動量の低下に伴って環境負荷が低下したとしても，それは持続可能な姿とはいえない．

都市の単位でサステイナビリティを考える動きは世界各地でなされてきた．EUでは1990年代半ばに専門家がサステイナブル都市報告書をまとめ都市アジェンダが作成され，環境制約の中で活力ある都市を再生しようとしている[22]．比較的国土に余裕のあるアメリカにおいても，スマートグロース（smart growth）という考え方により，サステイナブルな都市の成長を誘導することが計画されている[23]．

サステイナビリティの要素である環境面，社会面，経済面のいずれをとっても

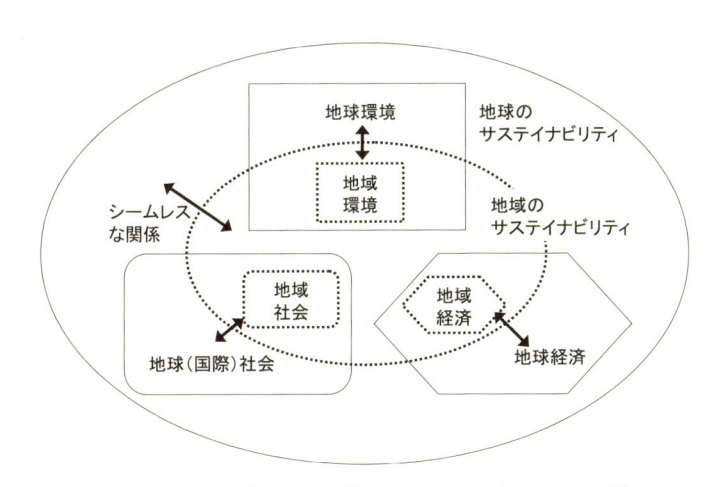

図1.14 地域規模と地球規模のサステイナビリティの関係

地域規模の問題と地球全体の問題は密接に相互関係をもっている．地域規模と地球規模の間には明確な境界はなく，シームレスなつながりをもっているともいえよう（図1.14）．サステイナブルな地域を形成するためには，その地域の環境面，社会面，経済面を考慮するのみならず，地球規模でのこれら3つの側面の問題を考慮することが求められている．このことはまた，地域規模でサステイナビリティを目指すことが地球全体のサステイナビリティにつながることをも意味している．

参 考 文 献

1) 中口毅博，森口祐一：日本の地域環境指標の特徴分析－国際比較を中心に－．環境科学会誌，**11**，277-287, 1998.
2) 土木学会環境システム委員会編：環境システム－その理念と基礎手法－．共立出版，第2章，1998.
3) United Nations, World Urbanization Prospects: The 2009 Revision Population Database (United Nations, Economic and social development; http://www.un.org/esa/population/ より2010年8月入手)
4) 農林水産省，林野面積累年統計による．
5) 埼玉県：埼玉の土地（平成21年度版）(http://www.pref.saitama.lg.jp より2010年8月入手)，2009.
6) 東京都：東京都水環境保全計画，1998.
7) 国土交通省土地・水資源局水資源部：平成22年版日本の水資源，2010.
8) 下水道ビジョン研究会監修：未来を拓く「下水道ビジョン2100」．水道産業新聞社，2006.
9) シンガポール政府（シンガポール政府ホームページ http://www.pub.gov.sg/newater より2010年8月入手)
10) 日本国政府；バイオマス・ニッポン総合戦略，2006.
11) 日本エネルギー経済研究所計量分析ユニット編：エネルギー・経済統計要覧2008．省エネルギーセンター，2008.
12) 国土交通省都市・地域整備局下水道部：バイオソリッド利活用基本計画（下水汚泥処理総合計画）策定マニュアル（案），2003.
13) 国土交通省都市・地域整備局下水道部 http://www.mlit.go.jp/crd/city/sewerage/ による（2010年8月現在）．
14) 環境省：ヒートアイランド対策の推進のために，2000.
15) Yoshida Y., Ishitani H., Matsuhashi R.: *J. JPN. Inst. Energy*, **77** (11), 1054-1061, 1998. (吉田好邦，石谷　久，松橋隆治：日本エネルギー学会誌，**77** (11), 1054-1061, 1998. (in Japanese))
16) 金川　琢，加藤英輔，井村秀文：土木学会環境システム研究，**20**, 242-251, 1992.
17) Institute for Global Environmental Strategies : Urban energy use and greenhouse gas emission in Asian mega-cities: Policies for a sustainable future, Chapter 4, 2004.
18) WWFジャパン：生きている地球レポート2008年版，2008.
19) ターナー，R.K., ピアス，D., ベイトマン，I., 大沼あゆみ(訳)：環境経済学入門．東洋経済新報社，2001.

20) 稲葉陸太,花木啓祐,荒巻俊也,中谷　隼：諏訪湖水環境改善効果と対策に伴う地球環境への影響の費用便益換算による統合的評価．環境システム研究論文集, **29**, 37-45, 2001.
21) 稲葉陸太,中谷　隼,荒巻俊也,花木啓祐：複合的な対策による諏訪湖水環境改善および副次的 CO_2 排出による地球温暖化への影響の統合的評価．水環境学会誌, **25**, 635-640, 2002.
22) 岡部明子：サステイナブルシティ．学芸出版社, 2003.
23) 小泉秀樹,西浦定継：スマートグロース．学芸出版社, 2003.

2

都市におけるエネルギーと熱のマネジメント

2.1 建築物と都市におけるエネルギー消費と省エネルギー

2.1.1 環境問題と建築物の省エネルギー

環境問題が世界中の課題となった．日本も地球温暖化防止条約（いわゆる「京都議定書」）を批准するなど，環境問題を国家的な課題として取り上げその解決に取り組んでいる．大げさにいえば，環境問題の本質は人類の文明的な拡大と有限なる地球環境との対立にあるといえるので，それを解決するには両者をいかにすり合わせるかがポイントとなる．しかし，そこまで大上段に構えなくても，エネルギー効率の高い工業製品を開発したり，安全で無駄のない社会システムを構築したりすることは近代科学の大きなテーマである．

いうまでもなく，人類の発展や居住域の拡大においては，エネルギーの製造と利用が重要な鍵になってきた．都市・建築あるいは人間の居住との関連でいえば，エネルギーの中でも「熱エネルギー」の利用と供給が大きなポイントであったといえる．たとえば，火と暖房によって人間は太古の時代に居住域を寒冷地まで拡大したし，近年は冷房設備が大都市の高層ビル群に高密度な3次産業を誕生させ，それらを発展させてきた．また，暖房や給湯は病気の予防や衛生的な生活のためには欠かせないものであり，人間の長寿命化に大いに貢献している．

現代建築やその集合体である都市においては，暖冷房や照明などをみてもわかるように，建築物の機能と居住性を確保する目的で大量のエネルギーが消費されている．逆に，エネルギーがなければ現代の大規模建築は機能停止に陥るので，地球上に存在している大都市はすべて消滅するか小都市になってしまうであろう．このように現代の大都市は，大量のエネルギー使用が許容されることを前提にして存立しているわけであるが，一方ではエネルギー資源問題や地球環境問題の観点からエネルギー消費を削減させる，あるいはこれ以上増大させないという社会的制約も課せられている．こうした状況は現代の大都市が抱える宿命的なジ

レンマといえよう．大都市という巨大な生き物は，これまでは大量のエネルギーを食うことで成長し存立しえたのだが，これからはその食料を減らさないかぎり命が危ういのである．

本節では建築物や都市における「エネルギーのマネジメント」について述べるが，現代社会でこうしたマネジメントが必要になる理由は，上記のジレンマを少しでも緩和したりそれから脱したりするためである．「建築物や都市におけるエネルギーマネジメント」とは，より簡単にいえば，建築物における「省エネルギー」のことである．「省エネルギー」というと，古い方々は「エネルギーを節約し我慢する」という暗いイメージをもつかもしれない．しかし，現代版の「省エネルギー」はそのような暗いイメージのものではない．現代版の「省エネルギー」では，生活や居住の質を低下させたり我慢を強要したりすることを意味として含まない．生活の質を低下させないという条件の下で，エネルギーの消費を削減させることを意味している．現代版の「省エネルギー」とは，より厳密にいえば「エネルギーの合理的な使用」であり，エネルギーの消費の「効率」を最大化させることである．

2.1.2 京都議定書とその目標達成

現在，環境問題の中でマスメディアも注目していることの1つに，京都議定書の目標達成という課題がある．京都議定書とは，ご存知のように地球温暖化防止のために先進国が温室効果ガスを削減するという国際条約であり，日本は目標年（2008～2012年の平均）の温室効果ガスの排出量を1990年のそれより6％削減するという目標値を受け入れている．この条約には，アメリカの離脱や中国の不参加などという問題があるにせよ，日本政府はこの条約を遵守することを環境対策の目標の1つに掲げている．

温室効果ガスの大半はCO_2であるので，図2.1に日本におけるCO_2の排出量の推移を示す．これからわかるように，CO_2の排出量は2008年時点で1990年の排出量を6.1％上回っている．また，図2.2に1990年の排出量に対する増加率を示すが，民生部門の排出量が家庭，業務ともに30％を超える増加率を示しており，排出量全体を押し上げる原因になっている．民生部門の排出量とは，住宅や建築で電気や化石燃料を使用することが原因で排出されるCO_2のことである．

さて，それではこのように増加してしまい，1990年の排出量より6％減じるという議定書の目標から大きく後退してしまった現実をどのようにして打開し，目標に近づけるというのであろうか．そのための処方箋が，2005年の4月に政府

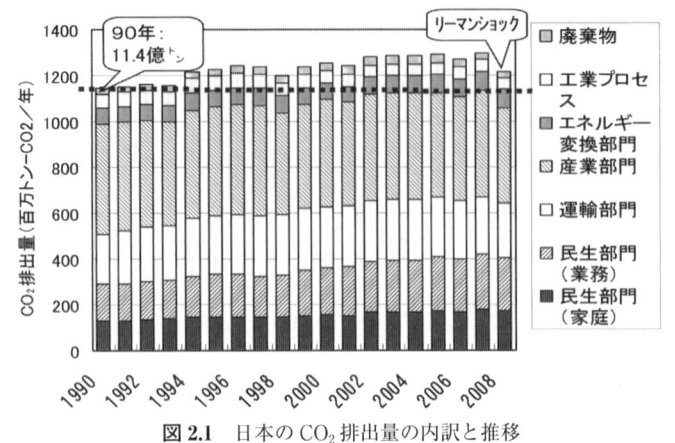

図 2.1 日本の CO_2 排出量の内訳と推移
（出典：全国地球温暖化防止活動推進センターホームページ）

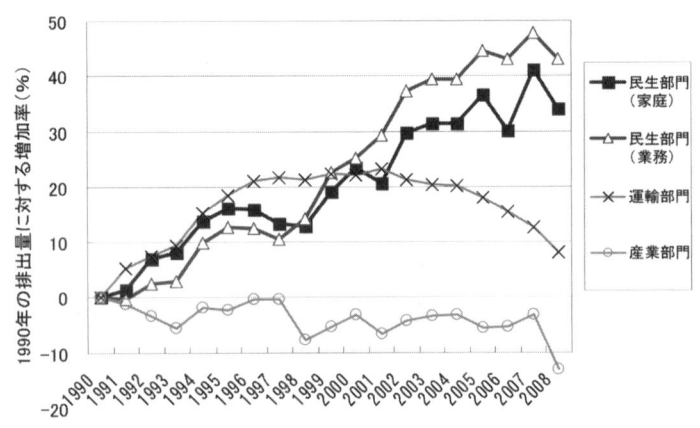

図 2.2 各部門 CO_2 排出量の増加率（対 1990 年比）
（出典：全国地球温暖化防止活動推進センターホームページ）

が公表した「京都議定書目標達成計画」である．表 2.1 にその内容を示す．表 2.1 には，温室効果ガス別の 2002 年の排出量と最終的な増減率の目標値が示されている．最も影響力の大きな CO_2 は 2002 年で既に 10.2％の増加をしているが，それを目標年には 0.6％増に押し下げようというわけである．これが実現すれば，CO_2 以外のガスの減少や森林の吸収などによって全体として 6％減の目標が達成される．

では，10％以上も増加してしまって CO_2 の方はどのような方法で削減するの

表 2.1 京都議定書目標達成計画における温室効果ガスの削減目標値（出典：京都議定書目標達成計画（日本政府））

温室効果ガスの排出分野		基準年（1990）の実績		2002年度の実績		増減率の目標値（%）
		百万トン $-CO_2$	比率（%）	百万トン $-CO_2$	増減率（%）	
①	エネルギー起源の CO_2（産業＋運輸＋民生）	1,048	84.7	1,174	10.2	0.6
②	非エネルギー起源 CO_2、メタン、N_2O	139	11.2	128	−0.9	−1.2
③	代替フロン等（HFC, PFC, SF_6）	50	4.0	28	−1.7	0.1
④	革新的技術開発・国民の活動	—	—	—	—	—
⑤	森林経営による吸収量	—	—	—	—	−3.9
	合　計	1,237	100.0	1,331	7.6	−4.4

※クリーン開発メカニズム、共同実施、排出量取引などの削減量（−1.6%）を含めると、−6%の削減率に到達する。

であろうか．民生部門だけであるが，CO_2 の削減手法について紹介しておこう．民生部門においては，削減手法は2つに大別される．1つは建物の省エネルギーであり，もう1つは電力会社などのエネルギー供給会社が CO_2 を排出しない新エネルギーなどを活用して減じるというものである．この2つの手法による削減量は，前者が9,720万トン，後者が7,830万トン，合計で1億7,550万トンと見込まれている．このように建物の省エネルギーは CO_2 の削減手法として大いに期待されているのである．ただし，これらの削減量は2002年の民生部門の排出量（3億6,300万トン）から減じられる量ではなく，無対策の場合に予想される排出量（4億7,800万トン）から減じられる削減量として見込まれている点に注意が必要である．その結果，目標年の排出量は約3億200万トンとなるが，これは2002年の実排出量より6,100万トン（17%）少ない量である．

以上のように，昨今の省エネルギーは，従来からの「化石燃料の保護＝産油国に対するプレッシャー」という目的に加えて，「地球温暖化防止＝京都議定書の目標達成」という観点からも大いに社会の注目を集めるようになり，ますますその重要性と必要性に対する認識が深まっているといえる．

2.1.3　建築物のエネルギー消費と省エネルギー基準

建築物の省エネルギーを語るには，まず建築物でどれくらいのエネルギーがどのような目的に使われているかということを知らなければならない．建築物で消費されるエネルギーとは，前項で示したように民生部門のエネルギーとして計上

されるものであり，ほとんどが空調設備や照明設備などの建築設備や OA 機器が消費するエネルギーのことである．日本では全エネルギー消費の 23 〜 27％ がこの民生用消費である．民生用消費は 2002 年の統計では 4.28 EJ（エクサジュール = 1018 ジュール）であり，業務用建築が 2.01 EJ，家庭用（すなわち住宅）が 2.27 EJ となっている．なお，エネルギー統計においては 1 次エネルギー（電力も元々の化石エネルギーに換算したエネルギー）で表したものと 2 次エネルギー（電力をジュール熱で換算したエネルギー）によるそれが混在しているが，本節ではすべて前者（1 次エネルギー）を用いて表す．

建築物では暖冷房や照明，給湯など実に様々な目的にエネルギーが使用されている．とりわけ業務用建築には様々な種類と規模のものがあるので，エネルギー消費の様子も個々の建物でのバラツキが非常に大きい．しかし，建築用途が定まれば，エネルギー消費はある程度，建築用途に応じた傾向や特徴を示す．図 2.3 は業務用建築の床面積当りの消費内訳を，図 2.4 は住宅の消費内訳を示したものである．どちらも日本全国の平均的な姿としてみてほしいが，建築用途によってエネルギー消費の様子が異なることが理解できる．しかし，どのような建築用途においても，暖房や空調，給湯など熱として使用するエネルギーが消費の大半を占めている．

建築物の省エネルギーには様々な手法や技術が考えられるが，それらは，①建物の熱負荷を低減する建築設計，②エネルギー効率を高める設備設計，③建物・設備の適正な制御・管理，の 3 要素に大別できる（図 2.5 参照）．①は断熱や日

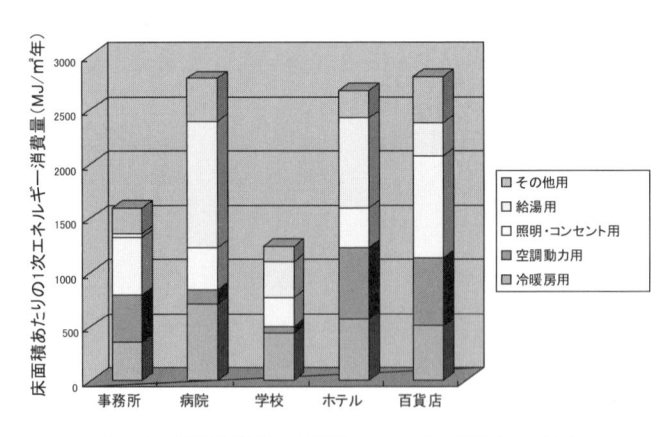

図 2.3 業務用建築におけるエネルギー消費量の内訳
（出典：建築物の省エネルギー基準と計算の手引き（IBEC, 1996））

射遮蔽，平面計画上の工夫などによって建物の熱負荷（暖房や冷房に必要な熱量）を小さくすることである．②は適切なゾーニングや機器容量を設定したり，効率のよい機器を採用したりしてエネルギーを無駄使いしない設備システムを設計することである．③は建物と設備を適正に使用・管理して無駄なエネルギー消費を省くことである．また，太陽光発電などの自然エネルギー利用設備を採用することも大いにエネルギー削減に寄与する．理想的にはこうした省エネルギー手法を数多く採用することが省エネルギー性を高めることになる．しかし，省エネルギー手法を採用すればするほど初期コストも増大するので，現実には費用対効果のよい手法をセレクトして採用することが肝要になる．

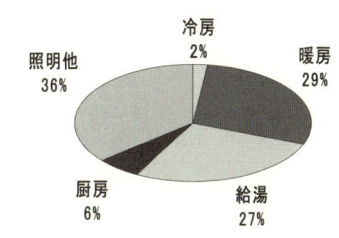

図 2.4 家庭用 1 次エネルギー消費（全消費量 2.27EJ）の内訳（出典：エネルギー経済統計要覧（省エネルギーセンター, 2002））

日本の省エネルギー政策は，1979 年に公布された「エネルギーの使用の合理化に関する法律（いわゆる「省エネ法」）」に則って展開・実施されてきた．建築物に対してもこの法律に基づいて，省エネルギー基準が制定されている．この基準において規制の対象となっているエネルギー消費用途は，暖冷房，給湯，照明，換気，およびエレベータの 5 用途であり，パソコン・OA 機器（コンセント負荷という）や給排水設備の用途は除かれている．建築物の省エネルギー基準は，1980 年の最初の制定以来，湾岸戦争や京都議定書などの国際情勢の影響を受けて数度強化されているが，省エネ法自体が建築基準法などとは違って罰則は伴わない法令であるので，この基準には強制力がない．省エネルギー基準は図 2.6

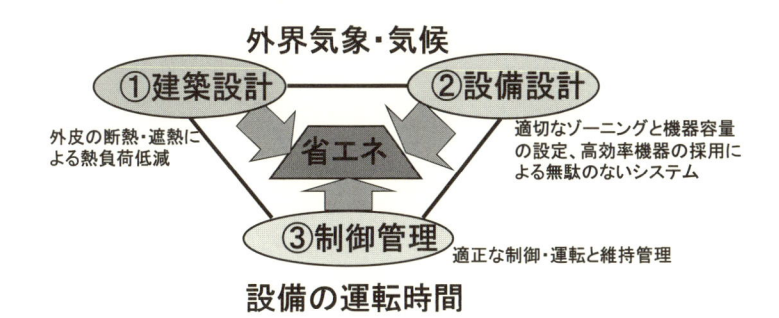

図 2.5 建築物の省エネルギーにおける 3 大要素

に示すように，業務用建築に対する基準と住宅に対する基準に分かれている．現在，日本の建築行政においては，省エネルギー基準に則った建物を建てるように様々な指導・誘導が実施されており，省エネルギー基準を守ることが省エネルギー設計の基本であると認識されている．

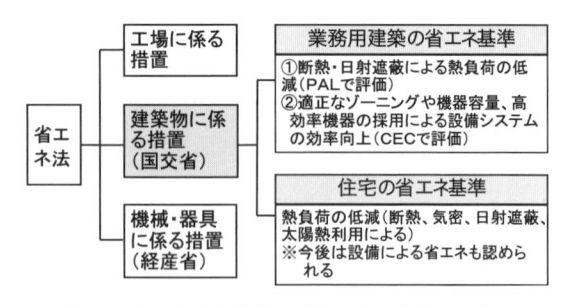

図 2.6　省エネ法と住宅・建築の省エネ基準の体系

2.1.4　業務用建築の省エネルギー基準

業務用建築の省エネルギー基準では，建物の省エネルギー性を評価するために，PAL と CEC という 2 つの指標が用いられている．PAL は建築の計画・設計を CEC は設備設計を，それぞれ評価する指標である．つまり，PAL は 2.1.3 項で述べた「熱負荷を低減する建築設計」に，CEC は「効率を高める設備設計」にそれぞれ対応する指標である．建築物の設計においては，建築と設備がうまく噛み合う必要があるので，このような 2 つの指標の導入がなされた．なお，CEC はさらに設備の種類ごとに，空調用 [CEC/AC]，換気用 [CEC/V]，照明用 [CEC/L]，給湯用 [CEC/HW]，エレベータ用 [CEC/EV] の 5 つの指標に細分されている．また，CEC/V において対象とされる換気設備は機械室や駐車場などの非居室における換気設備であり，居室用の換気設備については CEC/AC で扱う．

PAL は perimeter annual load（年間熱負荷係数）の略であり，次式で定義される．

$$\mathrm{PAL} = \frac{\text{屋内周囲空間の年間熱負荷（MJ/年）}}{\text{屋内周囲空間の床面積（m}^2\text{）}}$$

ここで，屋内周囲空間とは建物の外周部を形成する空間のことであり，省エネルギー基準においては，外壁や屋根などの外気に接する部位から 5 m 以内に含まれる床の面積を「屋内周囲空間の床面積」としている．このような空間は外気温や日射等の外界気象要素の影響を強く受けるので，外皮（envelope とか skin の訳であり，外壁・屋根・窓等の外気に接する部位の総称）の熱的設計を上手に行えば，その空間の年間熱負荷（年間の暖房負荷と冷房負荷の合計）を小さくすることができる．空調の省エネルギーを考える場合，外皮において発生する熱負荷

（ペリメーター負荷という）を小さくすること，すなわち PAL を小さくすることが基本的な方策となる．熱負荷の大きな建物にいくら効率のよい空調設備を設置しても，エネルギー消費量はそれほど小さくならない．また，一般に年間熱負荷を小さくすれば最大熱負荷も小さくなるので，空調設備容量が小さくなり熱源機器において効率の悪い部分負荷運転が避けられる．PAL を小さくするためには，建物の表面積を大きくしすぎないなど建築計画に配慮すること，および外皮を適切に断熱したり日除けを設置したりすることがポイントとなる．

一方，CEC は coefficient of energy consumption（エネルギー消費係数）の略であり，上述した5種類の設備に対して定義されている．同じ CEC でも，以下に示すように，熱を供給する設備（空調および給湯）の場合とそれ以外の設備（換気，照明，エレベータ）の場合とでは，定義が若干異なっている．つまり，空調設備（CEC/AC）あるいは給湯設備（CEC/HW）の場合は，

$$\text{CEC} = \frac{\text{当該設備の年間消費1次エネルギー（MJ／年）}}{\text{当該用途の年間仮想負荷（MJ／年）}}$$

であるが，換気設備（CEC/V），照明設備（CEC/L），あるいは，エレベータ設備（CEC/EV）の場合は

$$\text{CEC} = \frac{\text{当該設備の年間消費1次エネルギー（MJ／年）}}{\text{当該設備の年間仮想消費1次エネルギー（MJ／年）}}$$

である．この両式からわかるように，CEC はどれも数値が小さいほどエネルギー効率が高く省エネルギー性が高いと判断される．CEC を小さくするためには具体的にどのような対策や方法をとればよいのであろうか．一般的には，以下の4つがポイントとなる．

① 使用状況や制御方式に応じた適切な設備機器の配置やゾーニングを行う．
② 効率のよい設備機器や設備システムを採用する．
③ 効率が高まる制御方式やシステムを採用する．
④ 自然エネルギーを利用できる設備（太陽光発電など）や廃熱を利用できる設備（コジェネレーションなど）を採用する．

PAL と CEC の計算方法[1] はかなり複雑であるのでここでは省略する．現在，業務用建築に対しては，延べ床面積が 2,000 ㎡ 以上のものに対しては，建築確認を受ける際に当該建築の省エネルギー措置について記載したものを行政窓口に提出することが義務付けられている．「省エネルギー措置」とは，上記の PAL と CEC について当該建築の計算値を記載するか，それに相当する評価を記載する（ポイント法による評価）ことである．このとき，当該建物の PAL と CEC は表2.2

に示す基準値を下回るように行政指導されている．しかし，基準値を下回ること（省エネルギー基準を守ること）は絶対的な義務ではないので，省エネルギー基準がなかなか浸透しない問題を抱えている．

表2.2 業務用建築におけるPALとCECの判断基準値

建築用途	ホテル・旅館等	病院・診療所等	物品販売店舗等	事務所等	学校等	飲食店等	集会所等	工場等
PAL	420	340	380	300	320	550	550	—
CEC/AC	2.5	2.5	1.7	1.5	1.5	2.2	2.2	—
CEC/V	1.0	1.0	0.9	1.0	0.8	1.5	1.0	—
CEC/L	1.0	1.0	1.0	1.0	1.0	1.0	1.0	1.0
CEC/HW	←——— 給湯量/配管長の値に応じて，1.5〜1.9の間で定める．———→
CEC/EV	1.0	—	—	1.0	—	—	—	—

2.1.5 住宅の省エネルギー基準

住宅（戸建住宅も集合住宅も同様に扱う）の省エネルギーも業務建築のそれと原理が異なるものではない．住宅においても建築側で行うべき熱負荷の削減と設備側で行う機器効率の向上を両方ともに実施し，双方がうまく噛み合って省エネルギーが達成される．しかし，住宅においてはたとえ高層マンションといえども，設備はエアコンなどの家電機器や給湯器などのように住戸単位で構成されている場合が大半であり，大型ビルのように大型の冷凍機やポンプ・送風機を用いてシステムを構成するわけではない．したがって，住宅の場合は設備といっても業務用建築に比べれば軽微であり，強力な対策が必要であるとはいい切れない．こうした理由によって，住宅の省エネルギー基準は断熱などの建築外皮に対する基準が主体で策定されており，設備については定量的な基準の策定が始まったばかりである．

現在の住宅用の省エネルギー基準[2]は1999年に策定されたものであり通称「次世代省エネ基準」と称されている．欧米の断熱基準と比べても遜色ないレベルのものであり，日本における省エネルギー住宅の目標となっている．この基準が制定された背景には，先述の京都議定書が締約されたことや，国民が快適・健康・安全・省エネ・高耐久な，性能の高い住宅を望むようになったことが挙げられる．また，日本住宅性能表示制度[3]においては，温熱環境性能項目の評価基準として住宅の省エネルギー基準が採用されている．次世代省エネ基準をクリアした住宅は，性能表示では最高の4等級が与えられ，住宅金融公庫の融資においても金

利が少々安くなる優遇措置を受けることができる．

　次世代省エネ基準をクリアする住宅とは何も特別な仕様の住宅ではない．図2.7に例示するように，①断熱，②気密，③防露，④夏の日射遮蔽，および⑤換気計画が基準で示されたレベル以上になっていればよいのである．この基準における最大のポイントは，温暖な地域といわれるような地域においても暖房でつくられる熱を逃がさないようにするために断熱性と気密性を高めたことである．それによって冬でも暖かい家が実現され，暖房費が軽減されるだけでなく建物内の温度差も小さくなることによって居住者の健康が増進されるようになった．さらに，夏季の日射遮蔽にも十分な対策が講じられることによって，夏も涼しい家ができあがる．

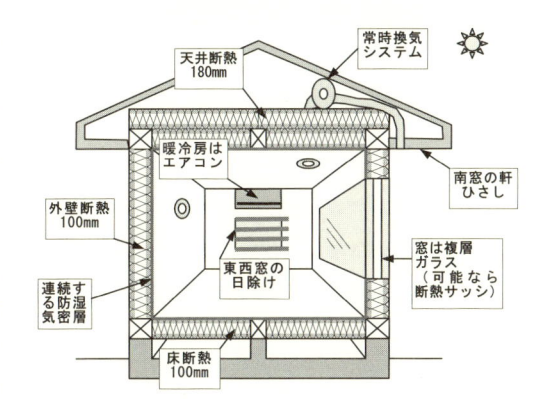

図2.7 次世代省エネ基準で建てた住宅の仕様例（温暖地用）

　しかしながら，上記のような住宅（住まい）のつくりは，日本の伝統的な家屋のつくり（設計・施工）とはかなりかけ離れたものである．日本の伝統的なつくりは，柱や梁（軸組）に障子や襖などの建具を組み合わせそれらを開け放つことで，内と外との空間を連続させることができるようになっていることが最大の特徴である．それにより，日当たりや風通しのよい開放的な環境が可能になり，同時に茅葺屋根，小屋裏空間，軒・庇などで夏の日差しによる温度上昇を防ぎ，簾，葦簀，蔀戸といった夏の暑い日差しを遮るための工夫がなされていた．これらはすべて高温多湿の日本の気候に合わせた夏の暑さをしのぐ工夫であり，伝統的な日本の家屋は防暑をテーマに建てた建物といっても過言でない．しかしその分，冬の寒さに対しての対策はなされておらず，これが現代では大きな欠点になっているわけである．したがって，現代の住まいに求められる機能は暖冷房が必要な冬や夏にはしっかり「閉じる」ことで室内を快適に保ち，春や秋のように外の気候が快適であれば，昔の住宅のように「開ける」ことで自然の快適さを取り入れられるということになる．つまり，現代の省エネルギー住宅は，図2.8に示すように「閉じる」と「開ける」という両方の機能を兼備するコンセプトで設計されなければならない．そして，前者の性能が前述の「次世代省エネ基準」によっ

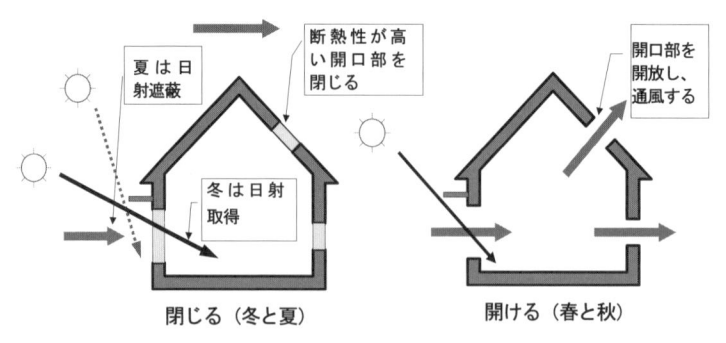

図 2.8　次世代省エネ基準のコンセプト

て担保されるわけである．

2.1.6　建築物の省エネルギーにおける課題と展望

業務用建築と住宅に分けて省エネルギー基準について述べたが，これらの基準についてもちろん問題や課題がないわけではない．最も大きな課題は，これらの基準がすべて新築を想定して策定されており，新築建築に対してだけ運用されてきたことである．省エネルギー手法は新築でも改築でもほとんど差がないのであるが，現実には現在の省エネルギー基準を満たしている建物は圧倒的に少ないので，改修時にも基準の普及を促進しない限り基準の浸透は 30 年も 40 年も先の話になってしまうのである．基準の普及率はここ 2，3 年でいえば，業務用で 65％，住宅で 20 数％といわれているが，これらはすべて新築の建築物であり，建築ストック全体でいえば 1999 年以降の新しい省エネルギー基準の採用率は 5％にも達していないであろう．

次に大きな課題と考えられることは，制御・管理に関する基準や目安を策定することである．2.1.3 項で述べたように，省エネルギーには建築設計，設備設計，制御管理の 3 項目がどれも不可欠である．このうち建築設計と設備設計については省エネルギー基準が策定されており，国民に「物指し」が示されているが，制御管理については示されていな

図 2.9　セルロースファイバーの吹き込み
（写真提供：㈱デコス）

い，省エネルギーを設計などの「観念」だけのものにしないで「現実」のものにするためには，制御管理が重要であり，そのためにはエネルギー計測の拡充が基礎となる．

その一方で，有望な話題にも事欠かない．住宅の断熱技術においては，自然素材による断熱（図2.9参照），ノンフロン断熱材，断熱窓（複層ガラスと樹脂サッシ，図2.10参照）など様々な技術が実用化されており，消費者の多様なニーズに応えている．また，業務用のビルにおいても通風や昼光利用を採用したハイブリッド型の建築が見られるようになったし，太陽光発電も着実に採用されるようになった（図2.11参照）．住宅の給湯分野においてはエコキュートと称されるヒートポンプ給湯機が実用化され，燃料電池に比肩する省エネルギー性が認められている（図2.12参照）．わが国の建築における省エネルギーはけっして悲観するようなものではない．

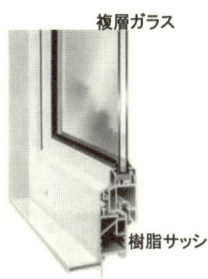

図 2.10　結露の心配がない断熱窓（複層ガラスと樹脂サッシ，写真提供：㈱シャノン）

図 2.11　太陽電池を取り付けた日除けルーバーが建物を覆う糸満市庁舎（写真提供：㈱日本設計）

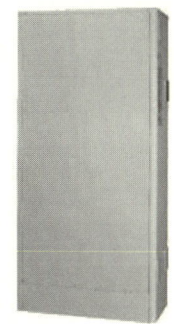

図 2.12　大気の熱を汲み上げて湯をつくるヒートポンプ式の給湯機「エコキュート」（写真提供：㈱ダイキン）

参 考 文 献

1) (財) IBEC：建築物の省エネルギー基準と計算の手引. 2001.
2) (財) IBEC：住宅の省エネルギー基準の解説. 2002.
3) 国土交通省住宅局住宅生産課ほか監修：日本住宅性能表示基準・評価方法基準技術解説. 工学図書, 2009.

2.2 ヒートアイランドのメカニズムと影響

2.2.1 ヒートアイランドとは

ヒートアイランドとは，都市の気温が郊外のそれに比べて高い現象を指す．図 2.13 はそのイメージを示したものである．気温の等値線を水平面で描くと海に浮かぶ島のように見えることから，熱の島（heat island）と命名された．ヒートアイランド現象は 19 世紀ロンドンで初めて観測されたとされており，その後世界の様々な都市で観測事例が数多く見られる．ヒートアイランド現象が明瞭に観測されるのは夜間の弱風晴天日である．夏のヒートアイランドが問題視されることがあるが，現象としては冬の方が顕著に現れることが多い．

ヒートアイランドをはかる指標としてヒートアイランド強度を挙げることができる．ヒートアイランド強度は，都市と郊外の最大気温差で定義される．ヒートアイランド強度は都市の人口規模と正の相関があるといわれている[1]．わが国の場合，大都市の多くは沿岸部に立地しており，地理的条件が異なる丘陵地まで開発が進んでいるケースも珍しくない．気温の等値線の性状からヒートアイランド

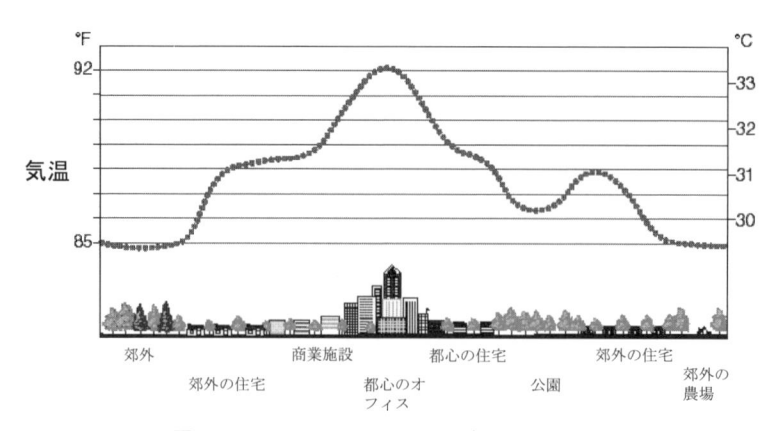

図 2.13 ヒートアイランドとは（Akbari, LBNL）

強度を概括することが多いようであるが，郊外地点を厳密に特定化することは結構難しい．

2.2.2 気温の経年変化

図2.14に世界の大都市の経年変化を示す．東京（大手町）の気温は過去100年間で2.9℃上昇している．その間，地球全体の気温上昇は約0.6℃と見積もられることから東京では地球温暖化の数倍のスピードで高温化が進んでいるといえる．ニューヨーク，パリでは1950年代以降の気温変化はあまり目立たないが，東京の場合は20世紀後半においても一貫して温度上昇が継続している．その理由として，日本と欧米の大都市の建造物や都市形態の相違，都市開発の時代変化等が影響していると考えられている．

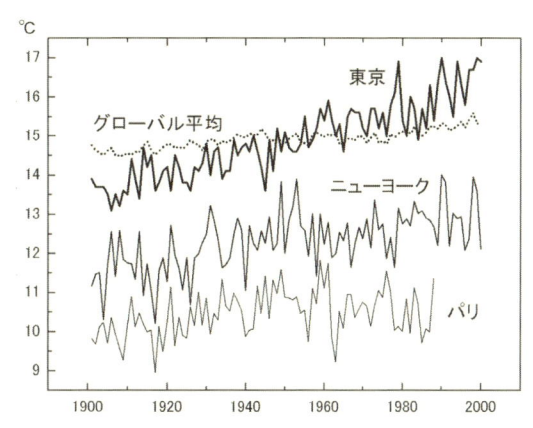

図2.14 年平均気温に関する東京と世界の大都市の比較（三上岳彦）

2.2.3 東京の気温分布と風

東京およびその周辺地域の夏における気温および風の分布を図2.15に示す[2]．

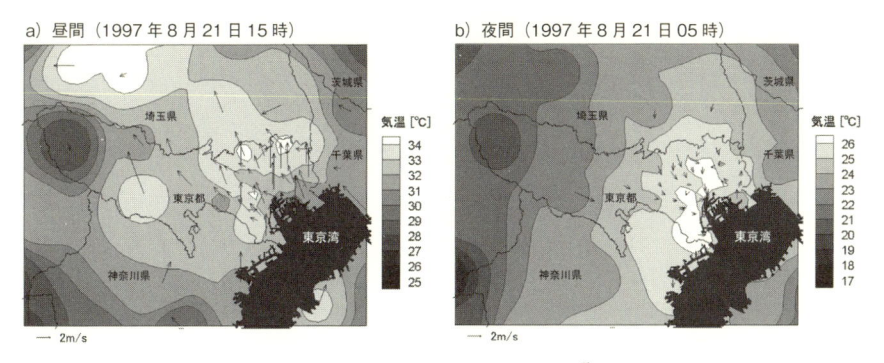

a) 昼間（1997年8月21日15時）　　b) 夜間（1997年8月21日05時）

図2.15 夏季の気温，風の分布[2]

昼間の気温は都心ではピークをもたず，東京23区の北部から内陸の埼玉県にかけて高温域を形成している．東京23区では東京湾から南風が卓越して吹いている．海風の気温は陸上のものより数℃低いことから海風の冷却効果が気温分布に現れていると考えられる．もちろん，これとは逆に陸風が吹く気象条件では海風の冷却効果を期待できない．そのようなときにフェーン現象が発生すると都市の暑熱化はきわめて過酷なものになる．

夜間になると気温のピークは東京23区付近に現れ，昼間とはまったく異なる分布を呈している．都心と郊外との気温差は2〜3℃であり，東京23区のほぼ全域が熱帯夜の指標である25℃以上の空気に包まれている．風は周辺から都心に向かって吹いており，ヒートアイランドによる風の収束がみられる．また，風が左回りに吹き込んでいることから地球の自転に伴うコリオリ力も影響していると考えられる

2.2.4 都市の高温化の要因

図2.16は都市における気温上昇の要因を模式的に表したものである．都市域では地表面の不透水化等により地表面被覆が高温化する上に，都市活動に伴って人工排熱が発生する．そして，大気を暖める熱の発生量が自然界よりも大きくな

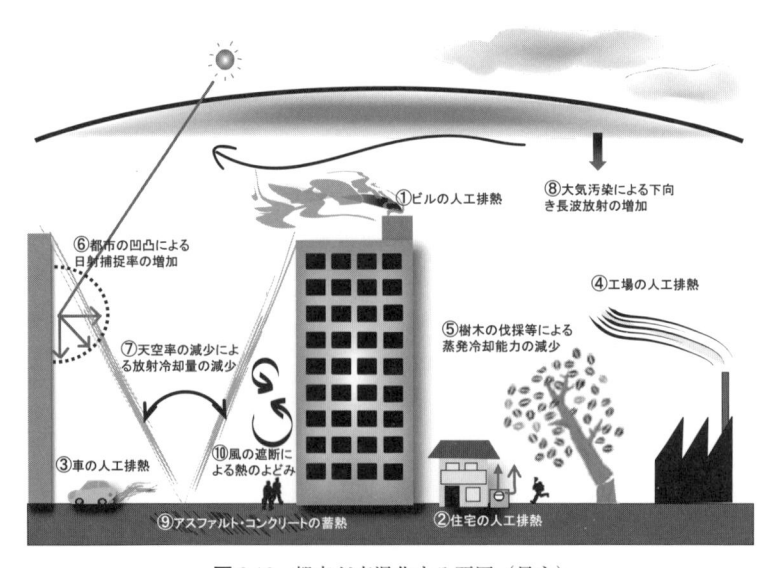

図2.16 都市が高温化する要因（足永）

る．また，建物群は風を低減させ都市域の換気効率の低下をきたす．その結果，細塵等による温室効果も相まって都市空間は熱を帯びやすい性質を有する．以下に，都市の高温化の要因について個別に述べる．

a. 地表面被覆

東京23区の土地利用状況を図2.17に示す．宅地56.6%，道路等21.1%であり，建物と道路で全体の77.7%を占めている．建物や道路はアスファルトやコンクリート等の人工的な被覆物で主に構成されているため，日射を浴びて日中の表面温度が50〜60℃に上昇し，夜間においても熱容量のためなかなか冷めないという性質がある．森林，水面，農用地，原野，公園等の土地利用割合を足し合わせると東京23区全体でわずか13.8%に過ぎない．現状の土地利用構成を見ると，気化熱により地表面を冷却する効果はあまり望めない．

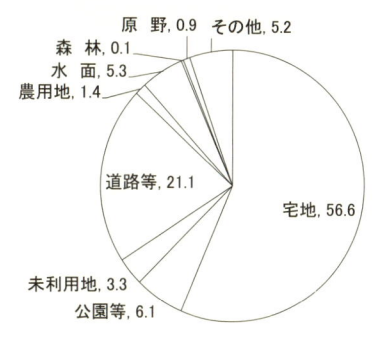

図2.17 東京23区の土地利用割合(%)

b. 人工排熱

東京23区における建物，交通，事業所等から発生する人工排熱の日集計値（8月平均を想定）は，東京23区全体で約2,000（TJ/日）であり，この値を東京8月の日射日総量値と比較すると，快晴日の1割，月平均日の2割に相当する．したがって，東京23区の人工排熱は日射量と比較してコンパラブルな熱源であり，これを無視することはできない．さらに建物の寄与であるが，人工排熱の中で建物からの発生量が最も大きく，全体の半分を占めていることから，ヒートアイランド発生における建築の寄与はきわめて大きい．図2.18は東京23区の夏季の人工排熱の分布である[3]．建物，交通，工場から大気，排水へ排出される全熱

図2.18 東京23区の夏季の人工排熱(全熱)（国土交通省・環境省）[3]

を足し合わせて夏季平均の日総量値として示したものである．新宿等の高層市街地では人工排熱が集中し，その地域に降り注ぐ全天日射量とほぼ等しい値に達する．

c. 風通し

地表面の起伏・凹凸は風通しを考える上で重要な要素である．東京23区の場合，全体の土地面積の約3割は建物が占めている．また，建物高さは用途により異なるが東京23区で平均すると3階程度である．したがって，都市構造物は地形の起伏とともに都市表面の凹凸を構成するものである．図2.19は風洞模型周辺の気流を煙で可視化したものである[4]．この場合，高層建物の下流域の風速が低下している様子がわかる．このような弱風域が都市空間に数多く存在すると，地表面や空調機器等から放出された熱が都市空間に滞留しやすくなると考えられる．

図2.19 風洞実験による気流の可視化（風は右から左）[4]

2.2.5 ヒートアイランドの影響

気温は人や建物にとって重要な環境要素の1つである．ヒートアイランド現象は人が集まる都市で発生する現象であるため人への直接的影響が大きいと考えられる．また，気温変化量が自然界より顕著に現れていることから環境への影響も懸念される．表2.3はヒートアイランドによる人や環境への影響項目を夏と冬で対比したものである[5]．夏の気温上昇は，冷房需要の増加や熱中症患者の発生等，マイナスの影響を及ぼすケースが多い．冬においては熱ストレスの軽減等ヒートアイランド化は人にとってプラス側に作用する側面があるが，媒介生物の越冬等，好ましくない項目も見られる．これらの環境影響を総合的に捉えることが重要である．また，ヒートアイランド現象の地域性についても十分に配慮する必要がある．

以下に，主な環境影響項目について説明する．

a. 都市のエネルギー需要への影響

夏季に都市の気温が上昇すると，建物の冷房負荷が増加する．南関東域の電力需要は気温が1℃上昇すると約160万kW増加する[6]．この電力量は中型原子炉

2.2 ヒートアイランドのメカニズムと影響

表2.3 ヒートアイランド現象による環境影響（環境省）[5]

影響の分類	影響項目 夏季	影響項目 冬季
1. 健康影響		
1-1 熱ストレスの変化による健康影響	・外部環境生活者（屋外労働，スポーツ）の熱ストレスの増加 ・幼児，高齢者，経済的弱者の熱ストレスの増加 ・熱中症以外の諸疾患（循環器系疾患等）の増加	・幼児，高齢者，経済的弱者の熱ストレスの減少 ・暖冬化による疾病の減少
1-2 冷暖房の普及による健康影響	・冷房空間の与える生理的影響 ・冷房空間と屋外環境との往来による熱ストレスの増加	・暖房空間と非暖房空間の往来によるヒートショックの減少
1-3 ウイルス感染による健康影響	・媒介生物の繁殖力の増強（繁殖回数の増加） ・気象変化（気温上昇，低湿）によるウイルスの活性化 ・細菌の増殖・食物の腐敗	・媒介生物の生息域・時期の拡大（国内での熱帯シマカの越冬） ・気象変化（気温上昇，低湿）によるウイルスの活性化 ・地下空間などでの媒介生物の定着
1-4 その他の健康影響	・睡眠障害	・低湿度環境における呼吸器疾患の増加
2. 生態影響		
2-1 生育環境（気象条件）の変化	・高温，低湿環境による既存植物の成長量の減少 ・生息域の北上，特定種の減少・増加 ・都市湾岸の水生生物への影響	・気温較差の減少による休眠の阻害，休眠打破の阻害 ・生息域の北上，特定種の減少・増加 ・都市湾岸の水生生物への影響
2-2 生育環境（生物間相互作用）の変化	・生物の孵化，生育時期と餌食関係の変化	・生物の孵化，生育時期と餌食関係の変化
3. 気象・大気質への影響	・熱雷の発生による局所的な集中豪雨 ・光化学オキシダントの生成	・混合層内の大気汚染濃度の上昇 ・積雪量・積雪時期・融雪時期の変化
4. エネルギー消費への影響	・冷房需要の増加によるCO_2排出量の増加 ・水需要の増加	・暖房需要の減少によるCO_2排出量の減少 ・給湯エネルギー減少によるCO_2の減少

2基分に相当する．図2.20は電力需要の気温感応度に関する大阪の事例である[7]．夏の気温感応度が明瞭に現れている．冬に気温が下がると電力需要が増加するが夏ほど電力需要の変化は現れていない．これは電力に限ったことで，給湯，暖房に用いるガス，灯油の販売量は冬場に増加する傾向がある．夏季の冷房ピーク時には電気に依存する割合が高まるため，発電所の年間稼働率を低下させる．

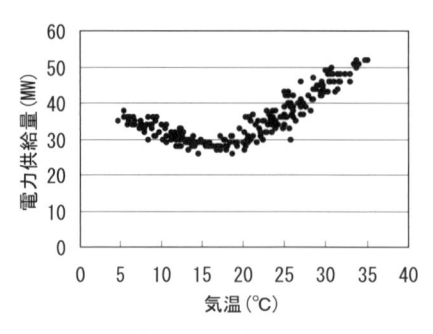

図 2.20　大阪市内のある業務地区における電力需要と気温の関係（鳴海大典他）[7]
関西電力 2003 年度実績による（17 時のデータを集計）

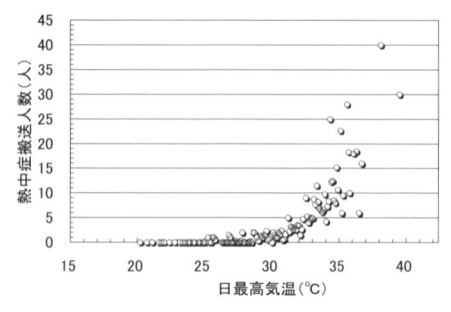

図 2.21　東京 23 区における熱中症搬送人数と日最高気温の関係（小野雅司）
各日最高気温における平均搬送人数データ（2000 年から 2004 年の 7, 8 月）
＊東京消防庁から国立環境研究所に提供された救急搬送患者記録による

b. 人間への影響

　夏季日中の高温化と熱帯夜の増加は，都市生活を送る上で暑さという不快感や熱中症のリスク等人間への影響に関わる問題である．東京消防庁の資料から 1980 年代に比べて熱中症の搬送人員はここ 20 年間で倍増したという報告例が見られる[8]．図 2.21 に日最高気温と熱中症患者の搬送人数の関係を示す．熱中症患者が 30℃ 以上で発生し，気温が上がると増加する傾向がみられる．暖候期に多発する疾患は，熱中症，脱水症，尿管結石症等があり，暑熱による発汗等の生理的影響が大きいと考えられている．

c. 生態系

　都市域の温度環境の変化が陸域・水域の生態系に影響を及ぼすのではないかと危惧されている．図 2.22 はヒトスジシマカ生息域の北限の経年変化を示したものである[9,10]．デングウイ

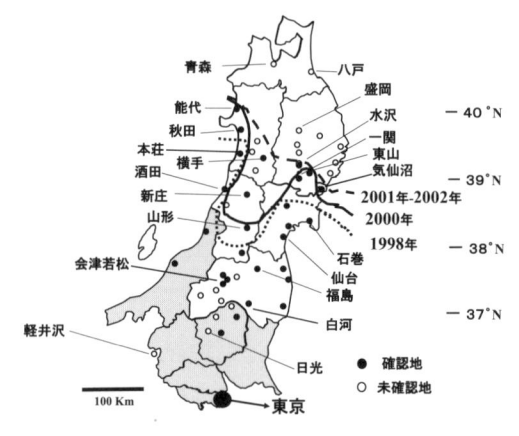

図 2.22　ヒトスジシマカの分布北限の移動（小林睦生）[9,10]

ルスはネッタイシマカやヒトスジシマカの刺咬により人に感染する．デング熱は国内での感染事例は存在しないが，1940年代にはわが国でもヒトスジシマカを媒介蚊とするデング熱の流行があった．ネッタイシマカは1970年以降わが国での生息は確認されていない．屋内の小さい容器や空き缶などの人間の生活に密着した形で生息する性質があり，シンガポールでは根絶に腐心していると聞く．ヒートアイランド化に伴い大都市の年最低気温は上昇しており，東京ではここ100年の間に約4℃の変化がみられた．媒介生物の越冬において年最低気温がしきい線になることがある．今後も冬季の温暖化傾向が大都市で継続するとしたら，媒介生物の越冬，定着も懸念材料になるかもしれない．

2.3 ヒートアイランドの対策とその効果

2.3.1 都市環境計画とヒートアイランド対策

国土環境計画，都市環境計画，地区環境計画の3つの段階を考え，ヒートアイランド対策との関係を図2.23に示す．各種計画で対応可能な要素はスケールの関係上，異なっている．したがって，ヒートアイランド対策効果の適切な評価を行うためにも数値モデルの選定は重要である．数値シミュレーションはヒートアイランド現象の解明や対策効果の検討を行う有力な方法である．代表的な数値モデルとして，メソスケールモデル，都市キャノピーモデル，CFD（数値流体力学）が挙げられる．表2.4は各数値モデルについて，都市構造物の取扱い，解像度，解析領域，主な入力条件を整理したものである．

国土環境計画において都市は計画要素であり，広域スケールの中で都市の配置，遷都や都市間の流通などに伴う環境問題を検討

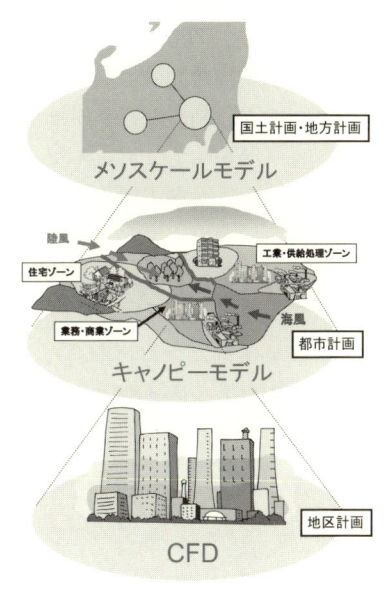

図2.23 スケール別の数値シミュレーション手法

する．これに対応する数値モデルはメソスケールモデルであり，地理的なロケーションから海陸風の状況を検討することにより国土計画に当たって参考情報とする．

表 2.4 ヒートアイランド解析における数値モデル

モデル	都市構造物の取扱い	解像度	解析領域	主な入力条件
メソスケールモデル	粗度を有する平坦面として一括	粗	・水平；数100 km四方 ・鉛直；数千m～数万m	土地利用（市街地，田畑，海，山等）に関する物性値（熱伝導率，蒸発効率，粗度，アルベド等）や人工排熱を設定
都市キャノピーモデル	建物群を平均的な密度・高さで代表	中	・水平；数10 km四方 ・鉛直；数100 m～数千m	建物群の条件（建ぺい率，建物高さ，空調システム等）や，土地被覆の物性値（熱伝導率，蒸発効率，アルベド等）を設定
CFD	建物等の形状・配置を再現	細	・水平；数100 m四方 ・鉛直；数10 m～数100 m	形状・配置（建物，道路，樹木等）や，個々の被覆に関する物性値（熱伝導率，蒸発効率，粗度，アルベド等）および人工排熱を設定

都市環境計画では用途地域のゾーニングを基本として，用途地域の配置関係を計画要素として道路網やグリーンベルト等の面的整備計画を講じる．都市の河川や大規模公園等のオープンスペースの配置による風の誘導や工場，道路交通等の汚染質の都市内の配置関係についてもこの段階で検討を行い，必要に応じて容積率の規制や高さ制限を行い環境改善を図る．その際にメソスケールモデルからの境界条件を活用して，都市キャノピーモデルによる数値シミュレーションを実施することにより，都市環境計画の支援技術を提供してヒートアイランド対策効果を評価する．また，地区の詳細計画を行う際のリコメンデーションを行う．これらの計画指針や都市気候情報を地図に集約したものが都市環境気候図と称されている．

地区環境計画は都市再開発など最も現実的なスケールで展開する．ここでは，建物群の配列や公園や樹木の配置等の詳細計画を練る．自治体やデベロッパーが主体になり，総合設計制度や住民・NPOの参加を含む総合的な取組みが求められる．数値シミュレーションはCFD（数値流体力学）がメインとなり，建物の周辺をメッシュ分割してビル間の風や熱の流れについて仔細な検討を進めていく．

2.3.2 建物の屋根の熱的構造

図2.24に建物の屋根における熱の流れを示す．屋根面の日射受熱量は対流と蒸発で大気に逃げるほか，長波放射で放出されて残りが伝導熱として一部が建物内に進入する．室内の冷房負荷は空調機器に電力を投入して屋外に排出される．

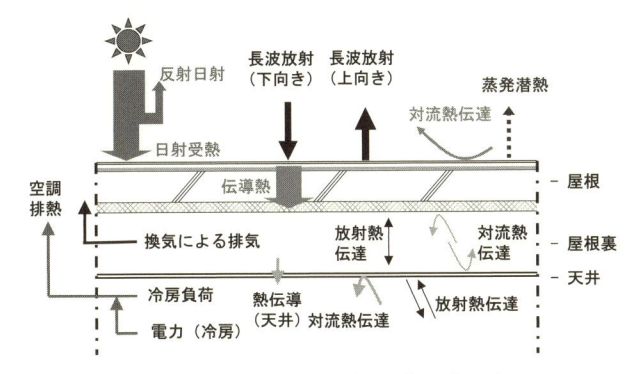

2.3 ヒートアイランドの対策とその効果　　　　61

図 2.24 日中における建物の屋根の熱の流れ

[屋根表面の熱収支]
伝導熱＝日射受熱＋長波放射（下向き）−長波放射（上向き）−対流顕熱−蒸発潜熱

したがって，屋根表面の熱収支において蒸発もしくは日射反射を促進して日射から受け取る熱量を抑制することが，屋根面からの対流放熱を削減するのに有効である．また，断熱により屋根の貫流熱量を少なくして冷房負荷を減らすことで空調排熱を低減できる．

2.3.3 屋上緑化

東京都ではヒートアイランド対策等のため 1,000 m^2 以上の敷地を有する新築建物について，人が立ち入る屋上面積の 20% の緑化を義務付けている．そのため，低コスト，低メンテナンスの屋上緑化の需要が増えている．セダム等の多肉植物は元来乾燥に強く軽量土壌と組み合わせても 1 年を通して枯れることが少ない．都市機構は芝を浅層土壌で維持する技術を独自に開発し屋上緑化を標準仕様としている．図 2.25 に薄層屋上緑化の施工例を示す．都市機構の集合住宅では管理の関係で残念ながら屋上に立ち入れないため，東京都の屋上面積の集計に含まれない．なお，東京 23 区のみどり率（樹木，水辺等の面積割合）は 2004 年度で 29% であり，都は 2015 年までにみどり率を

図 2.25 屋上緑化（写真提供：都市機構）

32%に引き上げることを目標としている．そのためには屋上緑化を1,200 ha 導入しなくてはいけないが，現在のところ年間 10 ha 前後の実績に留まっているのが現状である．

2.3.4 クールルーフ

クールルーフ（cool roof）とは一般に，日射反射率の高い屋根を指す．太陽光線をはね返すことにより屋上面の温度上昇は抑制され，都市の気温低下や冷房負荷の削減に役立つと期待されている．アメリカ合衆国の環境保護庁（EPA: Environmental Protection Agency）はヒートアイランド対策として植樹と建物表面の淡色化を推奨している．

日射反射率を高める塗装は，高反射率塗装もしくは遮熱塗装と呼ばれる．地上に届く太陽光線は様々な波長の電磁波により構成されているが，可視光線（400〜760 nm）と近赤外線（760〜3,000 nm）が大部分を占めており，その割合はほぼ半々である．特殊な顔料を用いることにより人間の目には見えない近赤外域の反射を促す波長選択性を実現することが可能とされている．図 2.26 は可視域では似た分光特性を示す塗料の事例であるが，波長選択性をもたすことにより，この場合は同系色であっても日射反射率の値は 2 倍大きい．

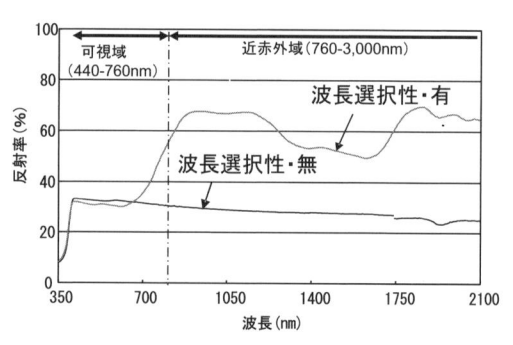

図 2.26 塗料の波長選択性（松尾陽研究室資料，一部修正）

2.3.5 建物のエネルギーフロー

建物のエネルギーと熱の流れを捉えるには，供給段階，消費段階，排出段階の 3 つの視点が存在する．供給段階においては CO_2 評価指標，消費段階は省エネルギー・省コスト評価指標，そして排出段階ではヒートアイランド評価指標として捉えることができる．図 2.27 は，東京都の実存建物におけるエネルギーフロー（排熱を含む）を，空調システム解析に基づいて供給段階，消費段階，排出段階で整理したものである[11]．環境にとって純増になる人工エネルギーを知るには消費

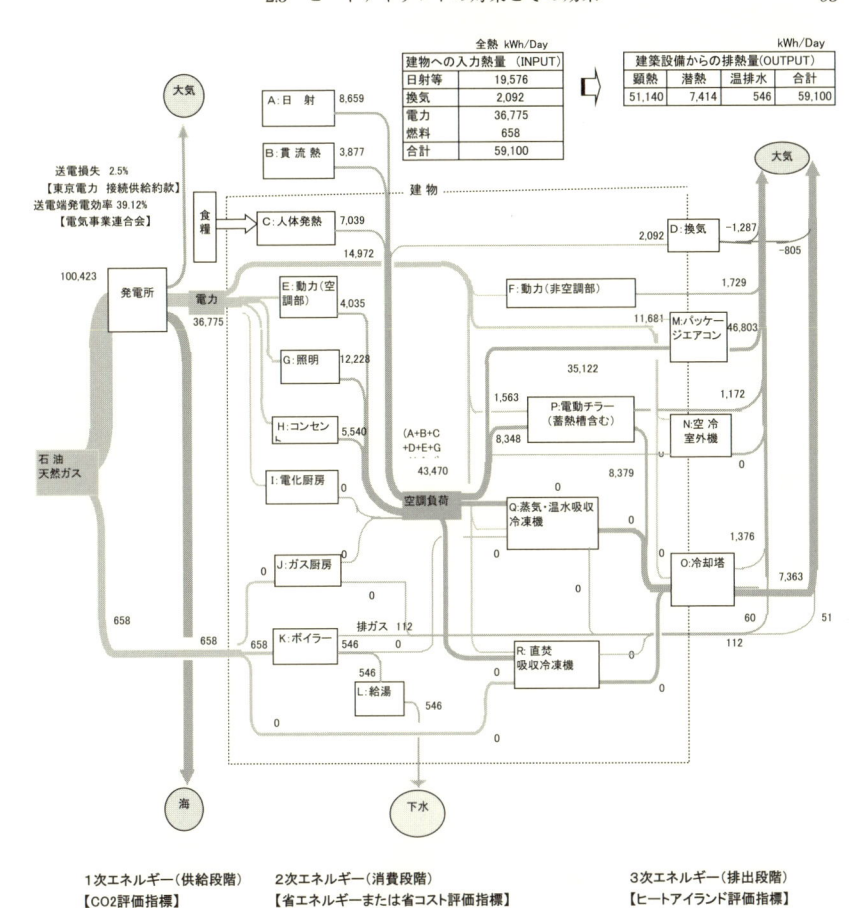

2.3 ヒートアイランドの対策とその効果   63

図 2.27 建物のエネルギーフロー（排熱を含む）[11]
　　　　　都内の実在建物を対象にした事例

段階のエネルギー量を把握すればよいが，建築設備からの顕熱，潜熱の排出量の値を得ることはできない．冷却塔や室外機の放熱特性を考慮した計算を行うことで建築設備からの顕熱，潜熱の排出量を知ることができる．

　建物に入る熱量と建築設備からの排熱量は等しい．

● 建物に入る熱量＝電力，ガス等の人工の消費エネルギー＋窓からの日射や壁貫流，換気等で建物が環境から吸収した熱＝建築設備から排出される熱量（換気を考慮せず）

(2.1)

● 建築設備から排出される熱量（換気を考慮）＝建築設備から排出される熱量（換気を

考慮せず）－換気で大気を冷却する熱量 (2.2)

　建物が環境から吸収した熱を顕熱放出せずに潜熱で出すという点で，建築設備は屋上緑化と原理的に似た面を有している．このような環境から吸収した熱を処理する性能を評価する上で，式(2.2)の建築設備から排出される熱量（換気を考慮）を算出する．なお，建築設備から排出される熱量（換気を考慮）から窓からの日射や壁貫流，換気等で建物が環境から吸収した熱を差し引くと，電力，ガス等の人工の消費エネルギーに一致する．

2.3.6　都市の風通しとヒートアイランド

　霞ヶ関ビルをはじめとする超高層建物が出現したのは1960年代のことで，ビル風が社会問題となった時期でもある．ビル風とは建物壁に風が衝突して地表近くに吹き下ろしたり，建物の側方で風が回り込んで局所的にきわめて強い風が発生する現象である．ビル風問題の顕在化に伴い，建物の形状の工夫や植栽による緩和措置が積極的に講じられるようになり，現在は一定規模以上の建物の建設においては風害の環境アセスメントが実施されている．

　一方，近年は都市再生事業を背景として超高層の建築プロジェクトが都心で急速に進展している．沿岸部に建設された汐留地区は代表的な開発事例の1つであり，航空写真で表したのが図2.28である．屏風のように連なった超高層建物群はトーキョー・ウォールとも呼ばれている．超高層建物群が建設されると，高密化に伴い風速が低下するといわれている．都市の暑熱化は過酷さを増してきてお

図 2.28　汐留地区の鳥観図（鍵屋浩司）

り，都市構造物による弱風化の問題があらためて認識される時代に突入したといえる．

2.3.7　数値シミュレーションによる都市環境の評価

近年は地球シミュレータに代表される超ベクトル並列計算機が全球規模の数値シミュレーションに適用され理学分野を中心として活発な研究活動が展開されている．このような大規模解析技術を都市建築スケールの工学的課題に適用することにより，従来は計算機資源の制約で解決困難であった環境問題に対峙することが可能になると考えられる．

夏季日中には海風が市街地に向かって吹くことから海風の冷却効果がヒートアイランド対策として期待されている．市街地には膨大な数の建築物や河川，公園等のオープンスペースが存在する．これらを詳細なメッシュ分割でできるだけ再現し，地球シミュレータによるCFD解析を実施した．計算条件を以下に示す．

- 計算領域：6 km（X：東西）× 6 km（Y：南北）× 500 m（Z：鉛直）
- 計算格子数：1,200（X）× 1,200（Y）× 100（Z）
- メッシュ幅：水平等間隔5 m，鉛直不等間隔1 m～10 m
- 流入風：べき乗則，中立条件
- 風速の地表面境界：一般化対数則
- 熱の地表面境界：建築土地利用ごとに温度固定，熱伝達境界

なお，利用ノード数は20（160プロセッサ）である．

高さ9.7mにおける気温の水平面分布を図2.29に示す[12]．風向は，図中では下から上に向かう南風を設定している．沿岸部と河川上の気温が明瞭に低く表れている．建物の配置を詳細に再現した都市気温の解析事例であり，メソスケールモデルでは対応できないものである．

図2.29　地球シミュレータによる都市気温の解析事例[12]

参 考 文 献

1) Landsberg H. E.: The urban climate. Academic press, 1981.
2) 森山正和編:ヒートアイランド対策と技術. 学芸出版社, 2004.8.
3) 国土交通省・環境省:平成15年度都市における人工排熱抑制によるヒートアイランド対策調査報告書. 2004.3.
4) 足永靖信, 尹 聖皖:床面を加熱した風洞実験による建物の高層化が気温分布に及ぼす影響に関する検討. 日本建築学会環境系論文集, 第579号, 67-71, 2004.5.
5) ヒートアイランド現象による環境影響調査検討委員会・社団法人環境情報科学センター:平成15年度ヒートアイランド現象による環境影響に関する調査検討業務報告書, 2004.3
6) 環境省:平成12年度ヒートアイランド現象の実態解析と対策のあり方について報告書(増補版), 2001.10.
7) 鳴海大典, 下田吉之, 水野 稔:気温変化が地域の電力消費に及ぼす影響, エネルギーシステム・経済・環境コンファレンス講演論文集. No.21, pp.109-112, 2005.1.
8) 前掲6)
9) 感染研感染情報センター:病原微生物検出情報, Vol.25, No.2 (No. 288), 2004.2
10) Kobayashi M., Nihei N., Kurihara T.: Analysis of northern distribution of *Aedes albopictus* (Diptera Culicidae) in Japan by geographical information system. *Journal Medical Entomology*, **39** (1), 4-11, 2002.
11) 足永靖信, 田中 稔, 山本 亨:自然系および機器系の由来を考慮した建築設備の排熱のオーダー分析(大規模建物の熱代謝特性に関する研究 その1). 空気調和・衛生工学会大会学術講演論文集, 1059-1062, 2004.9.
12) 河野孝昭, 足永靖信, 尹 聖皖, 李 海峰:都市スケールを対象とした5mメッシュ解像度による風速・気温場のCFD解析. 第18回風工学シンポジウム, 117-120, 2004.12.

3
水と土砂のマネジメント

3.1 流域水マネジメント

　流域の水マネジメント（watershed management, river basin management）には，流域を総体として捉える視点，水質を重視する生活者の視点，河川を主体として災害等の事象をみる視点，地球環境からみる視点，持続性からみる視点などがある．本節では流域を総体として捉える視点を採用し，加えて，流域を越えて生じる社会的要因を考慮して流域の水マネジメントについて論述する．

　20世紀は戦争の時代であったが，21世紀は資源枯渇の時代といわれている．水は循環するので枯渇性資源ではないが，枯渇が懸念される鉱物資源の消費量と桁違いに使っている．日常生活での1人1日当りの水利用量は先進国で350リットル，最貧国でも30リットルである．生活水準の向上と人口増加により水使用量は至るところで増加しているが，農業用水は生活用水の数倍に相当するため世界各地で水不足から食糧生産に問題を生じているし，バイオエネルギーとの競合もあり，長期的に見て問題が拡大すると予測されている．また，この利用可能水量は水資源賦存量だけでなく水質にも依存している．さらに，水は自然環境，生態系，工業生産や人類の生存に深く関わっている．社会を持続型にするには，単なる水利用・再生技術開発や法制度の整備だけでなく，気候変動への対応，個人の倫理観や価値観を深化させて行動様式，および社会のあり方や関連技術の転換等が必要である．いいかえれば，有限という制約のもとで持続性のある解を求める統合的なマネジメントが必要となっている．

3.1.1 流域水マネジメントとは
a. 流域の定義
　「流域」とは降水に由来する表流水が河川に流れ込む地域をいう．河川水を直接利用する地域は「利水域」であるが，流域外の地域に水を導水する場合や天井

川のような場合，「流域」より広くなる．地下水は表流水に対し第2の河川といえるが，この流向は表流水の流れとは少し異なるので，「地下水流域」を別途考える必要がある．さらに，流域の水を利用して産業が成り立っているとき，その産業に従事する人が生活している区域はさらに広くなる．このように流域に社会経済的意味合いをもたせるときには「流域圏」なる用語が用いられる．「集水域」を除き，「利水域」，「地下水流域」の用語は専門用語として未だ確定していない．

後述するように，ある「流域」だけで水に関する議論ができないことがあるため，流域という用語は一般的には水利用に関わる地域の広がりを示したり，生活や経済からみた関係地域という意味で使われたりすることもある．

b. 流域水マネジメントの定義

流域水マネジメントを「流域において住民や生産施設が求める治水，利水，および生態系を含む環境保全を，より少ないコスト，環境負荷，資源消費，およびリスクで社会的に公正になるように達成するように努め，流域外への影響を含め，その成果を持続できるようにすること」と定義する．

水は一物一価ではない．きわめて量が少なく生命を維持するにも事欠く場合にはきわめて高価になる．多すぎれば水害を引き起こし，その価値は負となる．清澄な水は価値を有しうるが汚染した水には価値はないし，時には負の価値となる．このように益と害を合わせもった物質であるが故にマネジメントが一層必要になる．なお，流域水「管理」ではなく流域水「マネジメント」という語を用いているのは単に管理だけでなく，創造，応用，調整を含めた幅広い事象と行為を包括して調整していかなければならないためである．

3.1.2 流域水マネジメントの考え方

流域水マネジメントは統合的な取扱いにより可能になる．海域を含む流域において①自然循環系（地表水，地下水）と人工水循環系（上下水道）を組み合わせて水循環を示し，②水量，水質，水辺空間（水深，水面幅）を統合して扱い，③治水（洪水制御），利水（工業用水，農業用水，水産用水，生活・消防用水），生物生息環境，自然環境等に関わる目標を選択的，かつ一体的に取り扱い，④水循環に関わる土地の利用をマネジメントし，⑤景観，舟運，レクレーションなどの価値にも配慮し，⑥水に関わる管理組織の管理理念を統合し，⑦流域とそれ以外の地域（国外を含む）とを，内包される水（物質を製造する際に必要な水と物質そのものに含まれる水）や社会的要素を通じて関連づけ，⑧以上の事項に関わる便益と費用の差を，社会的により少ない不平等さ，より少ない環境負荷，より少

ない資源消費で最大になるようにし，かつ人類が恒久的に生存できるように環境を改善し，その利用を制御していくことである．

　水マネジメントにおける問題は相反性を有することが多い．紛争から問題が始まるのが常である．そのため，流域における水に関わる影響要素を統合して問題を全体として捉え，目的を示す指標に従って，全体最適解というよりは全体の我慢度が最小になるような解を探すことになる．けっして局所最適解を求めたり，単に解を寄せ集めたりするものではない．1950年代のパキスタンとインドとのインダス川の水資源配分の例をみるまでもない．

　流域水マネジメントの対象領域の設定に際し，流域を越えざるをえないことがある．たとえば多摩川流域を対象とすると，多摩川の流域は山梨県，神奈川県，東京都にまたがり，しかもこの流域に輸送されてくる水は，利根川からのものも含まれる．このような場合，考慮対象要素を分離検討しその後重畳することにより問題を整理できる．

3.1.3　流域水マネジメントの枠組と対象要素

　流域の水マネジメントのための広義のステークホルダーは，主体としての人類と人類が構成する社会，その中で営まれる経済，人類を直接的間接的に支える生物，さらには地球上の物質輸送を担っているという意味での自然からなる．流域水マネジメントの枠組はこのような視点から対象地域の問題要素を抽出して構成し，問題を解くことになる．

　流域水マネジメントに関わる社会的な要素を図3.1に示す．自然系，地域・都市系，社会系，国際系と大別される．このように，水マネジメントは種々の社会事象に関係している．

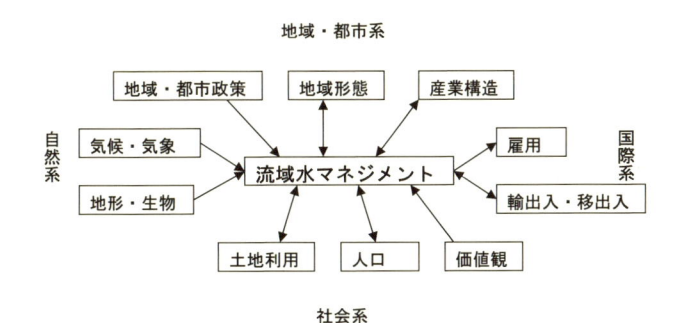

図3.1　流域水マネジメントに影響する要素

流域水マネジメントに関わっている要素や機能を表 3.1 に整理する.

表 3.1 流域水マネジメントに関わる要素や機能

	要素	ストック	フロー	機能	評価指標
自然系	大気 山地 林地 農地 都市 河川 湖沼 海域	水蒸気 積雪 湖沼水 地下水 土壌水 海洋 植物	降雨 降雪 蒸発散 浸透 河川水 地下水	水資源供給 生命維持 放熱 溶解 輸送 景観 生産	持続性 経済安定性 公平性 経費 水処理価格 便益 雇用 権利 富の分配 洪水リスク 渇水リスク 健康リスク リサイクル利用 地球温暖化寄与 住民満足度
	気候・気象	水蒸気	降水	降水量	
地域・都市系	ダム 取排水施設 上下水道 工業用水道 海水淡水化施設 農業水利施設 貯水施設 輸送施設 養殖施設 排水施設	貯水池水 調整池水	給水 排水	水資源 生命維持 生産 放熱 冷却 溶解 洗浄 輸送 景観 拡散	
	産業構造		工業出荷額 農業出荷額 販売額	水利用効率	
社会系	雇用政策 経済政策 安全政策 環境政策 組織体制 情報伝達 教育 (環境, 安全, 利用) 上下流問題 水利用文化 慣習	人材 技術 暗黙知 組織 制度	情報	安心感 安定性 審美性 文化力	
国際系	輸出・輸入 移出・移入		物質 仮想水	生産	

このような関係要素を考慮し，流域の水の流れとわが国のおおよその流量を図 3.2 に示す．合わせて水質レベルを示している．なお，図示したもの以外に養魚用水など少量のものがいくつかある．年当りの水資源賦存量は 1970〜2000 年平

均で4,200億トン，渇水年では2,800億トンである．

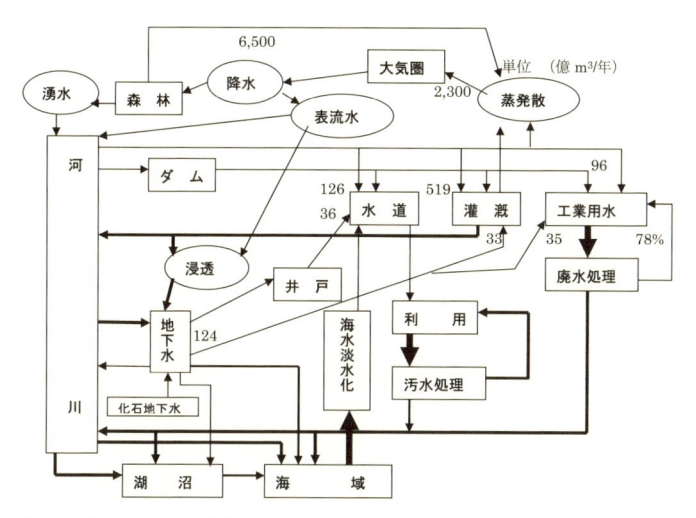

図3.2 利水から見た水の流れ（線の太さは水質の低さを示す）（数値は日本の2005年の値[1]）

3.1.4 流域水マネジメントに際して考慮が必要な基本的条件

1) **気候変動** 地球のメゾスケールにおける大気循環と降水量の相関や変動はCoordinated Energy and Water Cycle Observations Project (CEOP)[2]などにより組織的に調査が進められ，理解がかなり進んできている．これらの成果を踏まえた地球温暖化による将来の気候変動はIPCCレポート2007[3]に示されている．地球温暖化は自然条件以外の人間活動等の条件にも大きく支配されるために，現状では温暖化傾向は否めない．太平洋気団，シベリア気団，エルニーニョ，ラニャーニャの動向は，わが国にとって梅雨前線の北上度合や台風の経路と発生個数に影響している．水資源賦存量は近年の気象異常により平均値，年変動いずれも変化している[1]．ここ10年平均値がやや減少していたものが2000年頃からやや増加しているようにもみえるが，年変動は相変わらず以前に比し大きいままである．しかも，一雨における降雨強度も大きくなっている．このため名古屋市の新川における2000年9月の東海豪雨による氾濫のように洪水が増える一方で，渇水も頻発するようになり，貯水施設があっても満水状態にならない例も増えつつある．そのため，ダムのような長寿命施設にはそれに伴う降水量の変動等を見込む必要が生じている．しかし，未だ具体化された計画は見当たらない．

また，気温の上昇は冬季の積雪深を減少させ春先の河川流量を変化させるとと

もに，それに伴う水温の上昇は河川や湖沼，海域での鉛直循環や生物相を変化させる．

2) **地域性**　水資源賦存量の空間分布の度合は大きく，わが国だけに限っても関東（埼玉），福岡，松山，高松で水不足が生じやすくなっている．2007年9月6日の四国の早明浦ダムのように空のダムが一雨で満水になったりするようになっている．近年の気象変動を考慮した水資源計画の基本的考え方の樹立や，大渇水のように稀にしか起こらない事象の精度の高い確率表現化が求められている．

海外では，乾燥地域において植林するなどの工夫がなされているが広域にて実施された場合，蒸発散量の増加により気象が変化することがあるし，水収支の均衡が崩れ地下水位が低下することがある．

3) **歴史性**　わが国ではほとんどの河川において，農業が水を先行利用していたところに都市用水，工業用水が後発で取水を始めている．先行利用者の既得権を保護する立場を取り，都市用水，工業用水は，出水時の余剰水を貯水して確保し新たな水源を開発している．特に1960年代の高度成長期に余剰水を蓄える水資源開発がなされた．現在，農業用水のかなりの部分は慣行水利権（後述の9）参照）として保護されている．この歴史性は尊重すべきではあるが，社会的なひずみが大きくなってくると基本的な権利関係から再議論することが必要になってくる．水の有価化（water pricing）のような市場原理を導入している国（たとえば，オーストラリア）もあるし，水辺に面した土地所有者が水利権を有している国（米国）もある．わが国では，農業人口の減少に伴い農業水利施設の維持管理が不可能になり，都市用水との協力により維持しているところが出現するようなところも生まれている．

4) **需要変動**　需要の変化には短期と長期がある．長期には人口，産業，生活形態，生活水準，水利用機器，土地利用，水関連インフラ整備などの変化があり，短期には気温，大規模催し物などの影響がある．特に長期変化に関しては無駄が生じないように計画段階や更新段階での配慮も必要である．特に人口減少時には資産の有効利用率が低下しやすいので，計画に際して十分な配慮が要る．

産業構造の変化は水利用とも深く関係する．わが国のように食糧を60%近く輸入しているような場合であるとか，重厚長大の産業を海外に移した場合，基本的に水使用量が減少するので貿易構造変化も大きな要素である．

5) **公平性**　水利用と汚染物排出の地域的な公平性を保持する必要がある．その1つは上下流問題である．これは，水源域，水利用域，排出域が異なること

により受益と受苦が対立する構図のことをいう．水源域では水利用域の下流のために水質保全や貯水を求められるが，これらの行為が直接水源域に利益をもたらすことは少ない．排出域である海域や湖沼は汚染された排水により水質汚染が生じ，生物生産に支障が生じることも少なくない．これは必ずしも海域や湖沼でなくても，利水域の農地が都市排水を受ける場合も同様である．

また，半乾燥地帯では，蒸発散ポテンシャルの大きい地区に灌漑のような実質的に水が減少する行為を容認するよりは，流域内で蒸発散ポテンシャルがより小さいところで水を利用した方が社会的な利益が大きくなることがある．この問題は，単純な公平性の問題ではなく，社会の所得を最大にすることが社会正義として容認されることと関連するものである．いずれの場合も，なんらかの補償や補填により公平性を維持するような社会システムにより長期にわたる不満を抑える必要がある．

6) 社会性　水が貿易により移動することは仮想水（virtual water）といわれている．穀物1kgの生産におおよそ$1m^3$の水を消費するので，穀物にこの水を内包させる考え方である．この仮想水も，社会の経済活動の上でも余剰水が生じているところからのものと水不足で困難をきたしているところからのものとは社会的価値が異なるので，今後は生産時期と場所に従い区別する必要が生じるであろう．同時に，生産用地の使用，生産に伴う廃棄物の処理も仮想水と同様に検討することが必要になる．

水は既に述べたように，水が少ない乾燥地帯ではそれなりの水秩序とライフスタイルを有しており，水資源賦存量の絶対値が問題のすべてではない．

7) 経済性　水利用を経済性からみると，住民の生命維持が第1である．次いで日常生活用となる．さらに工業用水，農業用水・水産用水と続く．したがって流域単位で経済性を考えるならば，水利用コスト負担能力の高い順に給水すれば目的をかなえることになる．しかしながら，食糧確保を考慮すると必ずしも流域の経済合理性が持続性を与えることにならない．この面での考慮境界の拡大が必要になる．

8) リスク回避性　水に関わるリスクには，量からみて出水，渇水，質からみて汚染がある．すべてのものにリスク低減策がなされていなければならないが，特にテロや事故による汚染はシステムとして考慮しておく必要がある．オランダでは，ライン川に水源を依存していることもあり，汚染事故に備えて取水した原水を処理して再び地下水に戻し，改めて地下水を処理して給水している．これにより数か月取水が停止しても問題がないようになっている．

9) 制　度　制度は意思決定と実施のシステムである．水に関する法制度は各国で異なる．水に関連する事項はそれらだけで閉じることはないので，いずれの国でも水関係事項を掌握する行政部局が複数存在するのが普通である．そのため，流域単位での統合的マネジメントを実施しにくくなっている．いいかえれば，水に関わる法制度の一体化の程度が行政効率を決定している．水関連事項のうち，最も重要なのは水利権である．わが国では水は公共物という考え方が基本になっているので市場経済下にはないが，米国やオーストラリアなどでは水利権の売買が見られる．農業用水を含めすべての水を有価物として販売する施策（full cost pricing）は世界的に広がりつつある．水は公共物とする考え方から市場経済下におく考え方への転換である．わが国には認可水利権と慣行水利権（正しくは，水を専有して使用できる許可のこと，水利権はわが国の法律では規定されていない）がある．慣行水利権は米作に関わる長い歴史の結果の産物であるが，米作が始まって以来常に農業水利が為政者により守られてきたわけではないので，既得権として容認されている面がある．

　国際河川には水をめぐる戦争も稀でないほど問題が多い．ユーフラテス川やナイル川における取水量の維持，3国にまたがるアムダリア川，シルダリア川流域の1960年以降の農業構造の変化に伴う水利用形態の変化によるアラル海の300 km以上の縮小と塩水化（2010年現在で海水の2倍程度の濃度），メコン川をめぐる中国（上流）と下流国の流量をめぐる調整[4]，1986年スイスのSandoz-Baselにおける化学物質の流出によるライン川の汚染，ドナウ川での汚染の問題など枚挙に暇がない．国際河川は280以上あり，2国にまたがるものはそのうち70％である．ドナウ川は10か国以上を流れている．このような川では上下流関係による取水や汚染の問題，国境線の通る河川を挟む取水や河川構造物の設置に関わる左右関係が根幹にある．国際河川や水域の管理にはEU Directive（指令）のような大枠を規定する規則が必要である．この問題の解決には流域の水需給と経済等を統合したマネジメントが必要である．

　10) 住民心理　米国カリフォルニア州では下水の処理水を飲料水に利用することは科学的に安全であることが証明されていたにもかかわらず，住民には受け入れられなかった．またわが国でも，海水淡水化の海水が河口汽水域で採水されることがないのは付近に下水処理水の放流があるからである．しかしながら，河川にて下水処理水が含まれているところに水道水源の取水口を有している都市は東京，大阪をはじめ珍しくはない．科学的安全性と心理的感情は別のものである．

　11) 人口減少の可能性　わが国は人口減少期に入った．その際，インフラを

支える人の数も減少するので，このままでは負担率が徐々に上昇することになる．この回避のためには従来型の施設をそのまま更新していくのではなく，新たな施設を導入する必要がある．わが国では下水道施設の建設には現在 1 人当り 130 万円を要する．管渠の建設費が総建設費の 75% を占めていること，および更新に当たっての費用が新規の 50% 程度であることを考えるとかなりの負担となる．ダムのように長寿命の施設の建設も需要効率の点から後年の 1 人当りの負担を増やすことにもなる．したがって，長期的にはコンパクトシティ化を図る必要がある．

12) ジェンダーの問題　日常生活において性別の役割分担があるが，女性に重労働である長距離の水輸送（バケツに水を満たして時には 4 km 以上を運ぶ）を強いるのは開発途上国や最貧国での大きな課題である．この問題の根幹には宗教的な背景もある．

13) 水利用教育　福岡市のように渇水常襲地域では，住民が渇水対策へ即時対応することが可能になっている．このような行動が共同して取れることが可能になれば，節水もかなり容易になる．一般的にいって，先進国では節水行動への経済的インセンティブ供与は上下水道価格の家計に占める割合が 1.5% 前後であるために大きくない．

14) 情報伝達　公平性の上下流問題，制度の問題など，いずれの課題も実体がどのようになっているか正確な情報が関係者に伝わっていることが必要である．水の流れと逆の流れの情報流が特に重要である．

15) エネルギー節約と低炭素社会　蒸発や逆浸透膜を用いて高圧をかけて濾過することにより淡水を得ることができる．超純水をつくる技術があることからわかるように，費用をかければいかなる質の水もつくり出せる．しかしながら，エネルギー消費との関係で水質変換システムを選択すべきである．蒸発や逆浸透膜法は地球温暖化ガスの発生と負担を増やすことになるので，極力使用を避けるべきものである．

16) 生態系保全　生物保全に関わる技術はかなり高度になってきたものの，未知部分がほとんどであり適応的管理が主力である．河原の生物については出水と生息との関係のデータがかなりそろってきているが，移動性の高い魚類や底生生物の保全技術はこれからである．河川においても，流速と生息場の関係としてIFIM (instream flow incremental methodology)[5] などが議論されたが，生物保全は生活史の問題であり生物生息空間の質を評価する HEP や IBI なども利用されているが，より的確な手法の開発が求められている．絶滅危惧種すべての生活

史がわかっている訳ではないので，個々の生活史の解明をはじめ，餌，生活環境などの確認と洪水，渇水，河川工事などの影響を把握する必要がある．

17) **導入技術の副作用** ある技術を問題解決のために適用すると副作用が現れることが少なくない．しかも，事前に認識されていないことが多い．ダムでは，治水のための貯水が生み出す濁水問題，渇水時の濁水があり，バイパスや選択放流施設がその対策として設けられているが，根本的に解決していない．この濁水は河床の礫に付着する藻類の生育に影響を及ぼし，鮎の漁獲に影響したり海域の海藻の生育に影響を与えたりすることがある．

一方，衛生学的安全性を飲料水で保障するための消毒として，わが国では第2次大戦後の米国の影響により塩素消毒が採用されている．下水処理では，紫外線やオゾンが代用されることもある．塩素消毒にはトリハロメタンの生成，オゾンには副成酸化物の生成などがあり，完全なものはない．

3.1.5 流域水マネジメントの対象要素間関係
a. 治水が重要な流域

流域での水マネジメントを具体的に考えるとき，表3.1の要素が常にすべて扱われるわけではなく，適宜取捨選択されている．図3.3にいくつかの例を示す．流出水をできるだけ速く海域まで到達させる施設(築堤)やピークをずらせてゆっくり流す施設（ダム，遊水池，雨水調整池）による治水だけでなく，超過洪水に対する避難施策，被害を最小にする施策，これらに関わる情報伝達手段等が必要になる．利根川流域，鶴見川流域は典型的事例である．

b. 水資源確保が重要な流域

水供給施設を需要追従で設置する施策を採用するか，供給可能量に合わせて都市形態を決定するかの選択がある．その中でも，取水確保だけでなく漏水の少ない配水，多段階利用を含めた水利用についてもかなりの配慮がいる．歴史的には，水

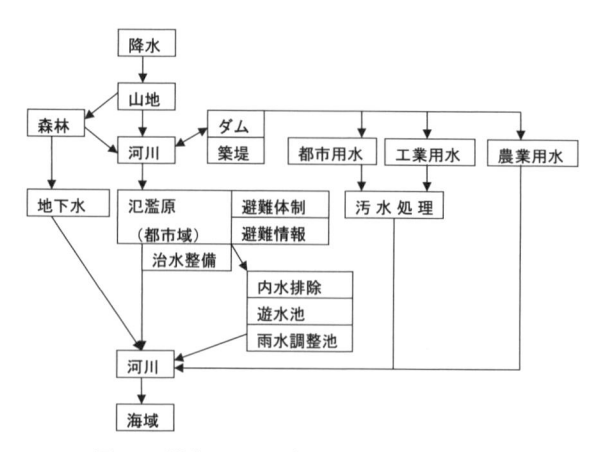

図3.3 洪水リスクの高い流域のマネジメント

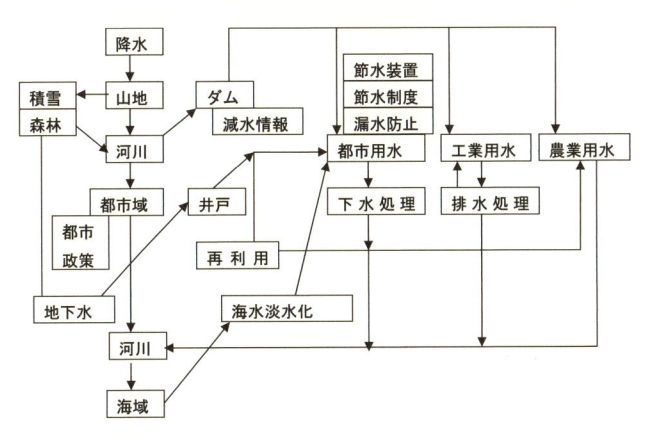

図 3.4　水資源確保が重要な流域のマネジメント

供給が制限因子になっている地域では，人口増を抑えライフスタイルもそれに合わせたものになっているので，平均的な値ではなく需要側の増加が問題を引き起こす構図となっている．最近は海水淡水化のコストが下がってきているので多用される傾向にあるが，エネルギー消費面からは推奨できない．図 3.3 と同様，図 3.4 においても，社会的な要素を導入し渇水に強い都市システム，渇水対応教育，渇水情報伝達，渇水時の給水車などの対応などが考慮対象要素となる．水資源確保は統合的水資源マネジメント（integrated water resources management：IWRM）[6] として広く議論されている．わが国では福岡市を中心とする博多湾流

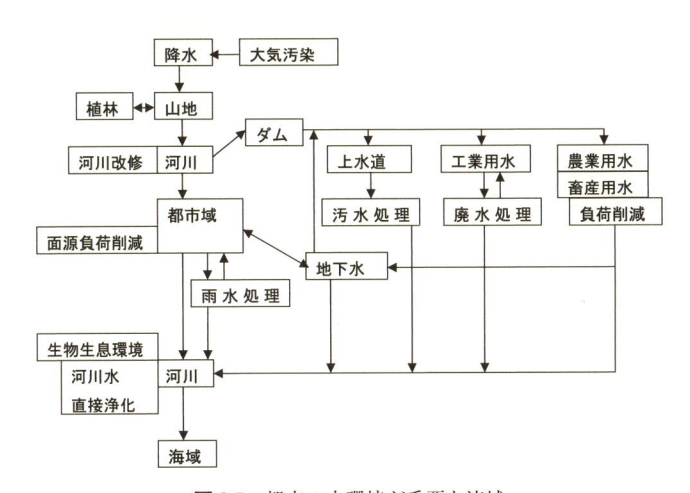

図 3.5　都市の水環境が重要な流域

域，松山市などがこの例に当たる．

c. 都市の水環境が重要な流域

水量の確保だけではなく，水質の確保も問題である．都市，農業，工業などからの点源負荷，面源負荷の削減を徹底し，生物生息空間にふさわしい水環境にする工夫が要る(図3.5)．大都市の中心部に数多くみられるし，韓国ソウル市のチョンゲチョンが典型的な例である．

3.1.6 流域水マネジメントの主要目標についての留意点

a. 治　水

洪水制御は，流域にとって最重要課題である．わが国では氾濫発生確率年をおおよそ100年とすることを目標にし，地域特性に応じて増加させている．現在，所定の氾濫発生確率年を担保するための手法として遊水池の設置が注目されているが，河川法第6条の規定を修正して遊水機能を拡大していくまでには及んでいない．都市では舗装率の上昇により雨水流出率が増加し内水氾濫を助長するため，雨水調整池やバイパス管の建設が進められている．また農業地帯では，水田などは短時間であれば氾濫確率が高くても支障が少ないので，一時的に浸水させることが可能である．社会的には土地利用に応じて浸水確率を変化させる方が社会的合理性は高くなるが，行政は総合治水を提唱しつつもそこまで踏み込んだ意思を表明していない．しかし，整備過程にある現実は被害額の少ないところが先に氾濫し資産集積地を守るようになっている．

治水事業の進行により，氾濫原が安全になれば人は地価の安い氾濫原に移住し，さらにもともと氾濫原に住んでいた人は安全対策を軽視するようになるため，安全策を講じるほど氾濫時の被害額が増える傾向にある．地価の低いところに住むという経済性と安全性の相克や安全の基準の時間的変化をいかに人口減少期の計画論に取り込むかが課題である．行政は防災のための工事を行っても，被害回避のための立退きや洪水保険は行政手法として取っていない．社会的費用と安全性を考え自由に手法を選択できない行政手法について再考する必要がある．

都市の内水氾濫に関し，排水先の水位や流下能力により河川に排水がままならぬことや都市低平地の標高が意外と知られていないことなど問題が山積している．地下街の防災対策と通行人の安全への配慮は法的に十分整備されておらず，私権の制限を伴っても安全を高めることが必要である．

b. 用水供給

水利用量からみれば灌漑用水は全体のおおよそ70%を占める．灌漑のための

水循環利用が高度に工夫されている水不足地域，たとえばイスラエル，チュニジアなどでは畑作に下水処理水を用いたドリップ灌漑を導入して節水を図っている．中国北西部でも地下水や河川水をドリップ灌漑しているところがある．さらなる節水には灌漑スケジューリングや植付け作物の選択が有効である．わが国では下水処理水の農業利用にも心理的抵抗感が強いとはいえ，窒素濃度を低下させた処理水を水田に利用する試験が福岡で検討済みである．

　工業用水は先進国のみならず中国においても循環利用が進んでいる．わが国の大企業では料金体系や放流水基準のために循環利用率が 90％を越えるのが常態になっている．

　WHO によると現在安全な飲料水を得がたい人口は約 12 億人，廃水を安全に処理できていない人口は 25 億人，栄養不足に苦しんでいる人口が 8 億人（内幼児が 2 億人）といわれている[7]．年々水に関わるサービスを受けることのできない人の数を減らしてはいるものの人口増加の方が上回っているため，実数の減少は生じていない．また開発途上国における廉価な飲料水供給や排水処理技術も開発され始めているが本格化していない．米国カリフォルニア州サンディエゴでは下水処理水の再利用が水道用に準備されたが，現時点では住民の反対により輸送水路の浸透率を減らすことで下水処理水の再利用を回避している．わが国では東京都，大阪府，大阪市，福岡県宗像市をはじめとし下水処理水の放流口の下流に上水道の取水口があるところは珍しくない．淀川下流では夏季に上水道原水への下水処理水の混入率が最高で 20％近くになることがあるし，福岡県宗像市釣川では 40％に達することがある．そのため，大阪では高度浄水処理を導入し異臭味対策を終えている．東京や千葉では，上水道の取水口と下水道の放流口を入れ替えるとか，上水道原水を清浄な水で希釈することにより浄水経費を削減している例も出始めている．またわが国では味を問題にする人の増加につれて，他の先進国や開発途上国では硬水の回避や衛生学的安全性を増すために，ミネラルウォーターの消費量が増加し続け実質的な 2 元給水化が生じている．これらの問題は上水道水源のあり方を根本的に問うているが，ミネラルウォーターは食料品基準，水道水は飲料水基準で規制値が水道水の方が厳しくなっている．

　サウジアラビアをはじめ，わが国では沖縄や小さな島々で海水淡水化による飲料水が供給されている．RO 膜濾過による海水淡水化ではホウ素の濃度が飲料水基準より高いため通常の上水による希釈がなされなければならない．ホウ素基準の最新の改定により基準が緩和されたが，小動物の実験値を人間の許容値に換算する際の技術には課題が残されている．フッ素もまた同様の問題を抱えている．

また，海水淡水化は通常の水道のエネルギー消費の6倍にも及ぶ[8]．

中国黄河流域では河川取水制限のために，華北平原では水不足のために化石地下水のくみ上げが続いており，黄河支流に位置する西安では年に50 cm以上低下している．化石地下水はくみ上げによりいずれ枯渇するので予防措置の検討が必要である．一方，わが国の地盤沈下地帯では地下水くみ上げを規制したためにほとんどのところで地下水位が回復している．東京ではかなり上昇し建物に作用する浮力が問題視されているところもある．したがって，流域における水利用計画と合わせた地下水位管理計画が必要である．

c. 水質保全

水質の問題には人への直接的な安全性，生物の安全性と生物経由の人への安全性がある．水道は給水を安定させるために広域化したが，その一方で汚染リスクを上昇させるので，安全性を考慮した再検討が必要である．ドイツ，米国をはじめとする先進国では，水源を数10 km離れた汚染の少ないところに確保し想定できないリスクを低く保つようにしている．

世界の大河川において懸濁物質35 mg/l，BOD 3 mg/l，全窒素0.7 mg/l，全リン0.025 mg/lを1項目も越えない清浄な河川はほとんど存在しない[9]．たとえば，ライン川ではWHOの飲料水基準である硝酸＋亜硝酸イオンの濃度が10 mg/lを越えている．このように汚染は先進国においても解消したわけではない．またアジアの河川は汚染が進んでいるが，比較的多雨地域の河川の汚染は，中近東やアフリカの水量の少ないところにおける汚染とは様相が異なる．

わが国では排水処理の進展，人口減少，畜産業の停滞と畜産廃棄物処理の増加により受水域における外来性の有機物汚濁や窒素とリンの負荷による内生的な有機物負荷の増加は止まってきている．下水処理は高度処理でない限り，屎尿（しにょう）収集と雑排水放流を代替しても内生的な有機物負荷は増加することが知られている．この事実を受けて閉鎖性海域を受水域とする下水処理場では高度処理が進められている．霞ヶ浦や博多湾で見られるように下水の高度処理は植物プランクトンの種類を大きく変えている．

開発途上国では中央集中型の水洗トイレによる下水道システムは経済的負担が高すぎるので，「集めない」，「運ばない」，「捨てない」をモットーに衛生性を確保し，さらに資源循環を目指すトイレが普及し始めている．屎と尿を分離収集し，尿中のアンモニウムを集中的に利用することが考えられている．近年おがくずを用いて屎尿をコンポスト化するバイオトイレが普及し始めているが，加温と混合のためのエネルギーを要するため開発途上国での普及は進んでいない．

有機塩素系化合物の使用は禁止され，水域の濃度は減少傾向にある．内分泌攪乱化学物質についても国際的な共同調査が進行し，一時ほどの危機感はなくなっている．しかし，水中の有機物のうち同定されているのは5%程度であることからも問題が解決したわけではないことがわかる．重金属汚染はかなり減少しているが自然由来のものまでなくなったわけではない．

農薬は生分解性の高いものが用いられるようになってきているが，環境に散布してはじめて効果を発揮する薬剤にとって生分解性の調整はかなり微妙な問題である．農業の衰退につれ農薬の使用量も減少しつつあるが，さらに生物影響のある化学物質の使用種類と量を減らすことや栄養塩を含めて流出を減らすために水田における水の回し方を工夫することが進められている．一方，水域に残留しているDDTをはじめとする有機塩素系化合物の懸念は解消していない．特に規制の緩やかな開発途上国では依然問題として残されている．

貯水池における富栄養化防止策は流域対策と池内対策に分けられ，前者では発生源対策や下水処理が採用されている．後者ではダムの上流端に付ける小さなプレダムによる沈殿除去，曝気による循環やフェンスによる循環阻止，流入水のバイパスなどが工夫されているが，定量的に技術を表現できるには至っていない．養殖漁業の飼料と薬剤によっても水域の富栄養化や汚染が引き起こされているが，飼料の形と給餌方法が改善されかなり良くなってきてはいるが，問題がなくなったわけではない．湖沼や河口域の溶存有機物として生分解性の低い物質（分子量の低いCOD成分）が増加する傾向にあり，警鐘が鳴らされている．

富栄養化の結果，湖沼や閉鎖性の海域では貧酸素水塊が高水温期に発生することが多くなっている．宍道湖における貧酸素水塊発生は低気圧通過に関連した塩水の浸入と連動したもの，東京湾では浚渫によるくぼみ，有明海では上下混合の減少と懸濁物質の酸素消費速度が大きいことが原因と考えられる．貧酸素水塊の解消に，上下層の強制混合，外界水導入，硝酸塩の底泥注入，冷水注入による酸素供給，イトゴカイを用いた冬季の底泥中の有機物削減，生育生物の取出し，覆砂，底泥への上層水の自然循環強化など数多く工夫されている．

わが国では火山由来の河川や湖沼の酸性化がみられるが，スウェーデンやカナダでは人為起源の湖沼の酸性化がみられる．緩衝能の小さい土壌では酸性雨が問題になっている．放射性物質のフォールアウトが問題にならなくなって久しいのはきわめて好ましい．

土壌汚染に強く関係する地下水汚染は油分や溶剤であるトリクロロエチレン，テトラクロロエチレンが目立って多い．環境省や経済産業省，企業による浄化事

例がかなり増えてきている．土壌にそこでは存在しないバクテリアを注入して浄化を図るバイオオーグメンテーション，土壌中に存在するバクテリアの活性を高めて浄化を図るバイオスティミュレーションのための菌種の選択も現実になされている．しかしながら，土壌汚染対策防止法の意図に反して，汚染したまま販売もできず放置されたブラウンフィールドが顕在化し始めている．

d. 生態系保全

生態系の保全には生物種の保全に留まらず，その構造と機能を合わせて保全しなければならない．そのために保全は生活史のすべてにわたってなされる必要がある．水域の水の流れの連続性，流速，水位，水質，物質輸送を考えた生態系保全方法がゆっくりとはいえ進化し続けている．

米国においてダムは廃止される例も出ている．わが国でも許可期限の切れた発電ダムが廃止される例も出始めている（たとえば熊本県荒瀬ダム）．ダムの機能は人間にとって便益ばかりではない．ダム建設により治水上の安全性は確かに向上したが，生態系から見ると洪水の減少つまり河川水位の変動は河道の固定，河床空隙の減少，植物群落の河道内への進入などを生じ，土砂輸送の減少は沿岸侵食につながっているので，河川本来の機能を回復する手法を早く確立する必要がある．また河川を横断する構造物は遡上・降河する魚類の妨げとなっている．流速に分布のある魚が上りやすい魚道の開発は課題である．

産卵や稚子魚の生育の確保は生態系保全の根源である．近年，近海・沿海漁業ともに衰退の一途をたどっているのは，主に産卵や稚子魚の生育の確保がなされていないことによる．農業の労力の軽減のための施策である圃場整備による給排水施設は掛け流しに代わるもので，栄養塩の流出を増やして生態系を変化させ，水路の三面張り化は生態系を劣化させている．しかし昨今はこの傾向を反省し，流出を減らす努力がなされている．河川の自然再生はかなり進められているが，残念ながら河川全域を考えたものには未だ至っていない．生物の生活史を守る視点から支川の小川の保全や本川との接続のスムーズさも必要である．また，湖沼や河川では稚子魚や水辺の植物にとって水深の確保は重要である．水位の確保と同時に魚種によっては水流をも求めるものがある．さらに水辺の植生は小動物の生息場所を提供し有機物の酸化に貢献している．そのため広い水域の波による水辺の侵食も無視できない．オランダでは舟運のある河川の水辺保全のための防御施設が工夫されている．これらの定量的評価はこれからの課題である．

湖沼の水質の改善のためにバイオマニュピレーションが使われるようになっている．植物プランクトン，動物プランクトン，小型魚類，大型魚と続く食物連鎖

を利用して大型魚を投入して植物プランクトンを減少させ，湖の透明度を増すことが行われている．

　有明海では流入栄養塩の量は変化なし，あるいはやや減少気味であるが，貧酸素水塊は大きくなってきているし魚介類の生育もほとんど増えていない．陸域からの廃棄薬剤や微量化学物質の負荷量の検討がなされているが，この減少は東京湾，瀬戸内海いずれも同様であり，原因は未だ解明されていない．

　地下水位は利水だけでなく植生にも大きな影響を及ぼす．さらに山麓における湧水の出現にも関わっている．わが国ではほとんどみられないが，地下水が海水の侵入や歴史的に塩水化しているところでは，地下水位が地表から2m程度まで近づくと塩害が生じる．オーストリア東部のマレーダーリング河流域では，樹林を伐採し牧草地化させたために浸透量が増し，その結果地下水位が上昇し塩害が現れやすくなっている．

　生態系保全度を定める指標や推定方法の開発，および水系の生物環境を数値化する手法の開発も進められているが一層の推進が必要である．

e. 環　境

　森林や田畑は本来の生産機能を果たすとともに環境機能も有している．この機能が思いの他有効に作用しており，本来の利用を停止した際の環境影響が懸念されて久しい．森林では降雨の保持機能や生物生息空間の提供，田畑では汚染防止機能，降水貯留機能，良好景観の提供などが考えられる．本来の利用停止後の環境機能の評価方法と維持方法は今後の政策的課題である．

　内湖の機能が湖沼の水質保全として重要であることが再認識されている．内湖は沈殿機能や生物反応機能を有している．琵琶湖では総合開発に伴いかなりの内湖をなくした結果，水質汚染の進行を招いている可能性が高い．現在，湖岸では国土交通省により人工内湖をつくり機能の検証がなされている．

f. 仮想水

　物質の移動に伴い，物質を生産するのに要した水（他に土地，排出廃棄物，CO_2などがある）を算定しておくことは水マネジメント上必要である．わが国の輸入内包水は農業用水総量に見合う量になっているが，仮想水も余剰水を利用したものであるか化石地下水を利用したものであるかにより評価を変えるべきである．

3.1.7　流域水マネジメントの手法と評価

　流域水マネジメントを実施する手順は図3.6のようになる．目標を定めマネジ

メントの枠組を決定し，種々の条件のもとで計算しその結果になんらかの判断を加えて，決定ないしはフィードバックをかけ，最も効果的な施策を選択することになる．

その算定手順は，以下のようである．流域をメッシュに分割し水文過程を定式化した上で，目標に沿った種々のシナリオについて各メッシュの利排水，存在水量等を示し，これらをまとめて流域全体にわたり水収支を求められるようにする．そして，自然条件等を所与の条件として与え，指標の値を算定し，その結果が経済的，社会的に及ぼす影響を評価して解を選択することになる．なお，関係領域は隣接流域から諸外国まで広がることがある．全要素を統合して扱うことが理想であるが，実際問題として不可能であるので境界を設定して簡略化することは避けられない．

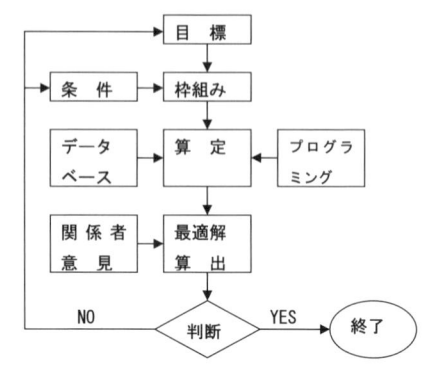

図3.6 水マネジメントの実施手順

計算に際しては，空間データ，非空間データをラスタあるいはベクタ形式で階層化して表現し，加算することになる．既に，そのためのプログラムもいくつか開発されている[8]．

目的を数式にて表現すると，

$$P = \sum^{t} \sum^{a} \{F_1(A) + F_2(I) + F_3(D) + F_4(E)\} \tag{3.1}$$

ここにPは目的関数たとえば所得，Aは農業，Iは産業，Dは生活，Eは生態系を示す．時間tと空間aで全体を積分する．

この算定に際しては，細分化して積み上げることになる．たとえば，Aは農地面積×生産純収入，栽培作物による水必要量，水有効利用率などの関数となる．さらに制約条件として，水資源賦存量，人口，利用可能土地面積，就業可能人口などが時間により変化する係数として与えられる．

さらに，諸係数を与える際にはデータが必要になる．水には複数の部局が関わっているため，データも複数の部局に存在する．たとえば，気象台，国土地理院，水道部局，下水道部局，河川部局，環境部局，農林部局，港湾部局，水産部局などである．存在しないデータは実測などによりつくる必要がある．情報プラットフォームはこれらのデータを取り込み容易に使えるようにカスタマイズされ

たものである必要がある．地理情報は標準記述プロトコルとして，Geography Markup Language（GML）があり，ISOとなっている．

3.1.8 流域水マネジメントの事例

水マネジメントの研究事例は，水資源マネジメントに関して数多く存在する．霞ヶ浦流域[11]，博多湾流域[8]などがその例である．ここでは，経済領域まで考慮した黄河流域の例[12, 13]を紹介する．

乾燥地帯に位置する黄河流域は人口 1 億 700 万人を擁し，流域面積は 75 万 km^2 に及んでいる．河川水の利用率が通常の大河川に比べて数倍も高く，しかも人口増加，収益重視型農業生産による灌漑用水量の増加，工業生産の増加，生活用水の増加，土地開発の急増，化石地下水への依存度の増加という環境圧力が高くなっているため，発展につれ水資源の不足はますます深刻なものとなっている．黄河流域が抱える課題は，

① 黄河流域の年平均降水量は 487 mm と少なく，年間全流出量 560 億トンに対し全取水量は 350 億トンに及び，流域人口と灌漑農地 500 万 ha を養うには水資源の絶対量が不足していること
② 流域の水消費量は灌漑用 78％，工業用 13％，生活用 9％で，灌漑が全体を左右すること
③ 地下水の利用は年間 130 億トンに及び，化石地下水まで汲み上げており，西安をはじめとして地下水位が年間 50 cm 前後低下しているところが多いこと
④ 黄河による渤海湾への年間土砂供給量は 16 億トンで，種々の溶解性物質も吸着輸送されていること
⑤ 大河川や都市内の小河川・排水路の水質は悪化し続け，上水道用原水の水質や都市の水環境は劣化の一途をたどっていること
⑥ 農業において塩害が一部で現れていること

等である．

この地域を持続性の高い社会構造に近づけることは，中国の安定的発展にとって欠かせないし，連鎖的な対外への影響や地球環境負荷からみてもこの持続性の高い安定的な発展が望まれる．

そこで，黄河流域を 10 km × 10 km でメッシュ化し（メッシュ数 47,866），標高，植生，土地利用状況，土質，斜面勾配，気温，ポテンシャル蒸発散量，降水量データ（121 か所の実測値を統計処理），積雪深，取水量（原単位と生産額や人口を使用）を与え，水文モデル（GBHM2）により河川流量を求め，ダムにおける貯水操作基準を実測流量との比較により推定して，その後の計算に利用した．降水量は過去のデータから統計的性

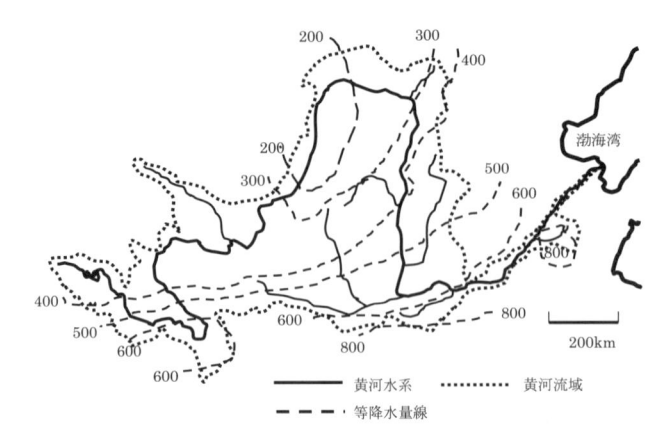

図 3.7 黄河流域の降水量（mm/年）

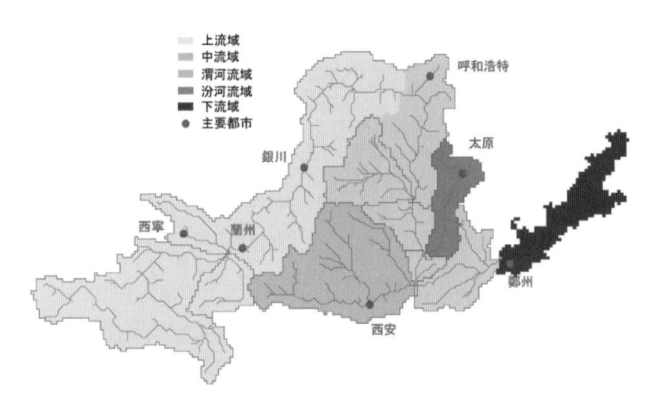

図 3.8 黄河流域の機能別分割

質を算定し，この統計的性質を利用して乱数により降水量を発生させ，繰返し計算により得られた結果を平均して推定値を算出した．参考のために降水量の 1970〜2000 年の平均値を図 3.7 に示す．推定された流量と 1 次元移流拡散モデルを用いて河川における物質の輸送量と濃度を算定する．その際，汚濁物質の流出算定には SWIMM モデル，土壌水分算定には Van Genuchten 式を用いた．なお，数値計算時間間隔は 1 時間である．

次に，黄河流域を成長からみて 5 地域（上流域，中流域，汾河流域，渭河流域，下流域）に分け（図 3.8 参照），それぞれ社会経済的なシナリオを設定した．社会の発展シナリオは，中国の国家計画に従うことを基本にして定めた．都市-農村間の制度的隔離を前提（制限は一定期間）とし，農業と都市工業以外に郷鎮企業を新たに成長する部門とした検討

シナリオは短期的に農村工業化が推進され，中長期的に都市化が進展していくものとした．そして，経済的利益を最大にすることを命題とした．中国における人口移動（居住地選択の自由の制限）は制限されているが，将来（2030年以降）は自由になると仮定し，都市部における人口増加を雇用の増加に従うものとした．

現在の水資源の配分比率は農業が70%を占めており，その上，最も利用効率が低くなっているので，農業セクターで改善を図ることにし灌漑用水の利用効率の向上により余剰水を生み出すシナリオを主たるものとした．灌漑用水の現在の利用率は40%（残りは輸送途中における漏水），工業用水の再利用率は33%，都市用水の再利用率は0%なので，10%刻みで増加させて，それぞれのシナリオを設定した．シナリオ設定例を表3.2に示す．

表 3.2 将来シナリオ設定条件の例

項　目			現状 2000年	短期 2010年	中期 2030年	長期 2050年
	制　約		水供給制約（新規利用水の現状維持）			
	目　標		流域経済成長の最大化			
	律　速		工業用水の優先的確保（農業用水の転用）			
	手　段		都市化の段階的推進			
各種方策	農業	耕地削減 （シナリオA1）	耕地削減率0%	10%	20%	30%
		節水灌漑の導入 （シナリオB1）	灌漑効率40%	50%	60%	70%
	工業	排水処理	排水処理率20%	50%	70%	90%
		再生利用率の向上	再生利用率50%	60%	70%	80%
	生活	城鎮排水処理	排水処理率20%	50%	70%	90%
		大中都市の中水道の導入	中水道導入率0%	20%	40%	60%

改善に要する経費は，灌漑用水では初期投資5.28元/トン，運営費0.53元/トン/年，工業用水の再利用では，それぞれ4.46元/トン，運営費0.43元/トン/年，都市用水の再利用では，それぞれ4.20元/トン，運営費0.46元/トン/年と実勢価格（2007年）に基づいて設定した．推定結果の一例を図3.9に示す．シナリオA1では，耕地削減により農業用水を現状の7割に抑制し，工業，生活セクターで再生水を利用することで，新たに工業用水82億m^3，生活用水22億m^3の新規用水量を獲得できる．節水に関わる投資額は2050年時点で約1,000億元となり，うち工業排水処理で75%，生活排水処理で25%となる．農村部での節水対策による投資を必要としないが，流域内の食糧不足による食糧価格の上昇は避けられず，これらを工業生産の増産でまかなう必要がある．シナ

88   3. 水と土砂のマネジメント

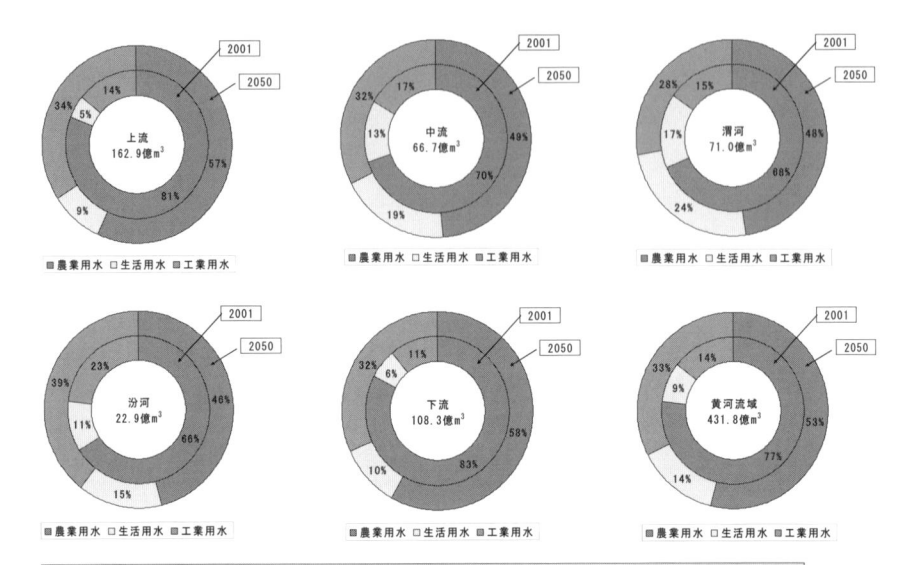

シナリオA1：段階的都市化／耕地削減，都市部節水投資

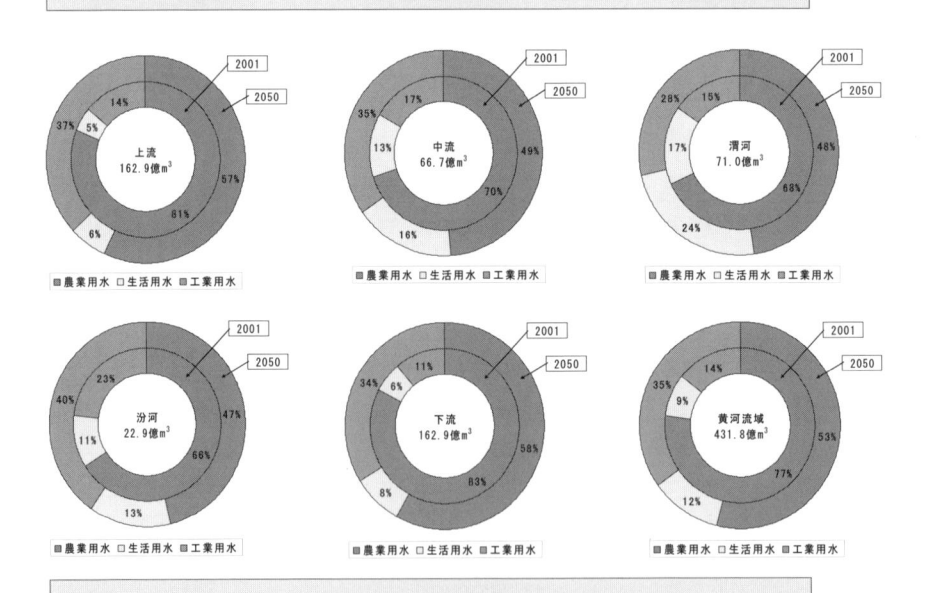

シナリオB1：段階的都市化／節水灌漑，都市部節水投資

図 3.9　段階的都市化・耕地削減・都市部節水による利用水量の変化例

リオ B1 では，節水灌漑により農業用水を現状の 7 割に抑制し，再生水利用により新たに工業用水 91 億 m³，生活用水 13 億 m³ の新規用水量を獲得できる．シナリオ A1 に比して，生活用水量の新規用水量の増分が少ない理由は，耕地削減により発生する余剰労働力の発生を抑えているためである．節水に関わる投資額は 2050 年時点で約 1,630 億元となり，節水灌漑システムへの資本ストックの再投下が必要であり，シナリオ A1 に比して，2050 年までに約 615 億元の投資が必要となる．食糧生産量は現状維持されるため，シナリオ A1 で述べた食糧価格の上昇は極力抑えられる．

他のシミュレーション結果と合わせると，灌漑用水の利用率を 70%，工業用水の再利用率を 70%，都市用水の再利用率を 30%とすると投資額は現在の 2 倍にはなるが，収入は最大 8 倍に増加させることが可能であることが明らかになった．当然のこととして，灌漑の場合，乾燥地帯より少しでも降水の多いところに水を配分する方が効率がよくなる．黄河でも上流域に配分するよりは下流に配分する方が効率がよくなる．

灌漑の効率改善で生み出した余剰水を工業用水に回し所得を高めるのが最も効率がよいのは，わが国が 1960 年代に高度成長のために採用した政策と同じである．工業生産品が国内需要に回る限りにおいて問題はないが，輸出に回さなければならなくなったときに日本を含めた外国と競合が生じるので，シナリオ達成には考慮境界条件を拡大して検討する必要がある．

3.1.9 今後の課題

再利用を含めた水資源の確保と有効利用策は流域ごとに異なる．水が豊富にあるところはあるところなりの，ないところはないところなりの生活様式が根付いている．そこに工業を新規に導入すると，利益に応じて水資源の確保方策を選択することになる．油田をもつ砂漠地帯での海水淡水化が最もよい例である．水循環のうち人工部分は経済により変えうるが，低炭素化社会に向けては人間の英知による理性的な判断と持続性を確保できる行動規範が求められている．

参 考 文 献

1) 国土交通省土地・水資源局編：日本の水資源．288p，2007．
2) ホームページは，http://www.gewex.org/ceop.htm （2010.2 現在）
3) IPCC Fourth Assessment Report: Climate Change 2007. 2007.11.
4) 砂田憲吾編著：アジアの流域水問題．技報堂出版，301p，2008．
5) National Biological Service : The Instream Flow Incremental Methodology. U.S. Department of the Interior, Biological Report 29, 45p, Mar.1995.
6) Global Water Partnership Technical Advisory Committee (TAC) : Integrated Water Resources Management. Global Water Partnership, 2007. http://www.gwpforum.org/gwp/library/TACNO4.PDF （2010.2 現在）

7) 国際連合：国連ミレニアム開発目標．United Nations, 2005.
8) 厳　斗鎔，楠田哲也：発生確率を考慮した水資源確保の検討とその評価—博多湾流域を対象として—．環境工学研究論文集, **36**, 333-340, 1999.12.
9) Lean G., Hinrichesen D., Markham A.：Atlas for the Environment. WWF, Arrow Books, 62-63, 1990.
10) 楊　大文，楠田哲也編著：水资源综合评价模型及其在黄河流域的应用．水利水电出版社, 213p, 2005.
11) 国立環境研究所編：霞ヶ浦流域管理システム．2002.
12) 楠田哲也：黄河流域における水利用の高持続性化．CREST 報告書, 2007.
13) Tetsuya Kusuda (ed.)：Yellow River, Scientific World, 175p., 2009.

3.2　土砂輸送のマネジメント

3.2.1　山地における土砂生産とダム貯水池周辺の環境変化
a. 土砂問題の変化

　水系に着目した 21 世紀の国土マネジメントの 1 つとして，流砂系（sediment routing system）の総合土砂管理（comprehensive sediment management）への関心が高まっている．森林や耕地などの生産源の状態変化と，砂防，ダムなどの治山・治水・利水を目的とする施設の整備による河川移動形態の変化により，土砂の移動・堆積量には大きなアンバランスが生じており，その結果ダム貯水池の堆砂や濁水問題の発生，下流への土砂供給の減少による河床低下や海岸侵食，さらには河川・沿岸域の水域環境の変化が顕在化している．そこで，土砂移動による災害を防止する一方で，適正な土砂の流れによって河川・海岸域における安全，豊かで潤いのある水域環境を保全・回復することが求められている．このような土砂問題も流域の自然的条件と社会的条件の両方に支配され時代とともに変化してきており，芦田はこのような土砂管理問題の時代的変遷を表 3.3 のように整理している[1]．

　土砂問題は長期間の履歴に大きく依存するため，これまでの歴史的経緯を踏まえて，さらに将来の予測を行いつつ現在採用可能な対処方策を着実に進める必要がある．特に，ダム堆砂問題の解決は重要である．一般にダムの計画堆砂容量は概ね 100 年間に溜まる推定堆砂量をもとに決定される．しかし，排砂などの堆砂対策を実施しないダムでは土砂が流入・堆積して毎年確実に貯水容量が減少する．ダムは，他の社会基盤施設以上に造り替えには困難が伴う施設であり，今後はダムごとに適切な土砂管理を行って長寿命化を図り，また同時に流砂系における土砂移動の連続性を確保することが求められる．このような長期間にわたる課題は，

表 3.3 土砂問題と土砂管理の時代的変遷（芦田,1996）[1]

年代	土砂流出に関する要因		土砂問題	土砂管理の主眼
	人為的要因	自然的要因		
1960 年代以前	（地域により） 木材・鉱物資源の略奪的採取による流域の荒廃 農耕地の開発	降雨流出による裸地斜面,渓床・渓岸侵食	土砂流出による河床上昇,洪水・土砂氾濫 舟航の障害	治山・治水砂防による流出土砂の抑制 土壌保全
1960 年代以降	流域の宅地開発,道路観光開発 貯水池の築造 河川の砂利採取（1960年代活発）	豪雨,地震,火山噴火による崩壊 泥流・土石流による土砂の生産・流出	崩壊・土石流災害 ダム堆砂 河床低下 海岸侵食	土石流対策 ダム堆砂の軽減 適切な土砂流出の確保
1980 年代以降	環境に対する社会的ニーズの増大		良好な自然環境の保全	良好な国土保全,水環境保全対策 自然との共生 生物への配慮

「世代間の衡平（intergenerational equity）」に関する問題と呼ばれ，地球環境問題がそうであるように，現役世代が将来世代に対して社会基盤施設を良好な財産として社会および自然環境に適合する形で引き継ぐ必要がある．

b. 山地における土砂生産と流出

山地からの土砂生産の原因となる外力には，降雨・地震・火山活動などの他，凍結融解に伴う風化作用などがある．一方，土砂生産のプロセスには山腹斜面における崩壊・地すべり，裸地侵食および渓岸・河岸侵食などがあり，さらに土砂流送のプロセスには，掃流砂（bed load）・浮遊砂（suspended load）・ウォッシュロード（wash load）の形態および土石流（debris flow）がある．このような土砂生産・流送現象を再現・予測するためのモデル化が試みられてきている．粒径の小さいウォッシュロードは生産されると速やかにダム貯水池まで流送されるのに対して，掃流砂や浮遊砂は渓床や河床に一時貯留されながら時間遅れを伴って流送される．

土砂生産・流出の予測については，従来土砂災害防止の観点から 1 洪水当りの流出土砂量を対象としてきた砂防工学分野と，主に 100 年間の長期間に貯水池に流入・堆積する土砂量を対象としてきたダム工学分野の両面で進展してきた．このうちダム貯水池の堆砂量推計においては，「堆砂量に影響する因子を統計的に処理した推計式を用いる方法」および「近傍の類似水系の既設貯水池の堆砂実績

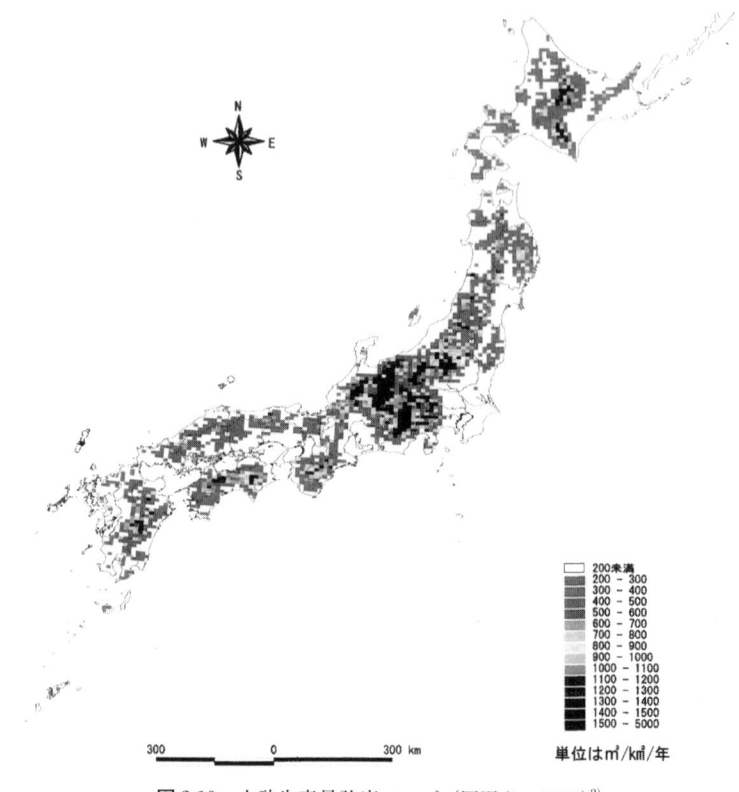

図 3.10 土砂生産量強度マップ（岡野ら，2004）[2]

から類推する方法」が併用されている．このうち堆砂量に影響する因子としては，上流域での土砂の生産・流送に関係する流域特性・水文水象的特性と土砂を受け入れ放流する貯水池の特性に大別される．さらに，流域特性としては流域面積の他に地形的条件として起伏量，標高，植生として森林面積率や荒廃地面積，地質的条件として崩壊地の面積・傾斜，水文水象的特性として降雨量や洪水量，また貯水池の特性として貯水能力を表す貯水容量および流入水から求められる貯水池回転率などが多く影響していることが報告されている．

　一方，GIS を用いて，既存のダム堆砂実績と国土数値情報の地形・地質データにより図 3.10 に示す「土砂生産量強度マップ」が作成されている[2]．ここでは，国土数値情報の 2 次メッシュ（約 100 km^2）ごとに「起伏量（メッシュ内の最高点と最低点の高度差）」と「平均標高」を求め，さらに「起伏量」については流

域の代表的な起伏量より大きな起伏量を示す地域が土砂生産性の高い地域であると考えて，流域内の起伏量分布において最頻値より大きな起伏量を示す度数の合計を流域面積で除した値を「起伏度」と新たに定義して，この「起伏度」と「平均標高」を特性値に用いている．一方，地質データについては，流域の岩石の種類や形成年代，侵食や崩壊に対する抵抗力の違い等を考慮し，主に岩石の硬さや割れ目の発達頻度に着目した区分に整理した．これを用いて，各ダムの流域面積を代表する地質区分ごとに，既存のダム堆砂実績に細粒分の貯水池捕捉率を加味して補正した比流入土砂量と上記から求められる起伏度と平均標高の積（起伏度×平均標高）の相関を求めた．図 3.10 は得られた地質区分ごとの相関式を用いて，全国の 2 次メッシュごとに比流入土砂量を推定したものであり，日本における土砂生産・流出の地域特性の概略を知ることができる．

c. ダム貯水池における堆砂現象

日本の河川では，掃流砂・浮遊砂・ウォッシュロードの形態により土砂が輸送されており，これらの粒径別構成比は一般に礫：砂：シルト・粘土 ＝（0～10%）:（35～40%）:（50～65%）程度といわれている．河川中・上流部に治水・利水の様々な目的をもってダム貯水池が建設されると，河川を流下するこれらの土砂が流入し，図 3.11 に示すように貯水池のもつ堆積特性に応じて粒径ごとに分級された堆砂デルタを形成する[3]．

貯水池内の堆砂領域は，①頂部堆積層，②前部堆積層および③底部堆積層に大別され，デルタを構成する①および②には河床を転動してきた掃流砂および浮遊砂のうち粒径の比較的粗い部分（0.1～0.2 mm 以上）が堆積している．このうち②はデルタの肩を通過した掃流砂がその直下に堆積し，それに浮遊砂による影響が加わって形成される比較的勾配の急な部分である．

デルタは一般に時間経過とともに前進すると同時に，その上流端は上流へ遡上していく．ダム直上流に水平に堆積した③の堆積物はほとんど粒径が 0.1mm 以下のウォッシュロードであり，主に濁水の密度流に起因するものである．なお，ウォッシュロードの一部は放流設備を通じて水流とともに下流へ流出し，この境界粒径はダム貯水池規模や貯水池回転率などで異なるが，概ね 0.01mm 程度といわれる．

d. 貯水池における堆砂問題

貯水池内に形成されるダムの堆砂形状は，流入土砂の粒度，水位変動，貯水池形状，貯水池位置，堆砂率等の要因に影響され，堆砂面は必ずしも水平でなく，標高の高い部分では有効容量の減少や背水現象という事象が現れやすくなる．ま

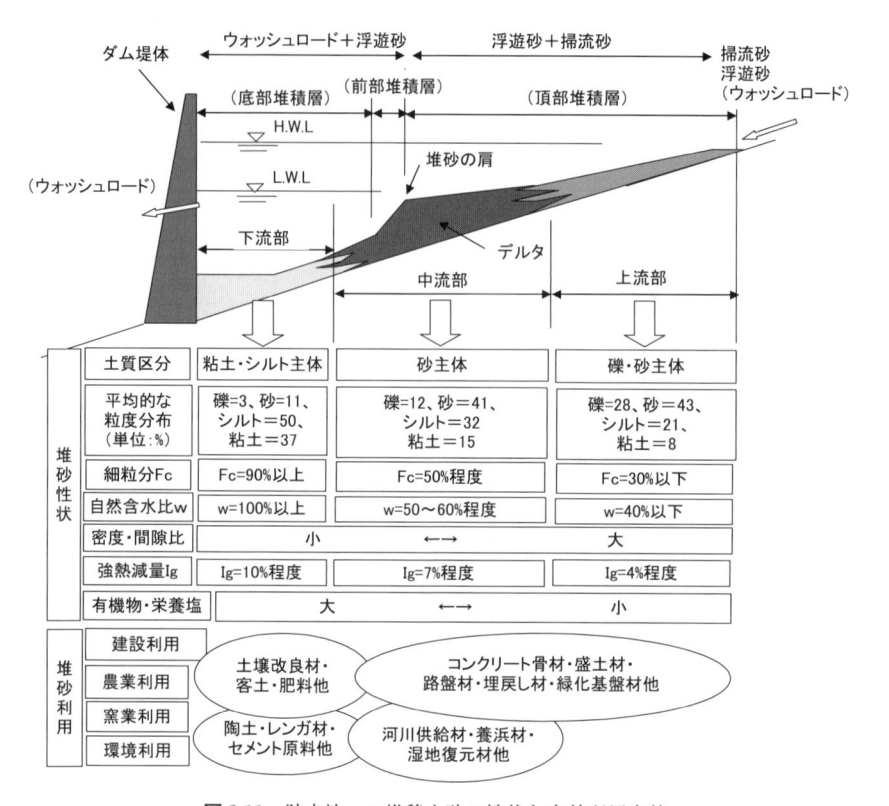

図 3.11 貯水池への堆積土砂の性状と有効利用方策

た，頂部堆積層上の上流部に堆積する礫・砂主体の土砂は貯水位の低下や中流部堆砂肩付近での浚渫などによっても移動させることはなかなか困難である．

日本におけるダム貯水池の堆砂問題は，ダム貯水池における発電等取水口の土砂埋没問題，貯水池上流河道の背砂による洪水氾濫の危険性の増大，利水・治水容量の減少，ダムによるダム下流河川への土砂流出の減少と河道部の砂利採取が複合的に影響する河床低下や海岸侵食などがある．

日本では，堤高 15 m 以上のダムが約 2,700 建設されている．国土交通省では，1977 年以来貯水容量 100 万 m^3 以上の貯水池に対して堆砂状況などを継続的に調査しており，2007 年 3 月現在日本全国 971 か所のダムの総貯水容量約 183 億 m^3 に対する総堆砂量は約 14.0 億 m^3 で，1 ダム当りの総貯水容量に占める堆砂量の平均割合（全堆砂率）は約 7.7％となっている（図 3.12）．これをダム完成後の年

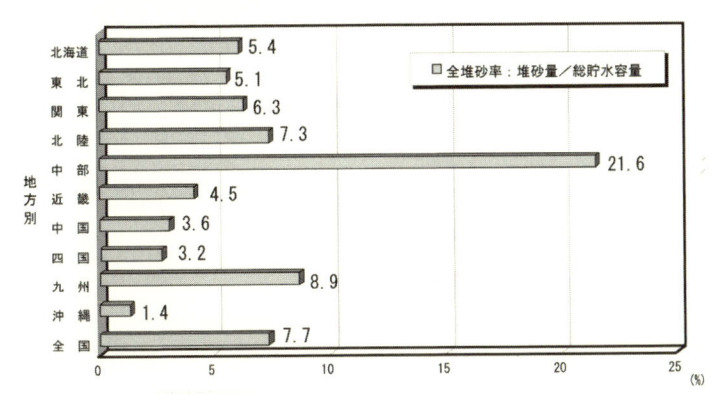

図 3.12 日本の地方別堆砂状況（平成 18 年度末現在：100 万 m³ 以上ダム）

数で割ると年平均 0.24% の速度（単純に求めれば寿命約 400 年）で貯水池容量が失われている計算となる．一方，新規のダム建設による容量増は今後それほど見込めず，土砂流出量の多い中部地方などでは堆砂による容量損失速度も全国平均の約 2 倍の値を示し深刻な状況である．

e. 貯水池における土砂管理

日本における貯水池土砂管理は，大別すると貯水池への流入土砂の軽減対策，貯水池へ流入する土砂を通過させる対策，貯水池に堆積した土砂を排除する対策に分けられる（図 3.13）．

1) ダム貯水池への流入土砂の軽減対策　ダム貯水池への流入土砂の軽減対策のうち排砂機能を備えたダムの土砂管理としては，貯水池へ流入する土砂の流下過程の河道部で実施する貯砂ダムによる土砂管理が挙げられる．近年，いくつかのダムでは，貯水池の末端部に設置された貯砂ダム（sediment check dam）により捕捉した土砂をダムの下流へ運搬・仮置きし，洪水時等に自然流出・流下させることを期待した土砂還元実験が実施されている．

2) ダム貯水池に流入する土砂を通過させる対策　ダム貯水池に流入する土砂を通過させ堆積量を軽減させる対策としては，一般的に貯水池の上流端付近からダム下流まで貯水池を迂回させる水路を設け，流入してくる土砂をダム下流までバイパスさせる排砂バイパス（sediment bypass）と，土砂を含む高濃度の流水の特性を利用した貯水池からの密度流排出（density current venting）が採用されている．バイパス水路の事例としては，新宮川水系旭ダムや天竜川水系美和ダムがある．

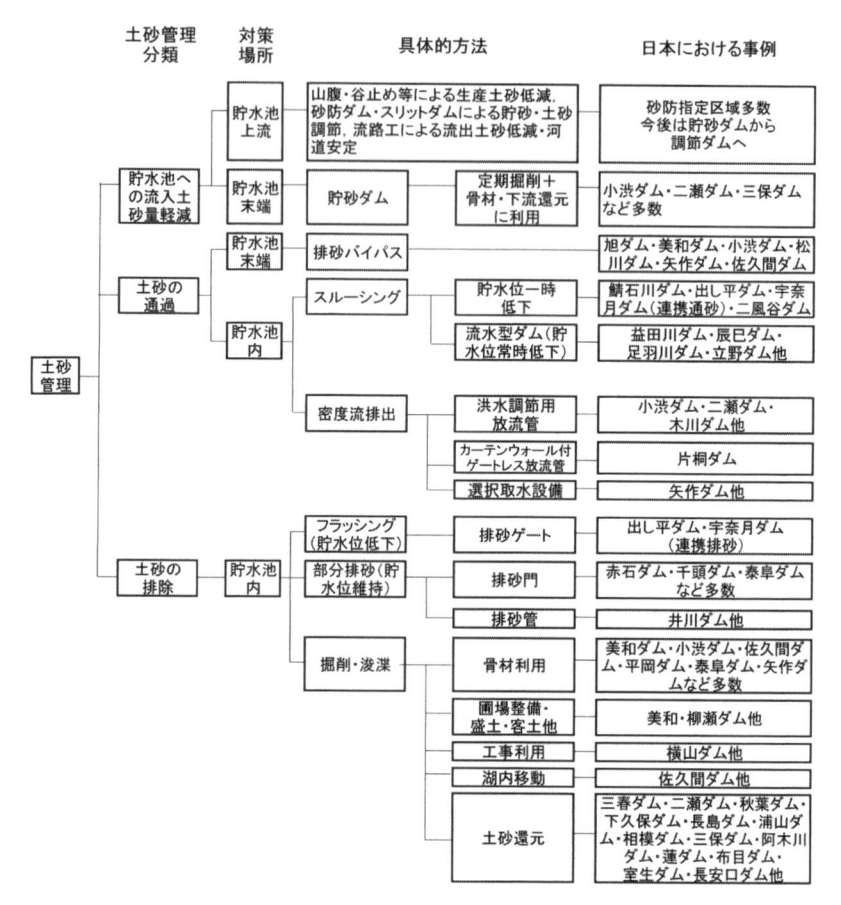

土砂管理分類	対策場所	具体的方法	日本における事例
貯水池への流入土砂量軽減	貯水池上流	山腹・谷止め等による生産土砂低減，砂防ダム・スリットダムによる貯砂・土砂調節，流路工による流出土砂低減・河道安定	砂防指定区域多数　今後は貯砂ダムから調節ダムへ
土砂の通過	貯水池末端	貯砂ダム　定期掘削＋骨材・下流還元に利用	小渋ダム・二瀬ダム・三保ダムなど多数
	貯水池末端	排砂バイパス	旭ダム・美和・小渋ダム・松川ダム・矢作ダム・佐久間ダム
	貯水池内	スルーシング　貯水位一時低下	鯖石ダム・出し平ダム・宇奈月ダム（連携排砂）・二風谷ダム
		流水型ダム（貯水位常時低下）	益田川ダム・辰巳ダム・足羽川ダム・立野ダム他
		密度流排出　洪水調節用放流管	小渋ダム・二瀬ダム・木川ダム他
		カーテンウォール付ゲートレス放流管	片桐ダム
		選択取水設備	矢作ダム他
土砂の排除	貯水池内	フラッシング（貯水位低下）排砂ゲート	出し平ダム・宇奈月ダム（連携排砂）
		部分排砂（貯水位維持）排砂門	赤石ダム・千頭ダム・泰阜ダムなど多数
		排砂管	井川ダム他
		掘削・浚渫　骨材利用	美和ダム・小渋ダム・佐久間ダム・平岡ダム・泰阜ダム・矢作ダムなど多数
		圃場整備・盛土・客土他	美和・柳瀬ダム他
		工事利用	横山ダム他
		湖内移動	佐久間ダム他
		土砂還元	三春ダム・二瀬ダム・秋葉ダム・下久保ダム・長島ダム・浦山ダム・相模ダム・三保ダム・阿木川ダム・蓮ダム・布目ダム・室生ダム・長安口ダム他

図 3.13　貯水池堆砂対策の分類

3）ダム貯水池に堆積した土砂を排除する対策　ダム貯水池に堆積した土砂の排除策としては，機械力等により土砂を採取する方法と排砂門（scouring gate）・排砂路（scouring channel）等により流水の掃流力により土砂を排出するフラッシング（flushing）（スルーシング（sluicing））がある．フラッシングの事例としては，黒部川水系出し平ダム，宇奈月ダムがある[4]．

f. 土砂対策と環境：天竜川水系における土砂管理

ダムの堆砂問題と総合的な土砂管理の実例について，天竜川を事例に考えてみる．

1）流域概要　天竜川は長野県の諏訪湖に発し，静岡県浜松市東側で遠州灘に注ぐ流域面積約 5,090 km^2，幹川流路延長 213 km の国が管理する一級河川である．流域平

均年間降水量は2,000 mmであり,1930年代半ばから水力発電などのダムが設置されてきている.一方,天竜川流域には,中央アルプス山系および南アルプス山系の3,000 m級の山々が連なるとともに中央構造線をはじめとする構造線が走っており,崩壊地も多く日本でも有数の土砂流出の多い地域である.このため,図3.14に示す流域内に建設された貯水15ダム(本川5ダム,支川10ダム)は表3.4に示すとおり堆砂が進行しており,排砂バイパス(美和ダム,松川ダム,小渋ダム),カーテンウォール付・ゲートレス放流管(片桐ダム),掘削・浚渫(佐久間ダム,秋葉ダムなど)などの日本を代表する堆砂対策が実施・計画されている.

2) 美和ダム再開発事業と貯水池土砂管理　美和ダムは,天竜川水系三峰川に洪水調節,灌漑,発電を目的とする多目的ダム(重力式コンクリートダム,堤高69.1m,集水面積311.1km^2)として1959(昭和34)年に完成したが,その後1959,1961,1982,1983年に大きな洪水が流入し,図3.15に示すように堆砂が進行した.これまで掘削・浚渫により約500万m^{3}の砂利採取が行われてきており,これを考慮すれば約2,000万m^{3}の土砂の流入・堆積があったものと推計される.貯水池内の堆砂は,上流部に粗砂,中流域に細砂およびシルト,下流堤体付近に粘土が主に分布している.全体的な特徴としては細粒分を多く含んでいることであり,全堆砂量のうち粒径74 μm以下のシルトおよび粘土が約75%を占めている.

流域の治水安全度の一層の向上等を図るため,貯水池掘削により貯水池容量を増加させるとともに,確保した容量を安定的に維持するための恒久堆砂対策が計画された.恒久堆砂対策施設は,貯水池末端部で砂利や砂などの粗粒分を捕捉する貯砂ダム,細粒分を多く含んだ洪水を貯水池とバイパストンネルに分流させる分派堰およびダム下流へ洪水を迂回させる洪水(排砂)バイパストンネル(図3.16)から構成され,貯水池に流入した細粒土砂を再度排出する湖内土砂排出システムも計画されている.洪水(排砂)バイパストンネルは長さ4,300 m,断面積50 m^{2}で,最大300 m^3/sの洪水をバイパスさせることが可能であり,2005年6月より運用が開始された.

3) 佐久間ダム・秋葉ダムと貯水池土砂管理[5,6]　天竜川中流部に設置された発電ダムである佐久間ダムと,その下流に位置し逆調整機能をもつ秋葉ダムは,佐久間ダム上流の泰阜ダムおよび平岡ダムとともに建設直後よりダム堆砂問題を課題としてきた.特に,背水現象による貯水池末端部の洪水被害問題は,ダム堆砂対策の重要性を社会に提起する契機ともなった.

一方,これらダム群の堆積土砂を分析することにより,天竜川流砂系の流出土砂に関する基本情報を得ることができる.一例として図3.17,3.18に佐久間ダムの堆砂形状の変遷と堆積土砂の性状を示す.1956(昭和31)年に完成した総貯水容量約3.3億m^3

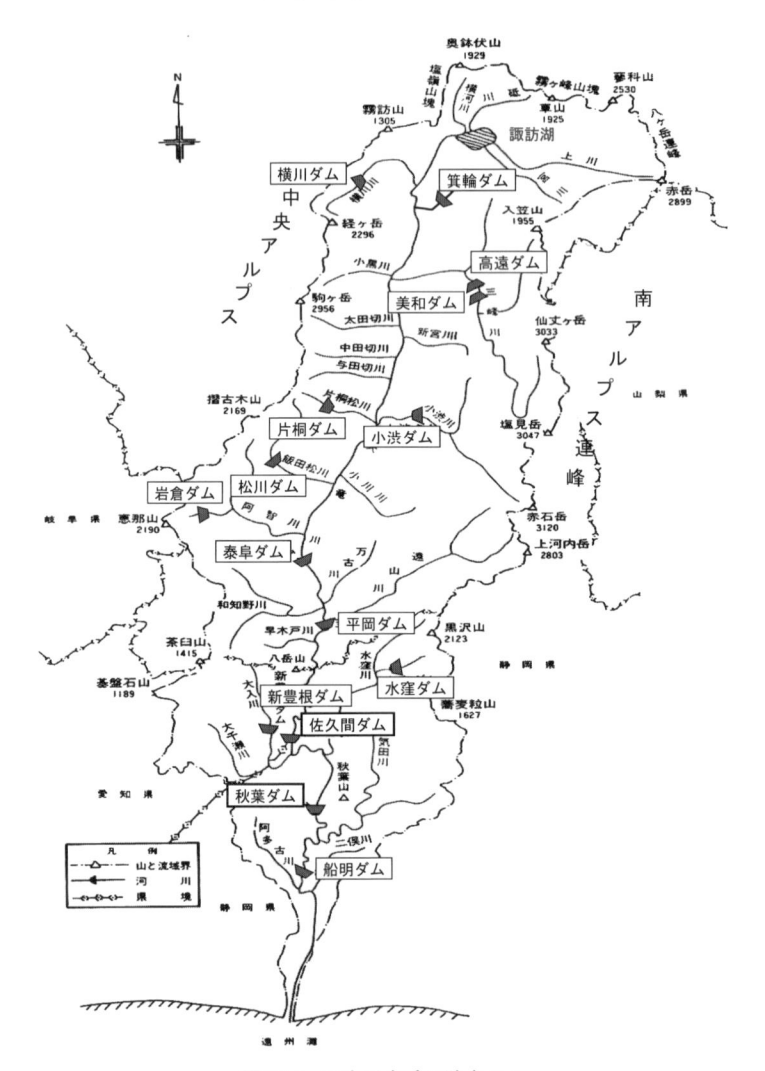

図 3.14　天竜川水系の貯水ダム

の佐久間貯水池の堆砂量は，建設後 45 年を経た 2006 年には約 1.2 億 m^3 となり堆砂率は約 36%に達している．今後は出水規模による変動はあるものの，年間約 180 万 m^3/年の土砂流入が予想されている．また堆積土砂の粒度分布はデルタ上流部では砂礫，粗砂が多く，下流になるに従い細砂が卓越し，堆砂肩の先端ではシルトの割合が多いことがボーリング調査などから明らかとなっている．

佐久間ダムの堆砂対策は下記の①〜④に示す観点から検討が進められ，湖内掃砂，湖内移送および湖外搬出の3つの手法を組み合わせて実施されている．

① 洪水時の貯水池末端部の河川水位上昇を防止するためのデルタ上流部の河床高さ維持（計画維持河床：1970年レベル），② 下流利水および堆砂対策実施時の環境問題，③ 電力供給・水需要を考慮した貯水位低下，④ 物理的および地理的に可能な湖外搬出量

表 3.4 天竜川水系のダム堆砂状況（2006年現在）

ダム名	管理者名	竣工年	総貯水容量 容量(千m³)	堆砂実績(千m³)	堆砂率(%)
船 明	電源開発	1977	10,900	970	6.7
秋 葉	電源開発	1958	34,703	11,918	34.3
水 窪	電源開発	1969	30,000	8,383	28.0
新豊根	国土交通省	1973	53,500	1,214	2.3
佐久間	電源開発	1956	326,848	118,628	36.3
平 岡	中部電力	1952	42,425	35,457	83.6
岩 倉	中部電力	1937	435	163	53.5
泰 阜	中部電力	1936	10,761	8,146	75.7
松 川	長野県	1975	7,400	2,766	37.4
片 桐	長野県	1990	1,840	389	21.1
小 渋	国土交通省	1969	58,000	15,458	26.7
高 遠	長野県	1958	2,310	847	36.7
美 和	国土交通省	1959	29,952	13,656	45.6
箕 輪	長野県	1993	9,500	63	0.7
横 川	長野県	1987	1,860	84	4.5

このうち湖外搬出は以前より行われてきたものであり，貯水池末端部の堆積土砂から浚渫船や陸上掘削により年間約40万m³程度の粗砂を採取しコンクリート骨材や客土材として利用されている．一方，湖内掃砂や湖内移送は1990年代に入って開始された方法で，湖内掃砂は「流砂促進」とも呼ばれ，渇水期（2〜3月）に貯水位を低位に維持して湖内上流部に自然河道状態を作り，流水掃流力を増加させることにより年間100万〜200万m³程度の堆積土砂を貯水池内下流部の死水域へ侵食移動させている．一方，

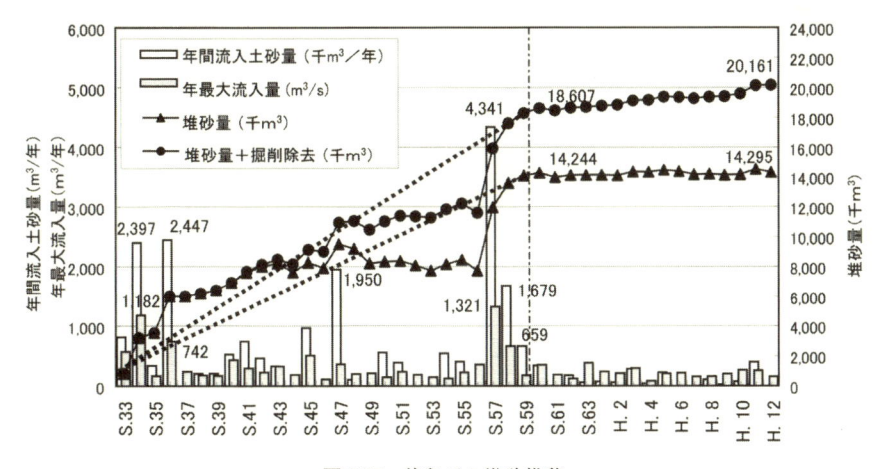

図 3.15 美和ダム堆砂推移

湖内移送は，湖内掃砂では動かない中・上流部の湾曲部等の堆砂をサンドポンプを付けた浚渫船により年間40万m^{3}吸引し，死水域へ再投入している．

しかしながら，湖内掃砂や湖内移送はあくまでも貯水池内の土砂移動であり根本的な堆砂対策ではない．そこで流砂系総合土砂管理の観点から，貯水池から採取した土砂を自然の洪水の力を利用して下流河川へ供給する土砂供給試験が1998年から開始されている．秋葉ダム貯水池を対象とする2001年の試験では，採取された約2万m^{3}の土砂（秋葉ダムの年平均堆砂量に年間砂利採取量を戻した量の6～7%，60%粒径10数mm）を陸上輸送してダム下流河道内に仮置し，洪水時のダム放流とともに掃流させた．

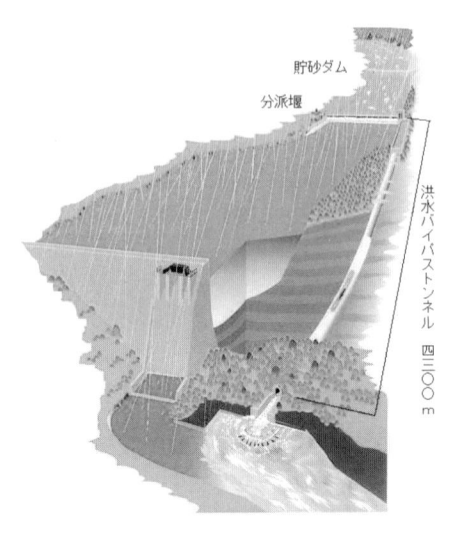

図3.16　洪水（排砂）バイパストンネル模式図

このような土砂供給試験は「土砂還元」とも呼ばれ，ダムで遮断された流砂の連続性を簡易な形で回復させる有力な手法の1つとして全国の20か所以上のダムで試行されている[7]．図3.19に下流河川への土砂還元量とダム堆砂量の関係を示す．現状では，

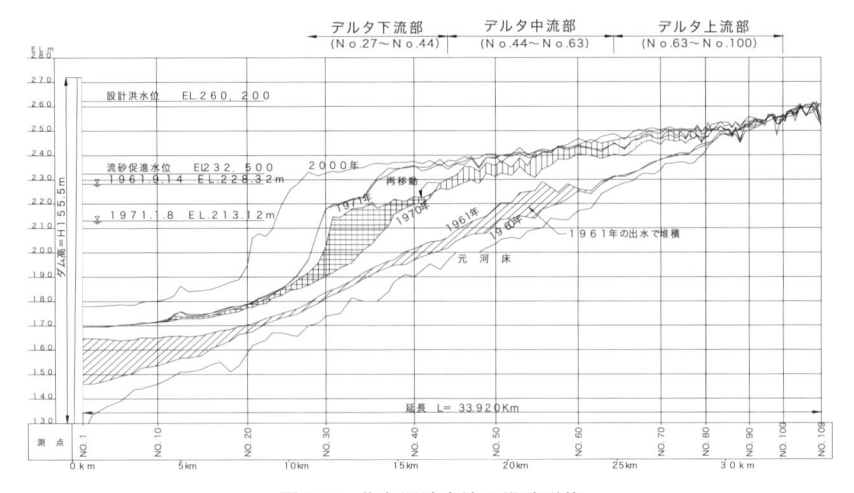

図3.17　佐久間貯水池の堆砂形状

3.2 土砂輸送のマネジメント

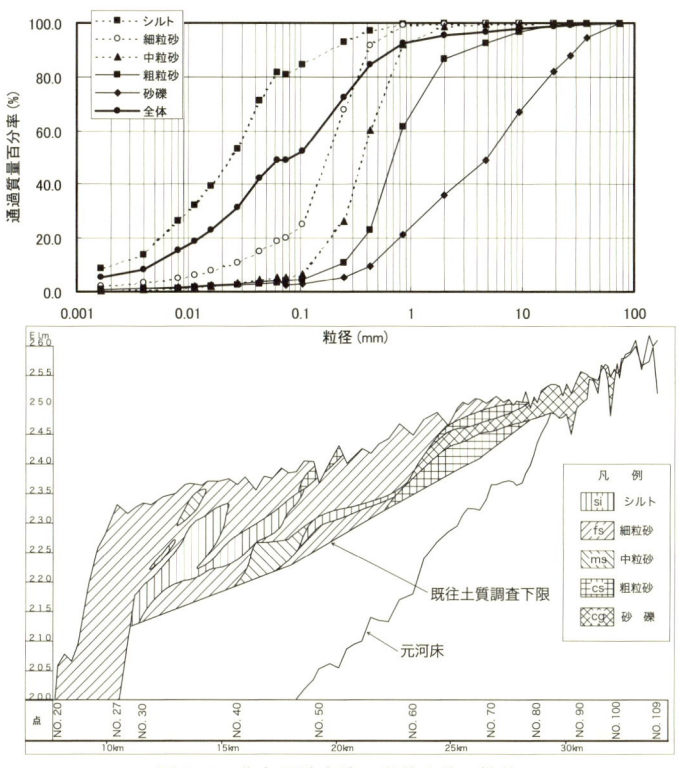

図 3.18 佐久間貯水池の堆積土砂の性状

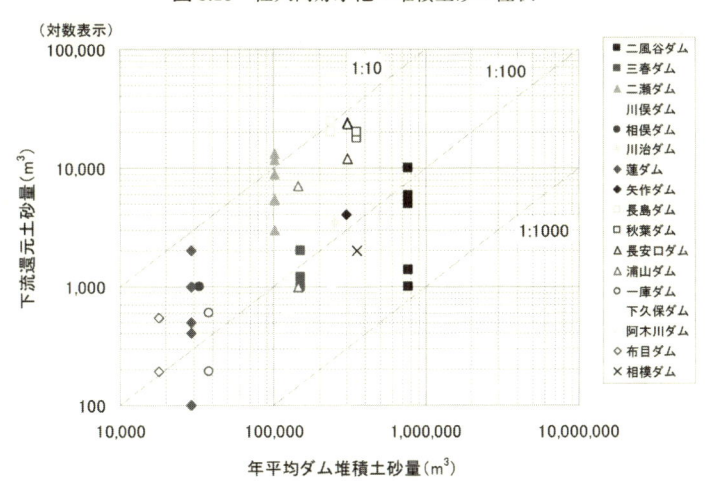

図 3.19 下流河川への土砂還元量とダム堆砂量の関係

主に砂～礫分（場合によりシルト分を含む）を中心に年間数百から数万 m³ の土砂（ダムの年平均堆砂量に対して 0.1 ～ 10% の範囲）が供給されている．試験では，掃流状況や河床横断形状および河床材料の変化，水質（SS，濁度など）や生物調査（魚類，付着藻類，底生昆虫など）を実施してモニタリングが行われている．

さらに天竜川では，本格的な堆砂対策の実施により利水ダムへの治水機能の追加と下流域への土砂供給の促進を目的とするダム再編事業が佐久間ダムを中心に計画されており，侵食海岸の保全等，流砂系の総合土砂管理の実践事例としての期待が高まっている．

参 考 文 献

1) 芦田和男：総合的な土砂管理のあり方．第 28 回（社）砂防学会シンポジウム講演集，11-34, 1996.
2) 岡野眞久，高柳淳二，藤井隆弘，安藤明宏：ダム貯水池流入土砂量に基づく堆砂管理についての考察－土砂生産量強度マップの開発の事例－．ダム工学，**14** (3), 167-176, 2004.
3) 大矢通弘，角 哲也，嘉門雅史：ダム堆砂の性状把握とその利用法．ダム工学，**12** (3), 174-187, 2002.
4) 角 哲也：土砂を貯めないダムの実現－流砂系総合土砂管理に向けた黒部川の挑戦－．土木学会誌，**88** (3), 41-44, 2003.
5) 岡野眞久，菊井幹男，石田裕哉，角 哲也：ダム貯水池堆砂とそのダム下流河川還元についての研究．河川技術論文集，**10**, 191-196, 2004.
6)（社）日本大ダム会議技術委員会排砂対策分科会：ダム堆砂対策の現状と課題．大ダム，176, 56-107, 2001.
7) 角 哲也，藤田正治：下流河川への土砂還元の現状と課題．河川技術論文集，**15**, 459-464, 2009.

3.2.2 河川における流砂と生態系
a. 流域と河川

河川は流域への降水が流出過程を通して集まってくるところ，また山地を中心に流域で生産された土砂が水流によって運ばれる経路でもある．さらに水流，流砂は様々な物質を運ぶ媒体で，これらも河川に沿って流下する．その意味で，河川は水循環に駆動される流域での現象の最もダイナミックな部分である．

流出してきた水は，河川流量として降水と地質・地形を反映して変動する．こうした流量の変動状況を「流況」と呼ぶ．それには年間を通した季節的なパターン（融雪出水や梅雨前線あるいは台風による出水など）や，一雨によるパルス的なもの（様々な規模の洪水）など，様々な時間スケールの重畳したものである．またダムによる一時貯留や取水・排水は，人工的にその変動を変質させている．利水目的では季節的なパターンを平準化させてきたし，洪水調節は出水の規模

（ピーク流量）や頻度を変える．

河川にはなお下刻するような河川もあるが，多くは豪雨時に生産された土砂が流下しきれず堆積した層（沖積層）の上で，自ら「河道」を形成して流れているものが多い．

一般に集水域である流域の軸としての河川は，上流から，渓流や山地河川，また谷底平野や扇状地，沖積平野を流れ，上流から下流に徐々に勾配を緩やかにまた流量を増やしながら，川幅も増加させながら流下する．河床を形成する材料のサイズは上流から下流に向かって小さくなること（主には砂礫の選択的輸送による水理的分級，それに加えて磨耗効果）もよく知られている．このような，川幅，勾配，河床材料粒径そして流量によって，川の姿は上流から下流に向かって姿あるいは表情，「河相」を変える．こうしたシステムは河川がそれぞれ特徴ある流況や土砂輸送体系をもっているためである．たとえば，水流は水深と流速で特徴づけられるが，単位幅流量がどう流速と水深に分割するかを決めるのが勾配と抵抗特性である．河道や河床の形（流路形態，河床形態）は河床材料の代表的な粒径とともに抵抗を決める．また，水深や河床勾配に規定される掃流力は，河床材料の粒径とともに土砂の運搬量（流砂量）を規定する．流況の人工的改変を目的としたダムや堰，あるいは河道維持のために設けられる床止めなどの横断構造物が土砂の下流への供給を改変していることによって，こうしたシステムが変化させられることも，川の姿を議論するときに重要な事柄である．

b. 流砂と河道動態 [1,2]

河道に沿って運ばれる土砂（流砂）は，河床材料と交換しながら運ばれる底質流砂と河床材料と交換しないで輸送されるウォッシュロードに大別される．また運動形式から，河床に沿って滑動，転動や，小跳躍の繰返しで運ばれる掃流砂と，流れ全体に拡散して運ばれる浮遊砂に分けて記述される．

掃流砂量を掃流力とその移動限界値（限界掃流力）とに結びつける掃流砂量式（芦田・道上式やスイス公式などが典型）を流砂の連続式と組み合わせて，河床変動が記述される．掃流砂量は，河床からの砂の離脱率と離散的な掃流運動の1ステップでの移動距離から構成される（Einstein のモデル）こと，あるいは河床上での運動中砂粒の数密度とその運動速度から構成されている（Kalinske らのモデル）ことを認識して誘導されるとともに，掃流砂運動に伴う様々な現象が解析されている．また，掃流砂を粒径クラス別に扱い，その移動限界の違いを考慮して（たとえば Egiazaroff 式）粒径別の河床表層での交換を考えることで，分級過程を解析することも可能となっている．交換されるときに運搬されてきた砂と

河床表層の砂とが混合されるが，この厚さ（交換層厚）をどうとるかが現象を適切に記述する上で重要である．分級現象の代表的なものは，土砂供給が減った区間での粗粒化とその伝播であるが，減速域で生じる微細砂が堆積する細粒化もその例である．

浮遊砂は，水流の乱れによる鉛直フラックス（$\overline{c'v'}$, c'：浮遊砂濃度の変動分，v'：水流の乱れの鉛直成分との相互相関）が駆動するもので，平衡状態では沈降速度による鉛直下向きフラックス（Cw_0, C：浮遊砂濃度，w_0：砂の沈降速度）とのバランスから浮遊砂濃度分布を評価することができる．浮遊砂の乱流拡散係数の水深方向分布を流れの渦動粘性係数のそれと相似であると仮定すると，Rouse式が導かれるし，水深平均値を用いれば指数型の浮遊砂濃度分布が導かれる（Kalinske）．これらの濃度分布は，底面濃度（C_0 規定濃度）で規格化されており，一般にはそれを河床からの巻上げフラックス（C_0w_0）と関係づける．C_0 は無次元化された掃流力（Shields数）とともに摩擦速度と沈降速度の比の関数として定式化されている．浮遊砂の輸送は，流下方向の移流と拡散によっており，それに沈降による河床への堆積，河床からの巻上げ，さらに鉛直方向の拡散によって構成されるプロセスであり，これも粒径ごとに解析することによって河床変動や河床表層粒度変化を解析することができる．

上述のように流砂は水流に規定され，流砂現象は地形変化（とともに表層粒度構成の変化）をもたらす．さらに，これらが，水流を大きく変化させる．こうした，水流～流砂～地形の相互作用のシステムを「移動床系」と呼んでいる（図 3.20）．

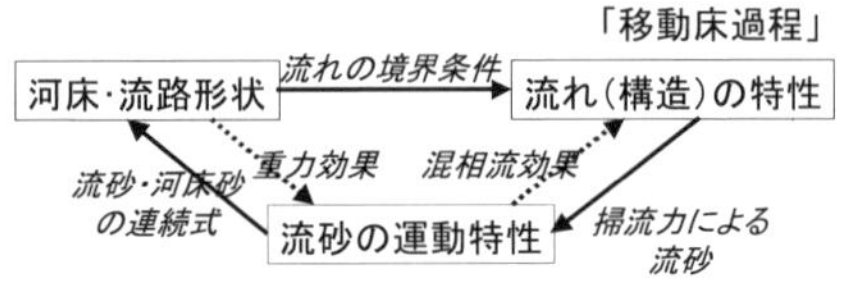

移動床過程は，流砂量に関する式と土砂の連続式で支配される．掃流力が大きくて流砂量が大きいところが侵食されるのではなく，流入する流砂量が小さいにもかかわらず流砂量の大きいところが侵食を受ける．

川幅や河床勾配が変化したり土砂通過条件が変化すると，流砂量が空間的・時間的に変化し，河道は変化する．また河道の湾曲部では遠心力の効果が加わり独特の河床形状が現れる．

一様な川幅・勾配，河床材料であっても，それに応じて様々な河床形状が形成されることも河川の特徴である．流下方向の変化が粒径や水深のスケールで自励的に生じたのが小規模河床形態（河床波）である砂漣，砂堆，反砂堆で，特に砂

図 3.20　移動床系

堆は流れの抵抗に支配的である．また，川幅方向のスケールでの変動から自励的に形成される交互砂州や複列砂州は洪水期に中規模河床形態として形成されるが，低水時にも瀬や淵の分布にかかわるような川の表情を規定する重要なものである．中規模河床形態は，洪水期の掃流力とその移動限界の比と川幅・水深比および勾配に規定され[3]（図3.21），砂州の形成されないレジームでは小規模河床形態が卓越する．

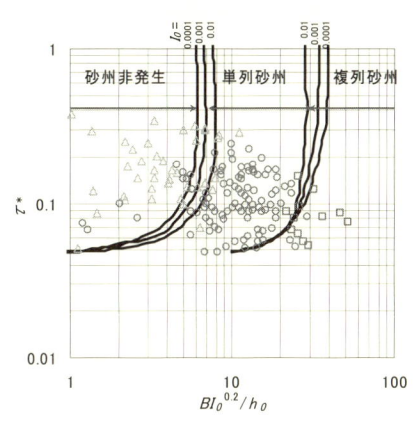

図 3.21 中規模河床形態区分

c. 類型景観の階層性 － セグメント・リーチ・サブリーチスケール －

　河川は移動床相互作用によって様々な表情がつくられる仕組みをもっていることを先に述べた．特に河道の動態に大きな影響を与えるのは，地形，勾配および河床材料である．河川の縦断形を眺めると，縦断勾配の値によっていくつかのグループに分割できる．このことを河川の背後地形と関連づけて類型化すると，渓流，山地河川，谷底平野・扇状地河川，自然堤防帯河川，河口部などである．このような勾配と河道構成材料によってグループ化された区間をセグメントと呼んでいる[4]（図3.22）．河道形態が勾配や河床材料に大きく依存していることは先に述べたとおりで，それゆえセグメントごとに河道の基本的性状が大きく区分される．セグメントの中では，特徴ある中規模河床形態としての砂州がその骨格（この意味でストラクチャーと呼ぶことがある）を形成しており，砂州ごとに相似な現象が繰り返されていると見られる．つまりセグメントを特徴づける砂州によってセグメントの基本的性質を知ることができる．こうしたセグメントを構成する基本単位をリーチといい，砂州の一波長がそれに相当する．さらにクローズアップすると，砂州の中に，より微細な構造が見られこれをサブリーチと呼ぶ．後述するように河川域の生物の生息場はさらに小さなスケールで，しばしば（マイクロ）ハビタートスケールと呼ばれる（ハビタートは生息場を意味し，対象とする生物に依存するスケールを有するので必ずしも物理場のスケーリングに適切な用語ではない）．ある部分が粗粒化していたり細粒化した部分があったり，植生の侵入する領域やそれに影響された地形が存在するなどである（テクスチャーと呼ばれる）．ストラクチャーを形成したり更新するのは数年に1回以上の規模の出

セグメント	M	1	2		3
			2-1	2-2	
地形区分	◀—山間地—▶	◀—扇状地—▶			
		◀—谷底平野—▶			
			◀—自然堤防帯—▶		
				◀—デルタ—▶	
河床材料の代表粒径 d_R	さまざま	2 cm 以上	3 cm ~ 1 cm	1 cm ~ 0.3 mm	0.3 mm 以下
河岸構成物質	河床海岸に岩が出ていることが多い.	表層に砂, シルトが乗ることがあるが薄く, 河床材料と同一の物質が占める.	下層は河床材料と同一, 細砂, シルト, 粘土の混合物.		シルト・粘土
勾配の目安	さまざま	1/60 ~ 1/400	1/400 ~ 1/5,000		1/5,000 ~ 水平
蛇行程度	さまざま	曲がりが少ない.	蛇行が激しいが, 川幅水深比が大きいところでは 8 字蛇行または島の発生.		蛇行が大きいものもあるが, 小さいものもある.
川岸侵食程度	露岩によって水路が固定されることがある. 沖積層の部分は激しい.	非常に激しい.	中:河床材料が大きいほうが水路はよく動く.		弱:ほとんど水路の位置は動かない.

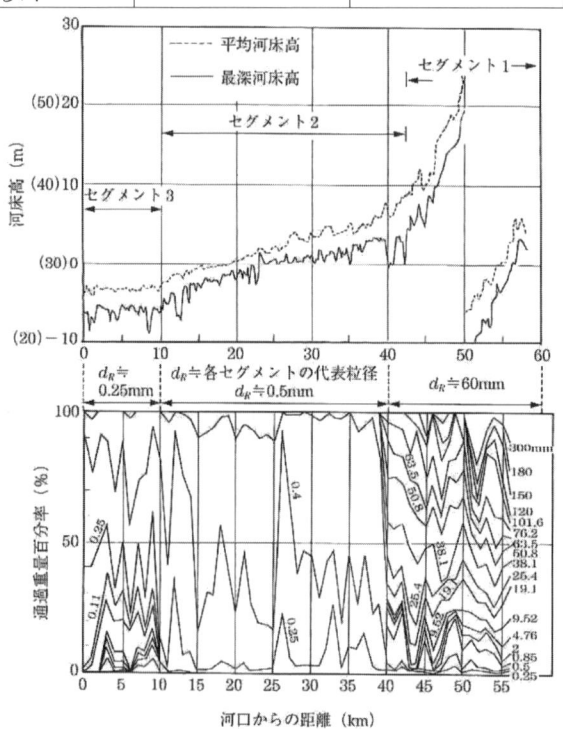

図 3.22 セグメント分類

水で長い寿命時間（デュレーション）を呈するが，ストラクチャーは1年に何度も来襲する出水で維持更新されるなど寿命も短いことが多いし，その寿命が生物相と強く相関している．このように，河道といっても時空間スケールに応じてその景観やその機能（生態系としての機能）を考えることが重要である．こうした考え方に基づいた議論をSTD論（structure-texture-duration）と呼んでいる[5]．

図3.23aは木津川下流（京都府，一級河川）の交互砂州（ストラクチャー）に特徴づけられるセグメントであるが，これをクローズアップした図3.23bに示すようなサブ景観（テクスチャー）が個々のストラクチャーを特徴づけていることがわかる．サブ景観としては，本流域では瀬や淵，陸域では植生域（草本域，樹林域），裸地（礫帯や微細砂マウンドなど），一時水域（2次流路，ワンド（下流側に開口した一時水域），たまり列など）のほか，景観として目には見えないが伏流筋（入口，出口）が挙げられる．

セグメントレベルで見ると，砂州などの骨格（ストラクチャー）で景観が構成されており，こうした集合体としての類型景観を捉えることが生態系も含めた総合的な把握の中で重要とされる．この類型景観はサブ砂州スケールの微細な構造に特徴づけられている．

d. 河道植生

セグメントやリーチの特徴を把握するのに航空写真が有効であるが，これらを見ると河川の特徴は河道内地形だけでなく植

図3.23 木津川下流部の景観（ストラクチャーレベルとテクスチャーレベル）

生にも規定されていることがうかがえる[6]．

さて，河道内植生は洪水時には流れに大きな影響を与える．植生は，離散的な障害物の集合体とみなして流れの解析に組み込まれる．すなわち流水域の単位体積当りに含まれる植物要素の水流遮蔽面積（要素の数密度×遮蔽面積，没水した円柱状植物なら単位面積当りの本数×直径×水深）と抗力係数が支配パラメータとなる．すなわち植物要素に作用する抗力の総和が，河床面の抵抗，河床波の形状抵抗などに加えられる．植生域はこうした抵抗特性のため流速の遅い領域となるが，そのためその周辺部分に減速，加速域が形成されて移動床過程は活発化し，複雑な地形や表面粒度構成が形成される．また主流方向に沿って植生帯がある場合には，植生帯での遅い流れと主流部での速い流れが隣り合うことによる乱流横断混合がこの流れの特徴となる．このことが流れの抵抗を増加させ，また植生帯に向かう浮遊砂の正味の横断方向フラックスを生み出し，畝状の構造や縞状の堆積帯を形成する．このように植生を伴う河道では，流れが変化させられまたそれによる移動床過程が地形の変化を促す．

こうした変化過程は植生帯が冠水する洪水期に限られ，洪水のあとの平常時では陸域地形に応じて植生の状態や繁茂域の変化が生じる．すなわち植生を伴う河道では，洪水期の流れと地形の変化過程が重要であるとともに，非出水期の植生動態（増加傾向）も鍵となる．なお，出水期には植生が倒伏破壊を受け，基盤とともに流失するなどの植生動態（減少方向）もある．河道内は，一般的に出水による攪乱の強度・頻度が高く，パイオニア的な植生の動向が中心になる．冠水する機会があって水の供給が容易な河道では，平常時に陸化した部分には容易に植生が侵入する一方，出水時に流失する．近年，河川流量が治水や利水目的による人工的調節によって平準化され，そのために破壊機会が減って植生繁茂が活発になる例が見られている．図3.24には手取川（石川県，扇状地河川）の河道での植生占有面積率の経年変化を示しており，洪水調節ダム（手取川ダム）建設後，年最大流量の規模が減少，河道内植生の破壊機会が減少して植生面積率がかつて経験したことがない程度に増加した．また，繁茂率が高くなると大出水による植生の破壊効果も小さいことがうかがえる[7]．

また図3.25は淀川支川木津川下流の砂河川の砂州における植生繁茂と河道動態を，航空写真の重ね合わせとともにその一断面の横断測量結果の経年変化で見たものであるが，水際から植生帯が発達し，またそれが地形変化を誘起しさらに新たな植生域を生みだすなど，単純な砂州地形が複雑な地形へと変化していく傾向を見てとることができる[8]．

上記のように河川における物理基盤は基本的に水流〜流砂〜河床・河道形態の移動床相互作用系であるが，植生動態に大きく影響され，これをも取り込んだ相互作用系から構成されていると見るのがよい[6]．図 3.26 はこのことに鑑みて図 3.20 の系の把え方を拡張したものである．

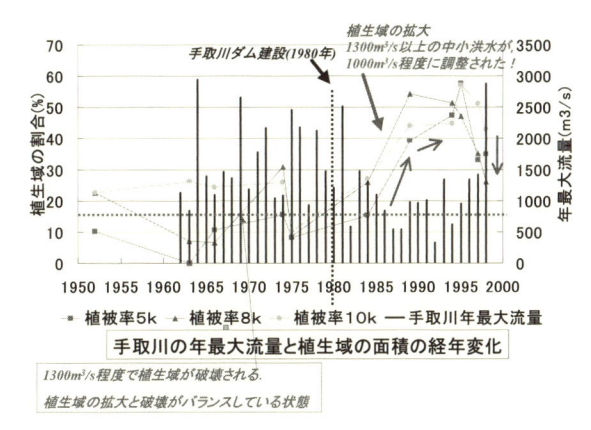

図 3.24 洪水履歴と植生動態（手取川の例）

e. 河川生態系の概要 − 生息場と生元素循環 −

河川内では移動床相互作用系により特徴的な物理基盤が形成される．その概略は主として勾配と河床材料で規定されるセグメント分類ごとに特徴づけられる．

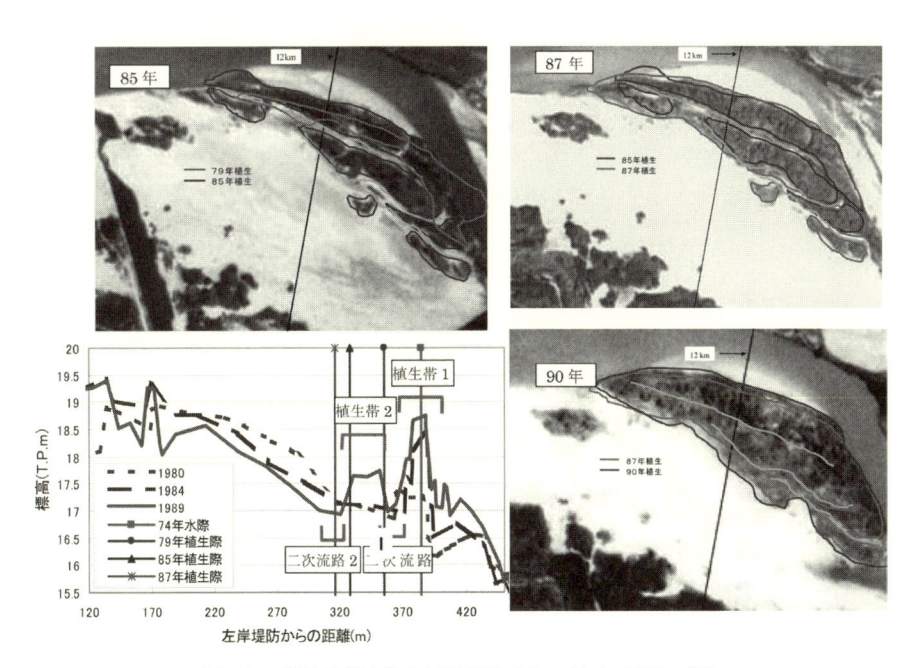

図 3.25 植生動態を伴う河床地形変化の例（木津川の例）

水流〜流砂〜地形は植生によっても強く影響されており，図3.26に示したような植生動態も含めた相互作用系が物理基盤を規定していると見ることができる．こうした相互作用系は流況や土砂供給（これらも変動性を有する）に応じて動的平衡に向かうが，流況や

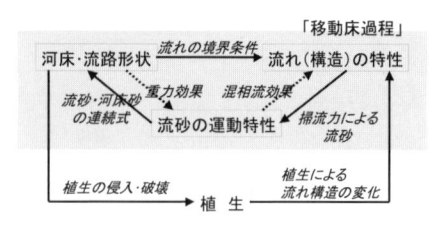

図 3.26 植生動態と関連した移動床系

土砂供給が改変されれば（ダムなどの横断構造物がインパクトの例），新しい動的平衡に向かって変化することが推測される．

さて，こうしたたとえばセグメントごとに特徴づけられた河道の物理基盤（河相）に含まれる様々な要素（サブ景観）は，多くの生物に生息場（ハビタート）を提供する．生息場には，その生物の生活史に応じて必要な様々な場があることも注意したい．魚類でいえば，産卵，孵化，仔稚魚の生育場，摂餌場だけでなく，洪水時や旱魃時の避難場も含まれる．また水生生物のみならず河道の陸上生物にも生息場が提供されている．図3.26のように物理基盤として考慮した植生も，様々な植物群集として物理基盤の特性（特に比高や土壌の水分保持特性）に起因して種が規定される．あるセグメントの物理基盤が固有であれば，それに応じた生息場が提供されるので必然的にそこでの生物相も固有なものとなる．すなわち物理景観が，渓流，山地河川，礫床河川，砂床河川というように流程とともに姿を変えるのに伴って，生息する生物も変化する．Vannoteら[9]による「河川連続体

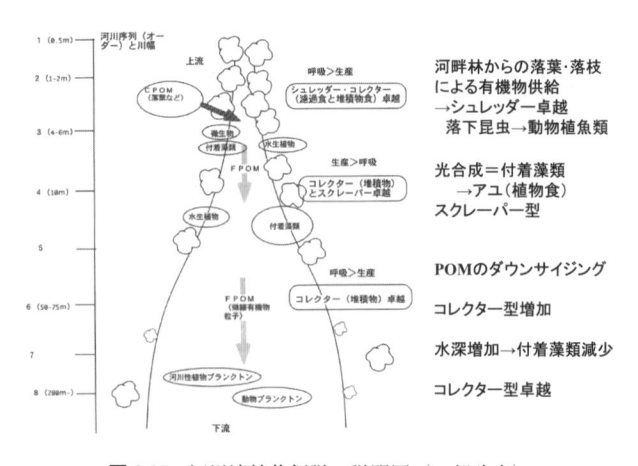

図 3.27 河川連続体仮説の説明図（一部改変）

3.2 土砂輸送のマネジメント

仮説」（図 3.27 参照）では，生物へのエネルギーの流れから以下のような主として底生動物に着目した流程方向の生物種変化について述べている．上流は川幅が狭く河畔林が覆うため水域での光合成ができず，陸域からの落葉・落枝，落下昆虫がエネルギー源でそれを破砕して餌とする生物が生息する．川が広がってくると河床（礫床）で光合成が可能となり付着藻類が生産されこれを剥ぎ取って餌とする生物，さらに破砕食者や流れの作用でダウンサイジングされた有機物（比較的大きな粒子状有機物を CPOM，破砕されたサイズの小さなものを FPOM と呼ぶ，POM：particulate organic matter）を収集する生物へと変化していく．川の中では資源が形を変え，様々な生物に繰り返し使われている（生態スパイラル）．このように川の中の生物からも，物理基盤と同じように類型化の可能性が示唆される．いずれにせよ，河川の物理基盤が第一義的に生物相を，生息場提供という形で支えている．しかし生息場は生物相の一側面であり，生物相そのものは生息場に展開される様々な生物の動態であり，食物網，共生・競争などを介しての生長，繁殖を含む．食物網について，栄養段階の低位のものでは栄養塩や有機物の流れとその変化（粒状態有機物の捕捉，流失やダウンサイジング，また消化・脱窒など生化学作用による生元素の容態変化など）など生元素輸送・変化過程（簡単に「物質循環」と表現することがある）と強く関係している．生元素とは，窒素，リン，炭素，酸素など，生体を構成しまた有機物・無機物と様態を変える元素で，特に，生元素が様々な形態の水流（表面流，植生間流れ，伏流や滞留）とともに輸送され，様々なサブ景観に応じて独特の変化を受ける．またそこにおいて生物作用を受けることが多い．

上述のように，相互に関連する物理基盤（物理機構の支配する系），生物相（生物活動が支配する系），物質循環系（化学作用が支配する系）から構成される全体のシステムが「生態系」と認識されている（図 3.28 参照）．物理基盤といえども生物相に対して生息場を提供し，生物相の動態に関係する物質循環系に重要な場を提供するような「生態的機能」を有している．一方，生物相は硝化・脱窒や同化など物質循環に貢献している一方，トビケラ類による河床固化や，カマツカなどの魚類が河床

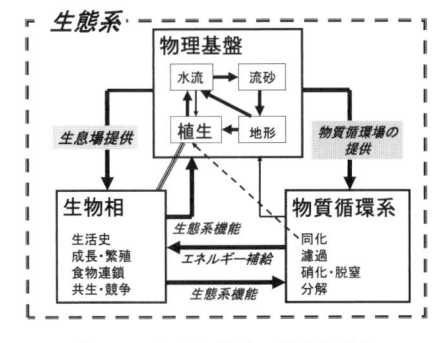

図 3.28 河川生態系の構造と機能

を攪乱し微細粒子の堆積を阻害するように物理基盤に影響を与えるような機能ももっており，これらも生態系の機能である．さらに，物質循環系をつかさどる化学作用は沈降，剥離（再浮上）へのイオンの効果という形で物理基盤にも影響をもつ．つまり河川は生息場提供など生物相に貢献している一方，生物相も河川の無機的な機能維持にも貢献しているというように，生物相と河川の無機的な環境は互恵関係にある．これまではより限定的に，生物相を生態系と認識することが多かったが，最近ではさらに人間活動を含めて，「生態系」をより広義に認識することもある．このような展開の中で，ある種の生態系機能は人間活動に関わる意味で「生態系サービス」[10]として認識されている．

f. 生息場評価

　生息場の評価には，「生息適性」(habitat suitability) という指標が考案され，生息適性の評価には，HEP[11] (habitat evaluation procedure) や PHABSIM[12] (physical habitat simulation) と呼ばれる手法が用いられることが多い．それを標準化して示すと以下のとおりである．まず，(1) 対象とする生物の種を選ぶ．生活史上のステージを特定することもある．次に，(2) 対象となる種・群集の生息環境を支配する物理指標 ζ_j を選び，(3) ζ_{jk} を作成する（添字 k は空間の位置を特定）．地形図，水深コンター図や流速コンターなどがこれに当たる．一方，(4) 対象種・群集あるいは対象とする生活史上のステージを選定して（添字 i）生息選好曲線を作成する．これは，生息適性を (0, 1) でランクづけするもので，各指標別に関数化される（$\eta_{ij} = f_{ij}(\zeta_j)$）．作成に当たっては，①現地調査資料から作成，②基礎実験によって作成，③文献・図鑑的知識より概成する方法が用いられる．図 3.29 は③の方法で作成された選好曲線の例である[13]．いくつかの魚類の流速，水深，底質への選好性を③によって関数化したものである．そうすると，(5) 物理指標の値の空間分布と選好曲線とから各指標からみた生息適正分布 η_{ijk} が描け，さらに，(6) 指標ごとの評価を総合化して合成適性を求める．

$$\Xi_{ik} = \prod_{j=1} \eta_{ijk}^{\gamma_{ij}} = \prod_{j=1} [f_{ij}(\xi_{ik})]^{\gamma_{ij}}, \quad \sum_{j=1} \gamma_{ij} = 1 \qquad (3.2)$$

ここに γ_{ij}：種・群集あるいはステージ i に対する物理指標 j の相対的重みである．これは種・群集あるいはステージごとの局所的生息適性の空間分布を示すものである（たとえば図 3.30 は矢作川中流部での分析結果[13]）．また，(7) より大きな空間での空間平均生息適性値 WUA^* は次式で与えられる．

3.2 土砂輸送のマネジメント

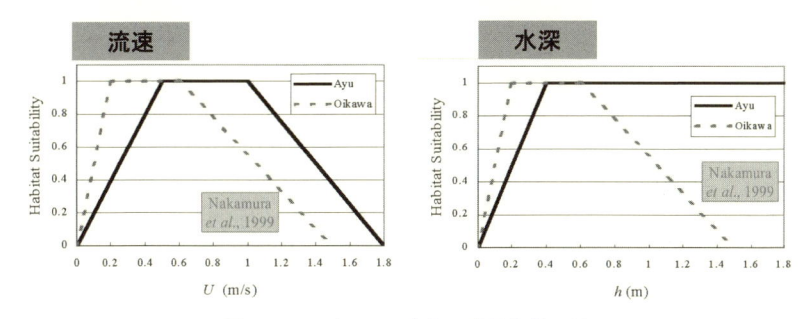

図3.29 いくつかの魚類の選好曲線の例

$$WUA^* = \frac{\sum_{k=1}(\Xi_{ik}\,\Delta A_k)}{\sum_{k=1}\Delta A_k} \qquad (3.3)$$

ここで ΔA_k は k で特定される微小空間の面積である．上式の分子は WUA (weighted usable area) と呼ばれ，しばしば生息環境評価指標として使われる．

こうした生息適性評価により，河川内の様々な景観が様々な生物生息を支え，その集合体として構成される「生態系」の一側面を把握できる．またそれゆえに，様々なインパクトで河川・河道の景観要素が変化したときの生態系の質変化の一面をこの手法で具体的に見ることができる．たとえば，河川改修や多自然川づくりにおける河川工事，また流況変化の影響や効果の一側面を定量化できる．特に流量を変化させた影響をこの手法を介在させて評価する方法は IFIM[12] (instream flow incremental methodology) と呼ばれ，欧米で適用例も積み重ねられている．特に対象魚種について既述

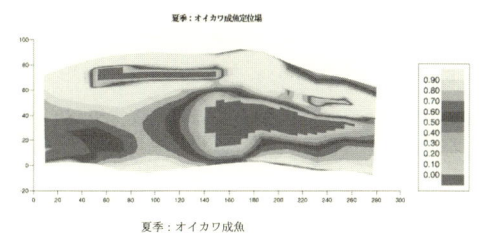

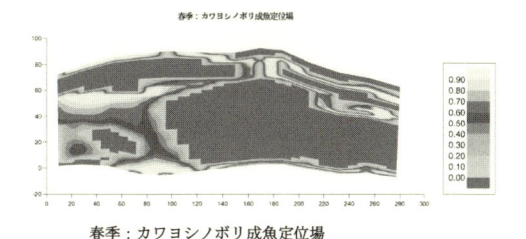

図3.30 魚類生息適性の空間分布（矢作川での例）

の WUA 値が流量によってどう変化するかを調べて環境流量設定の参考とされる．また，十分な環境流量の確保ができない場合には，図 3.31 に示すように河道環境（景観要素の配列）などに人工的な手を加えて対象とする区間で対象とする種の WUA を増加させる試みを議論することができる．

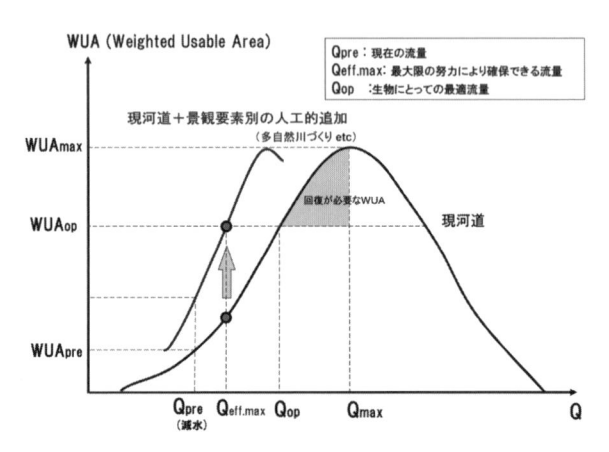

図 3.31 流量による生息面積の改善と河道での施策の効果

上記の生息適性評価は，個々の種の限られた生活史上の生息場の評価であり，生息適性評価から生物相を把握しようとするとさらに工夫がいる．まず，対象とする種，生活史のステージごとに利用される場は異なるので，様々なレベルの生息場がどのように複合・連結された場であるかをしっかり把握することが重要である．たとえば，種を限っても，産卵，孵化，仔稚魚の生育場，摂餌場，避難場など様々な空間が連結された総合体が対象となることである（図 3.32）[13]．図 3.32

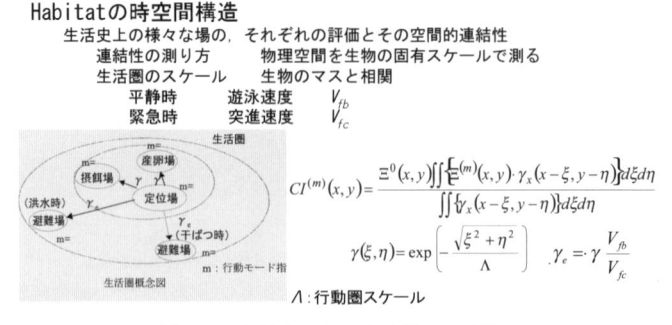

図 3.32 生活史による生息場の連結性

には，様々な利用空間の連結性の指標化の例も示されている．生活史は，「生活圏」，「行動圏」など行動特性に関わるもので，これらに関する知見も要求される．

さらに，生活史上の利用空間の連結に加えて食物網という視点で，複数の種の生息場がどう連結されているかも今後の課題である．生息場評価で生態系評価を代替するとき，複数種をどう選ぶかについては (i) 環境アセスメント技術[14]として提案されている「注目種」，(ii) 特徴的な食物連鎖や競争・共生関係のある単純化された生態系モデルの構成種という考え方があろう．アセスメントの指針では，注目種を (1) 食物連鎖における上位性，(2) 典型性，(3) 特殊性，(4) 移動性などから選ぶことにしている．河川・河道での評価となると，セグメントに典型な景観を生息場とする典型種がどのような選好性をもっていてそれを確保する景観要素がどのように保全されているかが鍵であり，なかでも局所的に特殊な景観（一時水域や湧水域など）に強く依存する生物（特殊性の観点からの注目種）の生息確保も重要な視点であろう．本項で説明した手法はこうした視点を支援する．

g. バイオマス

既述の生息場評価は生息適性というポテンシャルの議論であり，生態系はむしろ生体量（バイオマス）で把握されるべきといってもよい．高い生息適性を示しても具体的な棲み込みや繁殖がなければ無意味である．たとえば，生態系機能や生態系サービスの大小はバイオマスに依存する．このため，生息場のそれぞれにおける個体生長，個体群動態，種数動態などの把握に努めることも重要である．もっとも，高い生息適性はたぶんにバイオマス（個体生長と個体群）動態のパラメータ（増殖率や環境容量など）の大小に関わっている．個体，個体群，種数などの動態定量は，後述の「生態系サービス」や「種の多様性」に関わる重要な項目である．

個体数動態については数理生態モデルが利用される．その最も単純なものとして，次式に示されるロジスティック方程式がある．

$$M(t) = \mu M \left(1 - \frac{M_{\max}}{M}\right) \tag{3.4}$$

ここに，M：バイオマス，μ：成長率，$M_{\max}$：バイオマスの上限値（環境容量）である．M はバイオマスとしたが，個体の成長を表現する場合のほか，これを個体数にとって個体数動態を記述するときにも適用される．また，右辺に物理的な移流や排除に関わる項を加えたり，あるいは複数種の議論では連立方程式での記載にしたり，種間相互作用項を加えるなどの工夫が可能である．

図 3.33 は観測によって得られた付着藻類の成長曲線の例[15]である．A* は礫表面の藻類による被度を，その最大値で規準化して示したものである．このように現地観測などで式 (3.4) のパラメータである μ：成長率，M_{max}：環境容量などを定量し，図 3.34 のように水理条件や水温，水質条件などとの関係づけがなされる．図では特にこれらのパラメータが流速や水深によってどう変化するかを最大値で規準化して示した．

また，付着藻類は洪水期に掃流砂によって剥離作用を受ける．図 3.35 は繁茂・剥離を繰り返す状況のシミュレーション結果[15]である．剥離率を含むロジスティック方程式のパラメータは水理量と関係づけられ，一方水理量は河川空間の中で空間分布しており，これらを組み合わせることでたとえば付着藻類バイオマスの時空間動態が解析できる[16]が，一方剥離した藻類は粒子状有機物として下流に供給される．藻類成長によって水流中の栄養塩は取り込まれる[16]．

こうしたバイオマス動態の解析手法は付着藻類のほか底生動物などにも適用されている[17]．また，河道内植生の繁茂についても基本的には同様のモデリン

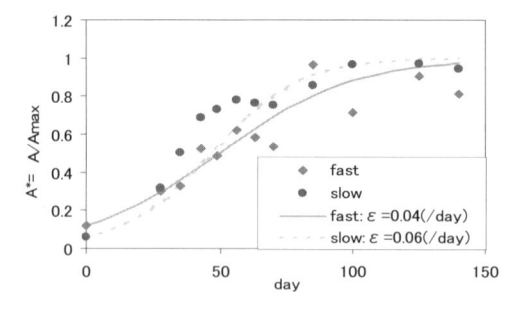

図 3.33　付着藻類増殖の成長曲線の例

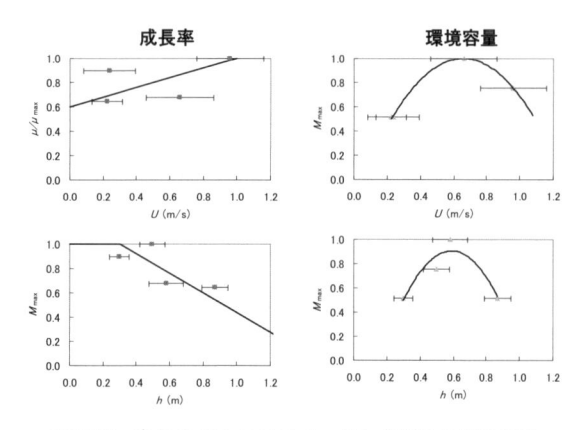

図 3.34　成長モデルのパラメータと水理量の関係の例

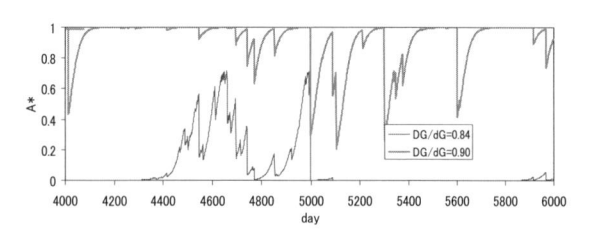

図 3.35　繁茂・剥離を繰り返す付着藻類のバイオマス動態

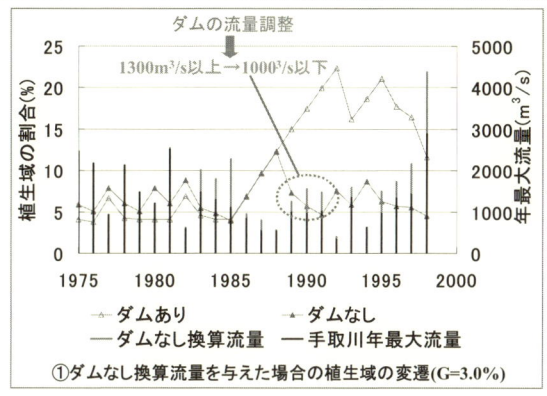

図 3.36 河原植生の繁茂動態モデルとその適用例（手取川）

グがなされている．たとえば，手取川扇状地河道の植生面積率は植生侵入率を一定とし，むしろ破壊が洪水生起による確率的事象であるとしてモデリングすることによって，ダム建設後洪水規模・頻度による植生繁茂経過を記述することができ[7]，将来予測に利用できる（図 3.36）．

h. 河川の様々な要素と物質循環

河川では独特の物理基盤の様々なサブ景観が，栄養塩，有機物など物質の輸送とその過程における変化の場となっている．有機物としては先に連続体仮説で述べたように，上流部渓畔から供給されたもの（粒状有機物，POM）がダウンサイジング効果によって粗粒のもの（CPOM）から細粒のもの（FPOM）に変化している．陸域供給源も上流渓畔に限らず河川敷植生もこれに相当する．付着藻類の剥離したものや流下プランクトンもこれに含まれるし，動物の遺骸も含まれる．これらは浮遊流下し，堆積や再浮上などを繰り返す．また複雑な河道の捕捉機構によって滞留するし，その間に分解される．河道のサブ景観（植生や一時水域など）は洪水時冠水したときに流下有機物の捕捉機能をもつが，大規模出水ではそれらを一挙に流失させる．無機物は溶存態で水流とともに流下するが，物質によっ

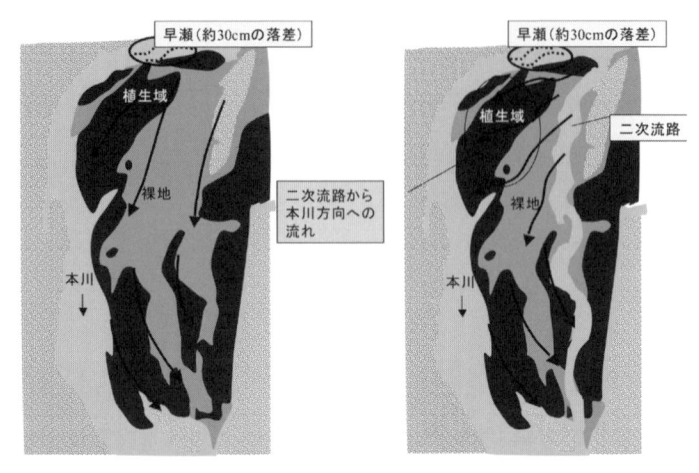

図 3.37 砂州を伴う表面流と伏流

ては（リン酸塩など）浮遊粒子に吸着して流下し，また出水に応じて砂州や植生に捕捉・流失される．その意味で砂州やその上の植生は物質循環系にも大きな機能を有している[18]．

また砂州は河川で表面流の系統的空間分布を生み出し，その水頭差で伏流が駆動される．すなわち図 3.37 に示すように砂州内に伏流する成分が現れ，それは砂州形状など河道形態に大きく依存する[19]．また，図 3.37 が示すように植生や二次流路の状態が伏流経路や量に大きく影響する．伏流の入口では濾過作用があり粒状有機物の捕捉があるだろうし，伏流筋が好気的環境か嫌気的環境かによって硝化や脱窒などの生化学作用を受ける．伏流環境は砂州の構成材料，枯死植物残骸の有無や伏流水位から地表までの距離，地表の被覆具合（植生や透水性の悪い土壌の厚さ），伏流経路長などに依存する．また，冠水時や降水時は鉛直浸透とともに地表に貯留している栄養塩の伏流への溶出混合も大きな役割を果たす[19]．一般に，透水性の高い砂河川でも植生が繁茂した砂州では，伏流過程に沿った脱窒が認められる．図 3.38 は木津川の植生の繁茂した砂州での硝酸塩イオン濃度と窒素安定同位体比の伏流経路に沿った変化から脱窒が生じていることを確認したもので，脱窒に軽い窒素が優先したため硝酸塩濃度の減少とともに重い窒素の割合が増加していることと対応している[19]．

なお，複雑なテクスチャーを有する砂州では，伏流筋はときにはたまりなどに侵出して表面流となり，たまりの底では浮遊藻類繁茂という形（同化）によって

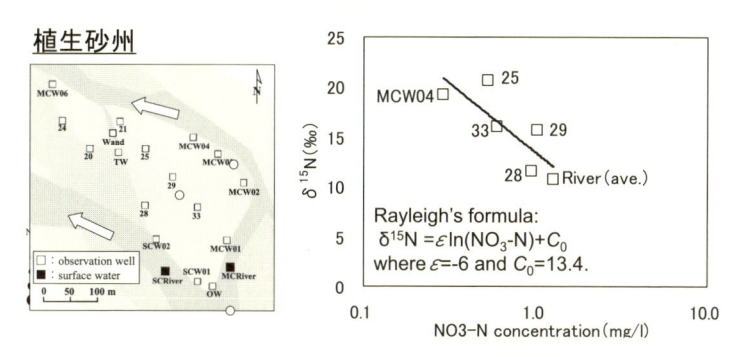

図3.38 砂河川の植生域での伏流の脱窒機能

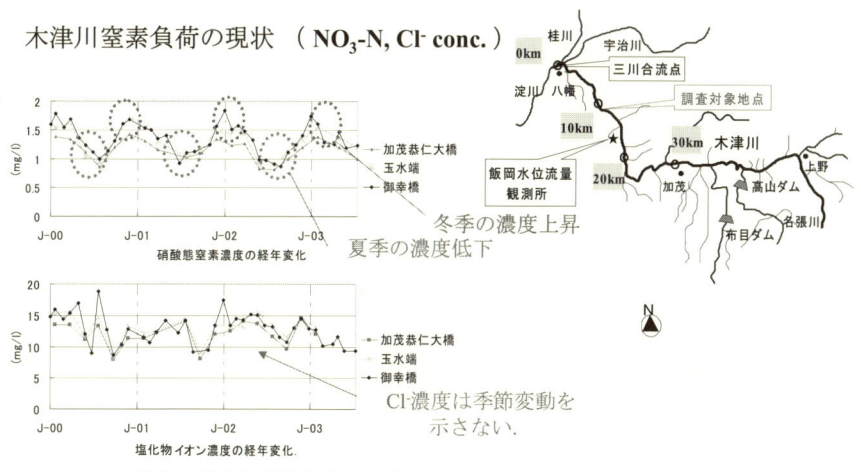

図3.39 木津川における硝酸塩濃度の季節変動の流程による相違

硝酸塩イオン濃度が減少する例もある．こうした生物体とのやりとりは，栄養塩の測定よりもむしろバイオマス変化から見積もられる．

i. 生態系機能の評価

図3.28に示したような物理基盤〜生物相〜物質循環系から構成される生態系において，生物相が物理基盤や物質循環系に及ぼす作用をここでは「生態系機能」（ecosystem function）と呼ぶことにする．物理基盤や物質循環系が生物相に影

響を与える機能を有しているが，言葉の使い分けとして，ここではこれらはそれぞれの系の生態的機能（ecological function）と呼ぶ．

まず，生物相が直接物理基盤に影響を与えるものとしては，植生の水流への影響などは既に物理基盤の中で述べたが，付着藻類の繁茂やトビケラのように造網性底生動物の棲み込みが河床材料の移動阻害をもたらすような例が挙げられ，上記の生態系機能の一側面である．一方，生物相と物質循環系の相互作用は生元素のやりとり（無機物，生体，有機物）である．光合成とともに栄養塩が植物体に取り込まれ，植物体は食物連鎖の底辺として生物相を支える一方，生物は栄養塩や有機物を排泄，有機物は微生物作用によって分解されて無機物に変化する．無機物でもたとえば窒素に着目すると，アンモニア態から硝酸態に（硝化），そして窒素ガスへ（脱窒）と変化するが，このプロセスも微生物作用に依存する．これらが，上記で定義した生態系機能のもう1つの側面である．

図3.39には木津川下流部での3地点でのいくつかのイオン濃度の季節変化を示した[19]．生化学作用を受けない塩化物イオン濃度に比べ，硝酸塩イオン濃度の変化には季節パターンが見られる．すなわち生物活性が高い夏季に硝酸イオン濃度の減少が顕著で，また木津川下流では流域から負荷の大きな支川が合流するにもかかわらず硝酸塩濃度の流下方向増加は認められないことから，下流区間の砂州での伏流の繰返しなど脱窒機会の多いことがこれを支えていると推測される．

上記のような生態系機能は，特定の種のバイオマスに規定される．たとえば，河床の固化や撹乱の度合はそれをもたらす種のバイオマスの関数として評価されるであろうし，物質循環系におけるなんらかの物質変化量もそれに関わる生物種のバイオマスの関数として評価できるはずである．

生物相や物質循環場がそうであったように，河川空間の様々なサブ景観において特徴が見られ，生態系機能によるアウトプットもサブ景観ごとに評価されるだろう．たとえば，植物による微細砂さらにそれに吸着した栄養塩，また粒状有機物の捕捉は比較的定量化される生態系機能であるし，底生動物，付着藻類による河床固化や底生魚による限界掃流力の増減もこうした生物種の単位面積当りバイオマスの関数としての評価が可能と考えられる．

上記のような生態系機能には河川・流域での人間活動にとってプラスのものが見られる．また長い歴史の中でこれを利用する方向で人間活動は営まれてきた．その意味でこれを「生態系サービス」と捉え，さらには貨幣価値，あるいは代替エネルギーなど様々に換算・評価することもなされている．たとえばConstanzaら[10]は生態系サービスを17種類に分類し貨幣価値評価（世界の国民総生産と同

じオーダー)したが,経済価値評価の是非はともかく国連ミレニアム生態系アセスメント[20]でも生態系サービスに着目した環境評価を目指した点に注目すべきだろう.そこでは,栄養塩循環や土壌形成,1次生産などに関わる基盤サービス,それをもとにした食料,淡水,木材などの供給サービス,気象・水象,水質などの調整サービス,精神的・審美的・教育的な面からの文化的サービスなどに分類されている.ここではその評価に直接踏み込まないが,こうしたサービスが上述した生態系機能に基づいていることは明らかで,科学的にはまず基本機能を定量評価することが重要である.

こうした生態系サービスの評価のフローとして次のようなことが提案される.河川域の様々なサブ景観がそれぞれ典型的な生物種の生息場を提供し,そこにサブ景観の連結に沿って構成される物質循環場との相互作用でその生物種のバイオマスがつくられ,それに応じて生態系サービスが発揮される.河川のある類型景観で,生息場が生息適性を指標としてサブ景観と関係づけられ,またある種の生物の単位バイオマス当りの生態系サービスが関係づけられると,その類型景観の生態的価値が評価されるという道筋である.

j.生物多様性[21]

しばしばいわれる表現として,生態系はその総体 (integrity) として意義がある.機能とともにこの総体で欠かせないのが生物多様性である.生物多様性には様々なレベルがあるが,ここでは種の多様性に注目する.表現として種の多様性を見たとき,種の豊富さ (species richness) は1つの要件であるが均等性や公平性も尺度とされる.こうした視点でいくつかの指標が提案されている.その1つは,Shannon-Wiener 指数で,

$$H' = -\sum_{i=1}^{s} P_i \log_2 P_i \tag{3.5}$$

で計算される H':種多様度である.ここに s:種数,P_i:全個体数中種 i の個体の出現割合である.多様度が高いほど全個体数からある特定の種を選び出すことが不確実であることから定義された.また,Simpson の多様度指数は,

$$D = 1 \bigg/ \sum_{i=1}^{s} p_i^2 \tag{3.6}$$

で定義される.

種の多様性の意義については,リベット種仮説と重複余剰種仮説がある.前者は様々な機能を受けもつ種から生態系が構成されているとするもので,後者はかなめ的機能をもつ種と副次的機能をもつ種に分け,なお環境変動に対する安定性

への役割ということになる．ここでは，多様性も機能と結びつける見解が示されるが，具体的にはけっして明確な関係づけがされているわけでなく，生態系サービスと生物多様性は生態系のもつ2つの側面と見る見方も現実的である．

k. 生態系の劣化と復元[22]

これまで述べてきた主な筋書では，生態系が活性（動的）であることを物理基盤～生物相～物質循環系の間の相互作用として把握し，その機能に着目した．機能が確保されると相互作用は活発化するし，機能が鈍ると生態系は不健全になるといえる．ところが生態系が劣化しその再健全化を図ろうとするとき，元のシステムの修復・再生（restoration）が理想的であるとしても一般的に難しく，機能回復（rehabilitation）を目指すのは一定の意味をもつものであり，また現実的な手法といえる．機能回復の視点では，生態系機能が大きい特定の種のバイオマス確保が効果的であり，またそうした種への生息場の提供あるいは必要な物質循環の場の確保が期待される．しかしこうした論理では機能的な種に突出した（生物多様性と相反する）生態系管理になりかねない．

生態系の健全性を議論するとき，生態系を総体として見ることが重要とされる．機能的側面だけでない．その軸として生物多様性の軸をとったのが図3.40である．生態系の健全さをこの2軸で形成される面で表現できるとすると，今日の生態系の劣化は図の矢印のように示され，先述のrestorationとrehabilitationの相違がこの図で明確化され，現実的戦略としてのrehabilitationが認識される．また，本章で述べた内容はその方向での生態系管理に資するはずである．

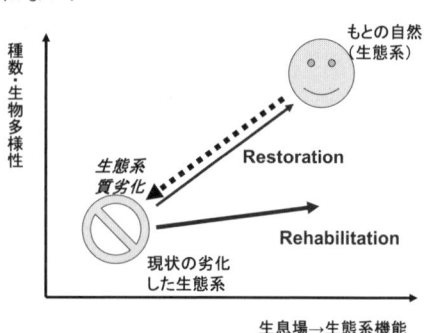

図3.40 restorationとrehabilitation

参 考 文 献

1) 中川博次，辻本哲郎：移動床流れの水理．新体系土木工学23，技報堂出版，1986．
2) 土木学会：水理公式集［平成11年版］．土木学会，713p，1999．
3) 黒木幹男，岸 力：中規模河床形態の領域区分に関する理論的研究．土木学会論文集，第342，87-96，1984．
4) 山本晃一：沖積河川学．山海堂，470p，1974．
5) 河川生態学術研究会木津川研究グループ：木津川の総合研究，2007．
6) Tsujimoto T.: Fluvial processes in streams with vegetation. *Jour. Hydraul. Res., IAHR*, **46**

(12) 789-803, 1999.
7) 辻本哲郎, 村上陽子, 安井辰弥：出水による破壊機会の減少による河道内樹林化. 水工学論文集, **45**, 1105-1110, 2001.
8) 鷲見哲也, 荻島 晃, 片貝武史, 辻本哲郎：砂州植生域の発達過程と植生の物理環境に関する研究, 河川技術論文集, **6**, 65-70, 2000.
9) Vannote R.L., Minshall G.W., Cummings K.W., Sedell J.R., Cushing C.E. : The river continuum concept. *Canadian Jour. Fisheries & Aquatic Sciences*, **37**, 130-137, 1980.
10) Constanza R., d'Arge R., de Groot R., Farbe S., Grasso M., Hannon B., Limburg K., Naeem S., O'Neill R.V., Paruelo J., Raskin R.G., Sutton P., van den Belt M. : The value of the world's ecosystem services and natural capital. *Nature*, **87**, 253–260, 1997.
11) US Fish and Wildlife Service: Habitat Evaluation Procedure (HEP). ESM101-103, Div. Ecological Service, Washington DC, 1980.
12) Bovee K.D.: A guide to stream habitat analysis using the instream flow incremental methodology. FWS/OBS-82/26/Coop. Instream Flow Service Group, US Wildlife Service, USA, 248p, 1982.
13) 田代 喬, 伊藤壮志, 辻本哲郎：生活史における時間的連続性に着目した魚類生息場の評価. 河川技術論文集, **8**, 277-282, 2002.
14) 生物の多様性分野の環境影響評価技術検討会：環境アセスメント技術ガイド生態系. 自然環境研究センター, 2002.
15) 辻本哲郎, 北村忠紀, 加藤万貴, 田代 喬：低撹乱礫床における大型糸状藻類繁茂のシナリオ. 河川技術論文集, **8**, 67-72, 2002.
16) 戸田祐嗣, 辻本哲郎, 池田拓朗, 多田隈由紀：砂河川における河床付着藻類の繁茂とそれによる水質変化. 河川技術論文集, **12**, 25-30, 2006.
17) 田代 喬, 加賀真介, 辻本哲郎：個体群動態モデルの生息場評価への導入に関する基礎的研究. 水工学論文集, **47**, 1105-1110, 2003.
18) 戸田祐嗣, 池田駿介, 浅野 健, 熊谷兼太郎：礫床河川における出水前後の高水敷土壌の変化に関する現地観測. 河川技術論文集, **6**, 89-94, 2000.
19) 片貝武史, 亀井丈志, 鷲見哲也, 辻本哲郎：木津川植生砂州における伏流水輸送と窒素動態. 河川技術論文集, **12**, 489-494, 2006.
20) Millennium Ecosystem Assessment: Ecosystem and human-being synthesis, Island Press, 2005.
21) 森 主一：動物の生態. 改訂第3版, 590p, 京都大学学術出版会, 2000.
22) 辻本哲郎：河川生態系の評価と保全・再生のための課題. 河川技術論文集, **12**, 19-24, 2006.

3.2.3 海岸の環境変化
a. 流砂系と漂砂系

　沿岸域で土砂移動が連続する一連の領域を漂砂系という．河川からの流出土砂が沿岸の土砂移動量に影響を与えている場合には，漂砂系は流砂系の末端に位置する．波や流れが卓越する沿岸域の底質は細砂より粗い成分で構成されることが多く，沿岸域の土砂環境も粒径0.1〜0.2 mm以上の細砂成分とそれより細かい

成分に分けて取り扱うことが多い．多くの海岸では，水深20 m付近より浅い海域は細砂より粗い成分で覆われており，この領域が波により底質が移動する領域になっている．そのため，海岸地形の観点から漂砂系を定義する場合には，水深20 m付近の波による移動限界水深までの領域を漂砂系とすることになる．もちろん陸域からの土砂流出は，より細かい成分を大量に含んでおり，これらは深海域に堆積して海域の地形や生態系に影響を与えている．陸域からの流出の影響範囲まで含めて漂砂系を考えればその範囲は沖へ拡大すると考えるのが自然である．

　海岸環境の最も基本的な基盤要素は地形である．海岸地形は波の変形や流れの発達を支配するため，防災の観点では波浪に対する海岸の防護機能を規定することになる．さらには，底質の変化を介して底生生物はもちろん高次生態系にも大きな影響を及ぼすうえ，海岸景観や海岸の利用形態にも本質的な影響を及ぼす．このように海岸地形は，防災，環境保全，利用のそれぞれの観点に共通の環境基盤要素である．海岸地形の特性を決めるのは沿岸の地質，海水準，来襲波浪，流れなどであるが，波や流れは幅広い時間スケールで変動するものであるため，海岸地形は常に変形し続けるのが普通である．その変形機構については次項で詳述するが，近年の調査によると海岸は侵食される傾向が強まっており，海岸侵食が世界的に深刻な問題となっている．新旧地形図の海岸線を比較した研究[1]によると，日本全国では毎年1.6 km^{2}の割合で砂浜が消失し続けていると報告されている．

　海岸侵食は様々な原因で生じるが，抜本的な対策が必要となる長期的な海浜変形を考えるうえでは，流域や沿岸域の人為的な改変とそれに伴う土砂移動特性の変化を把握することが大切である．静岡・清水海岸における侵食や皆生海岸の侵食はそれぞれ安倍川，日野川からの流出土砂量が減少したことが原因である．しかしながら，陸域から海岸へ供給される土砂量とそれが海岸の地形形成に貢献する寄与率については不明な部分が多く残されている．たとえば，土砂供給量の多い天竜川，大井川などの自然状態における流出土砂量は106 m^3/年のオーダーと見積もられている[2,3]が，河口周辺の海岸での沿岸漂砂量は多い所でも10^5 m^3/年のオーダーであり[4]，両者の間にはほぼ1オーダーの開きがある．また，日本全国の海岸における侵食土量は，先述の侵食面積に海岸の地形変化が生じる水深を乗じて10^7 m^3/年ものオーダーと見積もられる．その一方で日本は土砂生産の多い国で全国合計の生産土砂量は10^8 m^3/年のオーダーにも達していると見積もられている[2]．河川から海への土砂供給を世界的に整理したMilliman, Meade[5]

の研究では，東アジアおよび東南アジアにおける土砂生産量が全世界の70％程度にも達し，同地域の比流砂量は 10^3 m^3/(km^2・yr) のオーダーできわめて高い値となっていることが示されている．日本における比流砂量は，$10^2 \sim 10^3$ m^3/(km^2・yr) 程度であり，高温多雨な気候と急峻な国土を反映して世界的にも土砂生産の多いのが特徴である．世界のダム貯水池への堆砂量を推定したSyvitskiら[6]の最近の研究によると，貯水池堆砂により海への土砂供給が減少した量は14億t/yrと推定されており，ダム群建設前の状態に比べて約10％減少していることが示されている．とりわけ，アジア・アフリカ地域での減少量が大きく，このことはこれらの地域では土砂の移動を適正に制御することにより海岸侵食を効率的に解決できる可能性も大きいことを示している．

b. 表層堆積物の分析に基づく土砂動態の把握

河川流域と漂砂系を含む流砂系の土砂を適正に管理するためには，それぞれの土砂管理計画を合理的に接続することが重要となり，その実現には土砂の量と質の双方を対象とする総合的な観測や分析とそれらに基づく土砂管理計画の策定と実行が必要である．実際には数十年の期間では社会構造が大きく変化することが多く，経済成長過程が土砂の移動実態と堆積過程を大きく変えてしまっていることも多い．このような複雑な状況において土砂移動実態を科学的に分析するには，表層堆積物の量と質の分析が有効であり，いくつかの流砂系で調査事例の蓄積が始まっている．

沿岸域の表層底質の特性は，海岸過程を検討する際の基本的な指標の1つである．なかでも粒径は最も代表的な物理指標である．海岸の土砂は波の淘汰作用により粒径が比較的そろっていることが多く，中央粒径でその特性を代表できる場合が多いが，砕波点や前浜ではやや粗い底質が多くみられるうえ，河口周辺などでは広い粒度分布をもつ底質がみられることも多い．このように底質の粒度は波浪・海浜特性と相互に影響し合うため，その空間分布や時間変化を比較することによりさらに多くの情報を引き出すことができる．たとえば，粒径は漂砂の卓越方向に向けて小さくなるといわれており，粒径の大小から沿岸漂砂の卓越方向を推定することができる．海岸堆積物の鉱物組成も，漂砂源や漂砂の卓越方向などを推定する有効な指標となる．岬を回ると海岸の砂の色が変わることはよく経験するが，これは多くの場合漂砂源の変化を反映している．対象とする堆積物の特性に応じて分析手法は異なるが，重鉱物分析や岩石種の分析などがさらに有用な情報を与える．

図3.41は福山ら[7]の調査による湘南海岸を沿岸域とする流砂系の岩石種の分布であ

る．2002年6月から11月にかけてダム貯水池上流から海岸部まで合計50地点で採取した表層堆積物を分析したもので，各地点で約100個ずつ無作為に採取した粒径1〜5 cmの礫に焦点を当て，各地点における岩石構成比を円グラフで示してある．海岸部で採取した試料の分析結果は図の下段に左上から順に2列で描画してある．湘南海岸流砂系は，小田原から江ノ島に至る砂礫海岸と早川，酒匂川，相模川の主要3河川で構成される．同流砂系ではダムや堰などの河川横断構造物，漁港やヘッドランドなど多くの沿岸構造物が建設されている．また，相模川・酒匂川では1960年代を中心に大規模な土砂採取が実施されている．これらにより，流砂系の土砂動態が大きく変化し，海岸が全般的に侵食されるようになった．表層堆積物の分布をみると，早川からは箱根火山から供給される安山岩，酒匂川からは丹沢・足柄方面から供給される石英閃緑岩・緑色凝灰岩が特徴的に供給されており，これらの岩石を指標として各河川が流砂系の地形形成に果たす役割を検討することができる．特に安山岩と石英閃緑岩はそれぞれ早川，酒匂川で集中的にみられ，流域を代表する特徴的な岩石であるといえる．図3.41においても三保ダム上下流地点を比較すると，三保ダムを境に石英閃緑岩の割合が急に小さくなっており，三保ダムがさらに上流に分布する石英閃緑岩の運搬を遮断している可能性が示唆される．

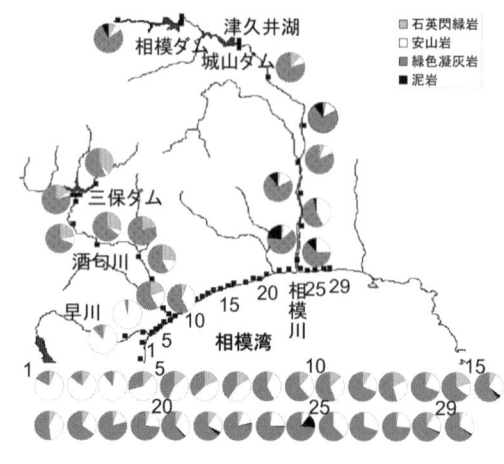

図3.42は，海岸における岩石種の分布について，福山ら[7]の調査を約40年前の調査である荒巻・鈴木[8]の結果と比較したものである．どちらの調査においても，主として早川から供給される安山岩と酒匂川から供給される石英閃緑岩は，それぞれの河川の河口付近で構成比が高く，東へ向かうにつれ徐々にその割合が小さくなっている．最大礫の大きさも西から東へ向かうにつれ徐々に小さくなることを確認しており，これらは漂砂の卓越方向が東向きであることを示している．ただし，福山ら[7]の調査では，酒匂川河口付近において石英閃緑岩や緑色凝灰岩の割合が小さくなり，安山岩などの割合が高くなっていることがわかる．これは，酒匂川からの供給土砂が減少し，海岸表層の底質に含まれる酒匂川由来の礫の割合が低くなったためと解釈できる．このように，海

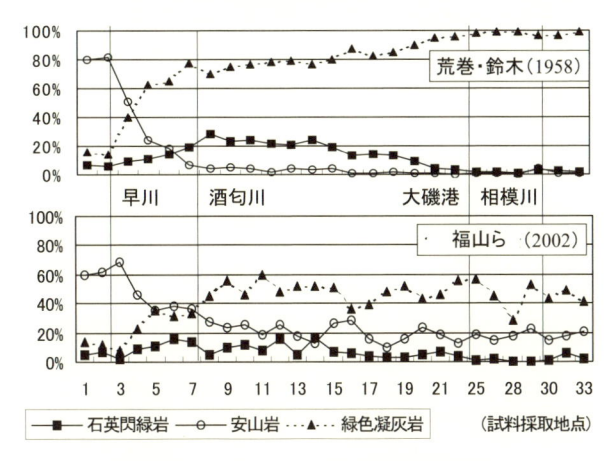

図 3.42 海岸における岩石構成比の比較

岸における土砂の質は流域や海岸における様々な人為改変の影響を受けてこの40年間に大きく変化していることが判明した．

対象流砂系の中でもとりわけ相模川においては相模ダムや各種取水堰の建設や土砂採取などの流域における作用に加え，導流堤や漁港の建設など河口周辺での人為的改変が大きく，河口周辺では図3.43に示すように河口砂州が上流側へ移動し，その規模も縮小している．砂州の存在は，汽水性の静穏な水辺の提供を介して回遊性魚類や鳥類をはじめ特徴的な生態系の涵養に貴重な役割を果たしているだけでなく，河川から流出する土砂を一時的に蓄える機能やみお筋を固定して河口の安全な利用を担保する機能など様々な機能を果たしており，その保全と再生は河口付近の環境保全を考えるうえで最も中心的な課題である．表層堆積物の質の調査は，流砂系の改変に対応する時間スケールでの長期的な土砂移動過程の把握に有用な情報を提供するため，本質的な対応策の検討を効率的に支援するものである．

海岸が砂で構成されている場合には，鉱物種に着目した分析が有効である．岩石種に比べて偏光顕微鏡を用いた同定など詳細な分析が必要であるが，分布が限られている重鉱物などを追跡すれば土砂移動の経路を推定でき，流砂系の改変に対応する数十年の時間スケールにおける土砂移動機構の変化を捉えることも可能である．梶村ら[9]，阿部ら[10]は福島県の鮫川・勿来海岸流砂系で表層砂の詳細な分析を実施した．勿来海岸は，両端を岬に挟まれた緩勾配のポケットビーチ状の砂浜海岸である．両端を岬で挟まれた弧状のポケットビーチでは波の屈折により砂浜への波当たりが弱くなるうえ，土砂移動が岬間で閉じ込められるため，地

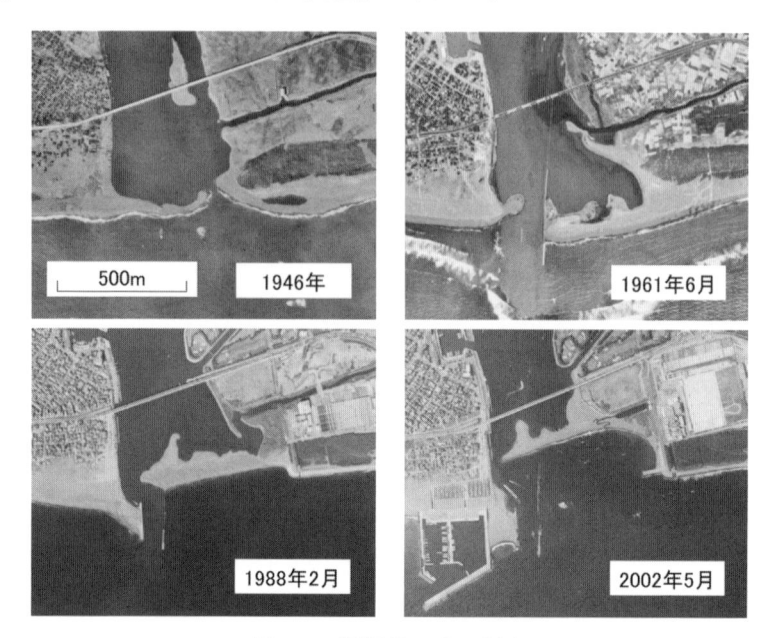

図 3.43 相模川河口部の変遷

形は比較的安定であるとされている．しかし，近年では侵食傾向にあるポケットビーチも多く，その原因は特定されていない場合が多い．中央北部に流れ込む鮫川とともに一連の流砂系を構成している勿来海岸はそのような海岸の一例であり，近年特に中央部での海岸侵食が深刻化している．ここでは，2000 年から 2002 年にかけて実施した一連の調査[9〜12)]に基づき，流砂系の土砂移動過程の変遷を議論する．

鮫川は阿武隈山系に源を発し，福島県南部を流下して勿来海岸に達する流域面積 600 km^2，流路延長 58 km の二級河川である．上流には 1962 年に高柴ダム，1984 年に四時（しとき）ダムが建設されている．河口左岸には発電所が建設されており，発電所からの温排水と河川水の分離を目的に 1982 年に河口仕切堤，1983 年に発電所排水の放水路が建設された．南端部の鵜ノ子岬周辺には勿来漁港，平潟漁港があり，1980 年代前半から沖合い防波堤を含む外郭施設の整備が進められている．さらに，海岸侵食を緩和するために，1970 年代から海岸最南部に順次離岸堤群が，1998 年には蛭田川河口と鮫川河口の中間に人工リーフが設置されている．

まず，深浅測量データを用いて土砂量の変化を分析した．図 3.44 は勿来海岸の水深約 15 m 付近までの総土砂量の経年変化を示したものであり，過去 20 年間で総土砂量

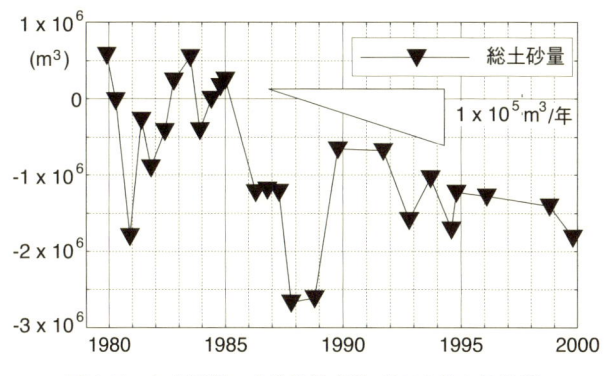

図 3.44 勿来海岸の土砂総量変化（1984 年 6 月基準）

は減少傾向にあり，系全体での土砂総減少量は 1 年当り 1.0×10^5 m^3 程度であることがわかった．また，鮫川の上流の 2 つのダムの貯水池堆砂量を示した図 3.45 から，2 つのダムを合わせ平均で 1.3×10^5 m^3/年 程度の堆砂が生じていることがわかった．この量は，海岸漂砂系全体での土砂減少量と同程度であり，ダムによる供給土砂の遮断が海浜過程に大きな影響を及ぼしていることが推論できる．しかし，ダムの建設とほぼ同時期に海岸南端部に位置する漁港の防波堤延伸，河口付近の中州からの土砂採取，河口仕切堤の建設などが実施されており，これらの影響が複合しているため，土砂量に基づく分析のみでは詳細な検討はできない．

鮫川流域上流には阿武隈変成岩帯が広がり，特徴的な鉱物として角閃石（ホルンブレンド）が分布している．したがって，流砂系堆積物に含まれるホルンブレンドの割合を分析すれば，上流域から運搬される土砂の影響を検討することが可能である．図 3.46 はダム上流から隣接海岸までを含む流砂系の様々な地点で堆積物のコア試料を採取し，ホルンブレンドと石英・長石の比を分析したものである．各地点の図で，縦軸は地表面からの深さ，横軸はホルンブレンドと石英・長石の数量比である．コア試料は最長で長さ約 1.5 m のものを採取したが，河口砂州では，約 10 m の深さまでの試料を分析した．それらを約 5 cm ごと

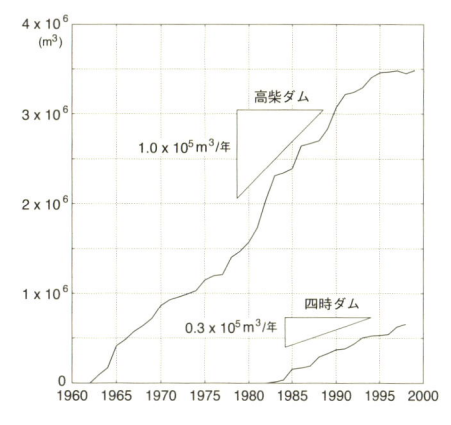

図 3.45 高柴・四時ダム貯水池の累積堆砂量

にスライスし，それぞれに含まれる約300個の粒子の鉱物種を分類した．

鮫川流域をみると，ダム上流ではホルンブレンドの割合が高いのに対し，1970年代の土砂採取後に堆積したと考えられる河口中州の試料ではホルンブレンドの含有率が少ないことがわかる．また，河口砂州では表層では含有率がさらに少なくなっているが，地中10.3 m地点にはホルンブレンドが多く含まれていることがわかる．地形測量データの分析や堆積物の年代測定により，河口中州表層は最近10年間程度の堆積物であり，地中約10 mの地点は数十年以前の堆積物であることがわかっているので，ダム建設前には河口付近までホルンブレンドが豊富に輸送されてきていたが，最近輸送されてくる土砂にはホルンブレンドがわずかしか含まれていないことがわかる．すなわち，ダム建

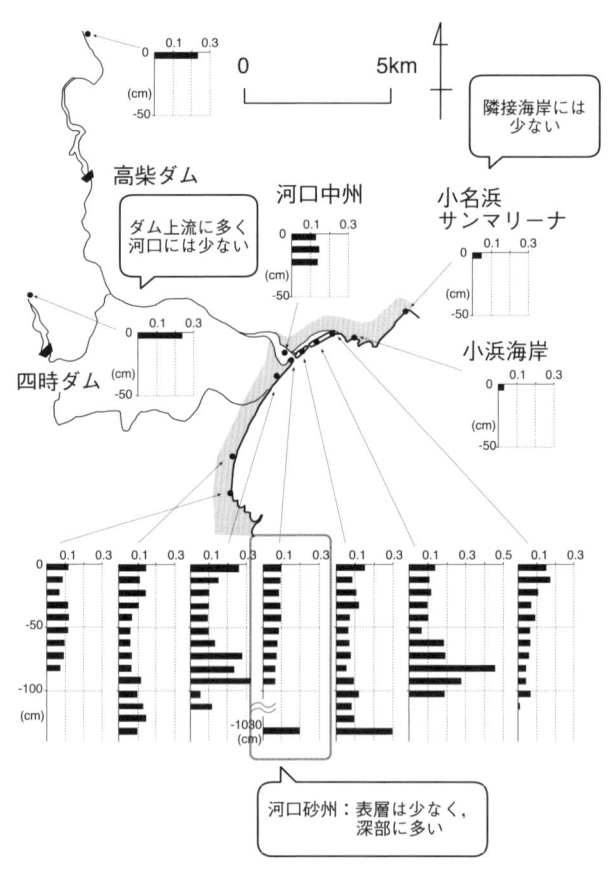

図 3.46 表層堆積物コア試料中のホルンブレンドと石英・長石の構成比

設の影響により河口周辺の土砂環境が量と質の双方で変化していることが確認された．

次にホルンブレンドの海岸での含有率をみると，勿来海岸全域に広く分布していることがわかる．一方，岬を超えて隣接する小浜海岸や小名浜サンマリーナ地点では含有率がきわめて小さくなっており，これらの地点では鮫川からの土砂の影響は限定的であると考えられる．勿来海岸域内についてさらに詳しくみると，河口砂州表層では海岸の他地点より含有率が少ない傾向がある．これは，近年の供給土砂の質の変化を反映しているものである．すなわち，鮫川からの供給土砂に含まれるホルンブレンドは近年減少しており，ホルンブレンドが少ない土砂が河口から徐々に海岸を覆い始めていることになる．このように流域の特徴を代表する指標を追跡することにより，土砂動態の変遷をより詳細に検討できることがわかる．

表層底質の分析に加えて堆積土砂層の分析も行えば，上に述べたような空間的な土砂輸送機構に加えて時間的な堆積過程の推定も可能となり，高波，洪水，津波などのイベントの影響や長期にわたる土砂移動環境の変化などを推定することができる．数十年スケールの年代推定では鉛 210 やセシウム 137 に注目した放射線測定が有効となることが多い．これは，放射性同位元素である鉛 210 の微細粒子がたえず地表に降り積もり続けていることなどを利用するものである．鉛 210 は半減期 22.3 年で次の崩壊物質に変化するため，堆積層の鉛 210 の含有量を知ればその層の堆積年代を推定でき，高波，洪水，津波などのイベントの影響や長期にわたる土砂移動環境の変化などを推定できることになる．

図 3.47 は，福島県いわき市の勿来海岸で採取した 6 本の鉛直コア試料に対する鉛 210 のガンマ線強度を示したものである．いずれも前浜で採取した長さ 1.5 m 程度のコア試料であり，河口部の試料に加えて岬周辺で波浪が穏やかで徐々に堆積が進んでいる北端部の試料が分析されている．縦軸は地表面からの深さ，横軸は 1 秒当りのガンマ線強度であり，その値が大きいほど新しい堆積層であることになる．勿来海岸には約 20 年前に河口位置が変更された鮫川が流入している．図に示したコアは，現河口砂州で採取した 1 本（図中○記号）を除いてすべて旧河口付近で採取されたものである．すなわち，旧河口付近では河

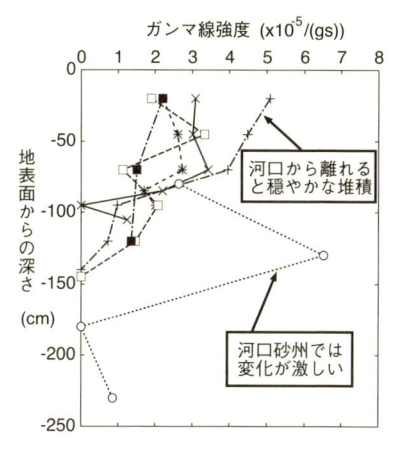

図 3.47 鉛 210 の自然放射能測定による堆積年代推定

口位置変更後緩やかな堆積が続いており，堆積厚さは現地盤より約1mにまで達していることが推定される．また，現河口砂州では放射線強度の変動が激しく，これは出水による地形変動が激しいことと対応している．このように，自然放射能を測定することにより数十年の期間にわたる海浜過程を推定でき，これらの情報は空中写真や深浅測量データと合わせて長期地形変形を推定するうえで有力な情報となる．このような土砂の質に関する調査を全国的に展開すれば，長期的な海岸過程に関する理解が飛躍的に進み，流砂系の環境保全の推進に資するものと期待される．

c. 土砂環境の変化と海岸の地形環境変化

前項で述べたように，海岸の変形は陸域からの流出土砂の増減と密接に関係している．そのため，海岸侵食の効果的な対策を講じるためには局所的な波や流れの状況だけでなく，流砂系全体の土砂移動の連続性を正しく把握して将来の環境変化により予測される地形変化を検討することが重要である．長期的な海岸地形変化は沿岸漂砂量の場所的不均衡によって生じる場合が多く，このような場合には海岸線の変形は汀線変化モデルで予測することができる．

図3.48は，汀線変化モデルで河口周辺の海岸地形の長期的な形成過程を計算したものである．河川からの土砂供給と波による沿岸漂砂のバランスにより地形が発達していく長期過程を単純化した条件で検討するため，海水準一定のもとで波浪が初期汀線に直角に入射するものとし，波浪の変形は無視した．また，河川からの供給土砂も平均的に一定割合で供給され続けているものと仮定している．供給土砂量を30万m^3/年とすると，1,000年間で延べ100 kmにわたる領域にほぼ平衡な河口デルタ地形が発達することがわかる．平衡地形の形状は河川からの供給土砂量に応じて変化し，波浪条件が同じでも供給土砂量が減少するとデルタの突出量は小さくなる．

近年の土砂環境の変化に伴う海岸地形環境の変化を検討するには，図3.48のようにデルタ地形が発達した状態を今から40年前の地形とみなし，その後40年間の変形を考えればよい．図3.49は，土砂供給量が変化しない条件で40年間の河口近傍の地形変化を示したものである．供給土砂量が変化しない場合には，ほとんど地形変化が生じないことが

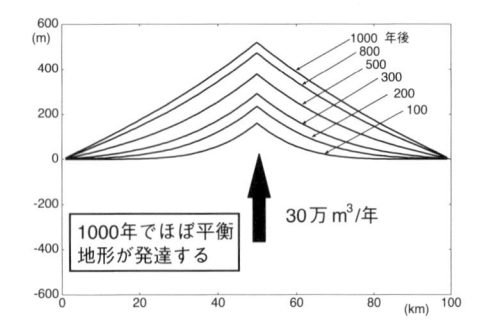

図3.48 河口デルタの形成（供給土砂量30万m^3/年）

確かめられる．このように，海岸地形が安定している状況では河川からの土砂供給と海岸での土砂移動がつり合い，「動的平衡」な状態が形成される．大きな地形変化が生じないので河川からの土砂供給の役割を忘れてしまいがちであるが，実はそれまでの1,000年間と同じ量の供給が継続していることを理解すべきである．

それでは，前項で見たように陸域からの土砂供給量が数十年スケールで大きく変化した場合にはその影響は海岸地形にどのような形で現れるであろうか．図3.50は土砂供給量が10万 m^3/年に減少した場合の20年間の地形変化である．少ない土砂供給量では（30万 m^3/年の供給土砂で1,000年間かけて形成された）初期地形は維持できず，河口地点から急速に侵

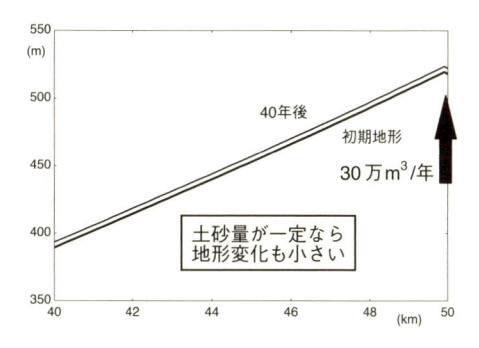

図3.49　河口周辺地形の変形

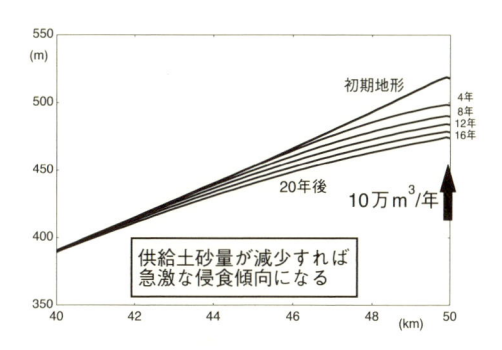

図3.50　河口周辺地形の変形（供給土砂量減少）

食が広がることがみてとれる．侵食は徐々に下手側へ拡大し，汀線の後退量は20年間で50 mを超えることがわかる．これは，10万 m^3/年の供給量に対する平衡状態である突出量の小さい地形に向かって新たな変形が始まることを示しており，特に変形が始まる初期段階では変化量が大きい．

沿岸域が高密度に開発されているわが国では図3.49のような侵食は直ちに深刻な事態となり，なんらかの対策が必要となる場合が多い．土砂供給の減少に伴い平衡地形が変化したことが侵食の原因であるから，その対策としては（1）少ない土砂供給量で安定させるよう海岸での漂砂量を減少させるか，（2）元々の平衡地形に対応した供給土砂量を確保するかの2通りが考えられることになる．

図3.51は，なんらかの海岸保全施設を導入して海岸での漂砂量を約半分に減少させた場合の地形の回復過程である．離岸堤で入射波浪を減衰させる場合やヘッドランドで海岸線を変形させ，入射波向きを制御することで漂砂量を減少

させる場合などがこれに対応している．海岸保全施設は，侵食量の大きい河口から 5 km の範囲のみに設置されたものと仮定している．また，図 3.52 は供給土砂量を 30 万 m^3/年に増加させた場合である．どちらの場合も一度侵食された領域が堆積に転じ，その堆積領域が河口から徐々に下手側へ伝播していることがわかる．これらの回復過程も対策の結果平衡状態が変化し，新たな平衡に向かって変形していく過程と捉えることができる．また，図 3.51 と図 3.52 を比較すると，構造物による対策の方が局所的な海浜の回復は早いが，下手側で新たな侵食を引き起こしていることがわかる．

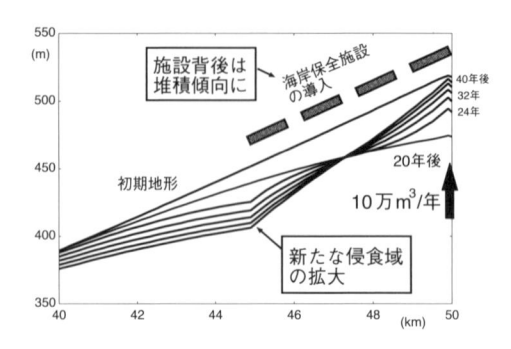

図 3.51 海岸侵食対策（施設の設置）

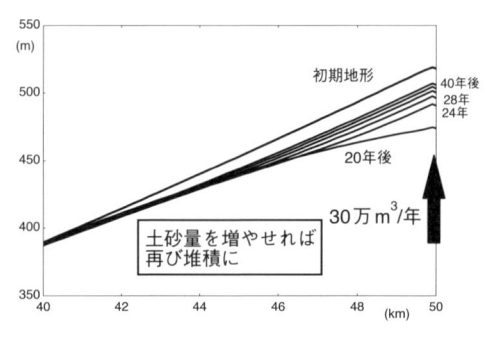

図 3.52 海岸侵食対策（供給土砂量の増加）

以上の例では河川からの土砂供給を想定して，河口デルタが土砂供給量の変化に敏感に応答することをみてきたが，ここで述べた一連の地形変化機構は他の侵食原因にも応用可能である．たとえば崖侵食対策により従来供給されていた土砂量が減少する場合には，河口地点を崖からの土砂供給地点に置き換えればよい．みなとの防波堤や河口の導流堤などの沿岸構造物で沿岸漂砂が遮断された場合には，遮断構造物の設置地点を河口に置き換えて供給量の減少に伴う下手側の変形を考えればよい．この場合には，「供給を増やす対策」は上手側に過剰堆積した土砂を下手側に運搬するサンドバイパスに対応することになる．このようにみればほとんどすべての海岸侵食を「新たな平衡地形に向かう変形」として解釈することができ，長期的な平衡地形の予測が海岸保全の最も本質的な情報であることがわかる．有効な海岸侵食対策を策定するためには，地先海岸の局所的な最適化を図るのではなく，流砂系の土砂収支の把握に基づき従来は境界条件として固定されがちであった土砂供給量の変化も視野に入れて検討することが重要であることが確認できる．

d. 混合粒径土砂の扱い

　海岸における底質は，波による淘汰作用の影響を受けて，粒径が比較的そろう傾向にあるが，岸沖方向には砕波点や汀線近傍に粗粒成分が集中する場合があるうえ，河口近くの海岸で十分に淘汰が進んでいない場合や養浜工が実施された海岸などでは，広い粒度分布の混合粒径砂がみられることがある．このような場合の海浜変形を予測するためには，波浪場における混合粒径砂の移動機構を理解する必要がある．陸域から漂砂系に供給される土砂は様々な粒径分布をもつことが多く，流砂系の土砂移動実態を記述するためには沿岸域においても混合粒径土砂の分析が必要となる．しかしながら，造波水路実験で細粗成分が混合する底質を用いて実験するには大型水路における大がかりな実験が必要であり，これまでに張ら[13]，田中ら[14]の実験的研究があるにすぎない．振動流装置によれば現地スケールに近い広い範囲の条件で精密な漂砂量の測定を行うことができるため，近年研究の進展が見られた．

　佐藤ら[15]は振動流装置において，非線形波の条件で細粗混合粒径砂の正味漂砂量を詳細に計測した．実験では，中央粒径 d_f=0.2 mm の細砂と中央粒径 d_c=0.8 mm の粗砂が用いられた．細砂の混合率 P_f を P_f=30, 50, 70, 100%の4種類に変化させ，周期 T=3s の非対称振動流を最大流速 u_{max}=1.2～2.0 m/s の範囲で装置内に発生させて合計18ケースの実験を行った．観測部中央における砂移動を計測対象とし，中央位置をはさんだ左右両側に同量の混合砂を入れ振動流作用後に左右両側から回収した砂をふるい分けし，細粗砂それぞれの質量を計測することにより，正味の漂砂量 Q（岸向きを正）が算出された．

　シートフロー状態の漂砂量については，均一粒径砂に対して広い条件範囲で適用性が確認されているものとして，Dibajnia・Watanabe[16]のモデルがある．同モデルは，半周期間の漂砂量を流速変動の自乗平均値を用いて評価し，底質の巻き上げ高さ $\varDelta$ を半周期間における底質の沈降距離（＝底質の沈降速度 w_s × 半周期の継続時間）と比較することにより，正味の漂砂量 Q を次式で評価するものである．

$$\varPhi = \frac{Q}{w_s d} = 0.0015\, \varGamma \cdot |\varGamma|^{-0.5} \tag{3.7}$$

$$\varGamma = \frac{u_c T_c\,(\varOmega_c^{\,3} + \varOmega_t^{\prime 3}) - u_t T_t\,(\varOmega_t^{\,3} + \varOmega_c^{\prime 3})}{(u_c + u_t)\,T} \tag{3.8}$$

ここで，u_c, u_t は岸向きおよび沖向き流速波形の rms 振幅，T_c, T_t は岸向き流

速,沖向き流速の継続時間である.また,Ω_c, Ω_t などは半周期間の土砂輸送量で,添字の c は岸向き輸送,t は沖向き輸送を表している.さらに,ダッシュつきの記号 Ω'_c, Ω'_t は,半周期間に沈降せず次の半周期で逆向きへ輸送される輸送成分を表している.これらの成分は,半周期間の底質輸送量を規定するパラメータ q_c および q_t を用いて次式のように表される.ここで添字の j は c または t であり,それぞれ岸向き,沖向き成分を表す.

$\omega_j < \omega_{cr}$ の場合,

$$\Omega_j = q_j, \quad \Omega'_j = 0 \tag{3.9}$$

$\omega_j > \omega_{cr}$ の場合,

$$\Omega_j = \frac{\omega_{cr}}{\omega_j} q_j, \quad \Omega'_j = \left(1 - \frac{\omega_{cr}}{\omega_j}\right) q_j \tag{3.10}$$

$$q_j = \omega_j T_j \sqrt{\frac{sg}{d}} = \frac{1}{2} \frac{u_j^2}{w_s \sqrt{sgd}} \tag{3.11}$$

ここで,s(=1.65)は底質の水中比重,g は重力加速度である.また,ω_j は巻き上げられた浮遊砂が沈降するのに要する時間と半周期間との比を表すパラメータで,次式で与えられる.

$$\omega_j = \frac{1}{2} \frac{u_j^2}{sgw_s T_j} \tag{3.12}$$

混合粒径底質に対しても各粒径の底質が独立に移動すると考えると,粒径階が $d=d_i$ で存在割合が P_i の底質の無次元漂砂量 Φ_i は,上記の式群の粒径に d_i を代入して無次元漂砂量 $\Phi(d_i)$ を計算し,

$$\Phi_i = P_i \Phi(d_i) \tag{3.13}$$

とすればよいことになる.図 3.53(a),(b)は上式による算定値(図中の線)を実測値(図中の記号)と比較したものである.同図より漂砂量の算定誤差が大きいことが確認され,粒径間の干渉効果が存在することがわかる.

定常流における混合粒径底質の移動では Egiazaroff[17] や芦田・道上[18] により研究が進められており,異粒径間の干渉効果により個々の粒径成分の移動限界摩擦速度が粒径 d_i と平均粒径 d_m の比の関数として変化することが知られている.

振動流条件でも同様の干渉効果が確かめられ，移動限界流速への影響に加えて表層に粗砂層が集積するアーマリングの影響や底質の巻き上げ高さに及ぼす影響などを取り込む必要がある．佐藤ら[15]は，浮遊砂濃度の鉛直分布や移動層のコア試料の分析などからDibajnia-Watanabeモデル[16]を改良する形で混合砂の漂砂量モデルを提案した．

広い粒度分布をもつ一般的な底質条件においても適用できる漂砂量算定式を構築するために，異粒径底質の干渉により半周期間の移動量が変化する効果と浮遊砂の巻き上げ高さΔが変化する効果を，粒径比d_i/d_mをパラメータとして次式のように定式化する．

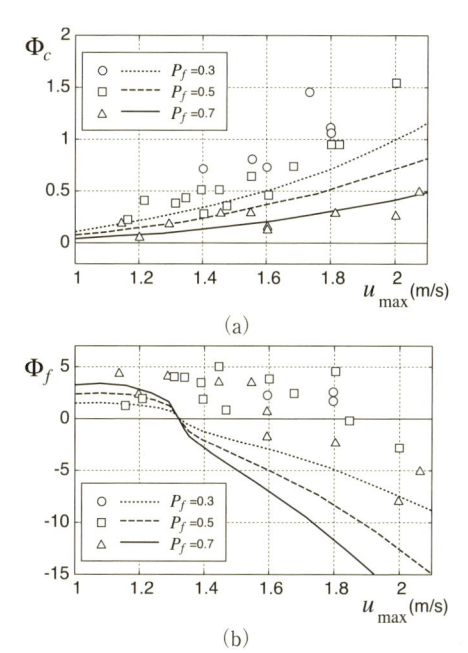

図3.53 (a)，(b) 混合粒径底質の粒径別漂砂量と均一粒径に対するDibajnia・Watanabeモデルとの比較

$$q_j' = q_j \cdot f_1\left(\frac{d_i}{d_m}\right) = q_j \cdot \left(\frac{d_i}{d_m}\right)^{0.5} \tag{3.14}$$

$$\Delta' = \Delta \cdot f_2\left(\frac{d_i}{d_m}\right) = \Delta \cdot \left(\frac{d_i}{d_m}\right)^{0.7} \tag{3.15}$$

と置け，このとき，Dibajnia-Watanabeの式におけるΩの評価は，
$\omega_j f_2 < \omega_{cr}$の場合，

$$\Omega_j = q_j \cdot f_1, \quad \Omega_j' = 0 \tag{3.16}$$

$\omega_j f_2 > \omega_{cr}$の場合，

$$\Omega_j = \frac{\omega_{cr}}{\omega_{cr} f_2} q_j f_1, \quad \Omega_j' = \left(1 - \frac{\omega_{cr}}{\omega_j f_2}\right) q_j f_1 \tag{3.17}$$

となる．式 (3.9)，(3.10) の代わりに式 (3.16)，(3.17) を用いれば，混合粒径砂の正味の漂砂量が評価できることになる．図 3.54 は，提案した算定式による粗砂，細砂それぞれの漂砂量を示したものである．図中の線は，記号で示された実測値の傾向を良好に表現しており，提案された式により漂砂量が粗砂，細砂ともに精度よく評価できることが確認される．

　沿岸漂砂量に対するモデル化は，沿岸漂砂量公式に粒径の影響を取り入れ，これを汀線変化モデルに含めればよい．田中・鈴木[19]は，沿岸漂砂量公式に底質の移動限界を表す項を導入し，同項を (d_i/d_m) に依存する形で表現することにより異粒径間の干渉を考慮した汀線変化モデルを提案した．また，熊田ら[20]は，沿岸漂砂量公式の係数が粒径の平方根に逆比例するとして，混合粒径底質の分級効果を考慮した汀線変化モデルを提案している．いずれも現地データによる検証が必要であるが，沿岸域での粒径の変化に関する現地データは十分な蓄積がなく今後データの取得とモデルの検証を進めていく必要がある．また岸沖漂砂を対象とし，実験データで検証された佐藤らのモデルとの関係についても今後の検討が必要である．

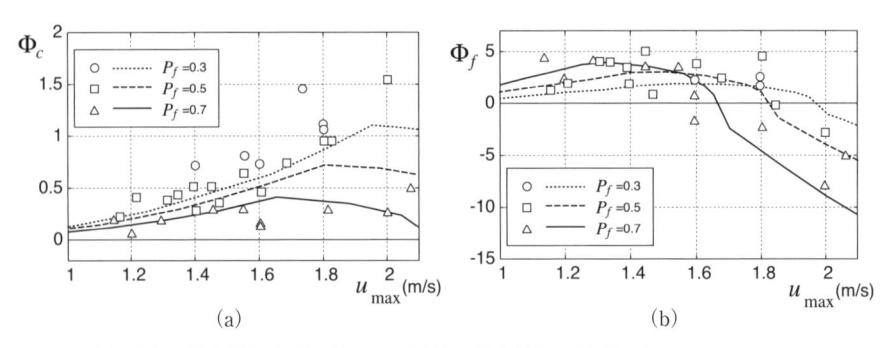

図 3.54 (a), (b) 混合粒径底質の粒径別漂砂量と混合粒径に拡張した Dibajnia・Watanabe モデルとの比較

e. 天竜川流砂系での検討事例

　天竜川 – 遠州灘海岸の流砂系を対象として，海岸保全の観点からみた総合的な土砂管理計画の検討が Torii ら[21]により行われている．これは，1 次元河床変動計算と熊田ら[20]の海浜変化予測モデルとを組み合わせることにより，ダム建設と土砂採取により土砂環境が大きく変化した流砂系における土砂動態の定量的予測を統一的に行う手法を提案したものである．天竜川 – 遠州灘海岸の流砂系は，河川が急勾配で，河床の主材料

3.2 土砂輸送のマネジメント

が礫（4.75 mm＜d≦100 mm）で構成されていること，および河口部や海岸を構成する主材料は砂（0.106 mm＜d≦0.85 mm）で構成されていることが特徴的である．したがって，河川と河口部・海岸を構成する土砂の粒径集団の平均粒径が2オーダー異なることになり，礫成分と砂成分が異なる流砂形態で河道を流下し，海岸まで運ばれている流砂系である[22]．土砂移動の計算に際しては，このような混合粒径土砂の流送特性を考慮する必要がある．

土砂移動の計算では，佐久間ダム下流から河口までについてまず1次元河床変動計算を実施し，その粒径別土砂量を河口部からの流入土砂として海岸部の混合粒径砂の分級過程を考慮した海浜変形予測を実施すればよい．天竜川の土砂特性を表現するには，砂成分と礫成分の2つの粒径集団は交換層で混合しないという考え方のもとでモデルの改良を行う必要がある．1次元河床変動計算の結果では河口からの流出土砂は，Q_{in}=131.7万 m³/年と推定され，そのうち海岸地形の形成に寄与する粒径0.2 mm 以上の成分は Q_{in}=83.3万 m³/年であった．この推定値は，約2万年前（最終氷期の最大海退期）以降に堆積した天竜川扇状地の総土砂量を算定した芝野ら[23]の研究の土砂量50万 m³/年とオーダー的には同じである．

海浜変形予測には，混合粒径底質の沿岸漂砂量を表現できる熊田ら[20]の計算モデルが用いられている．計算条件には遠州灘海岸の特性を考慮して，初期地形は1/75の平均海底勾配，波による地形変化の限界水深 h_c=10 m，入射波の砕波波高 H_b=1.7 m，周期 T=6s とした．海浜変形予測計算結果は，沿岸漂砂量，汀線変化量，粒度組成の空間

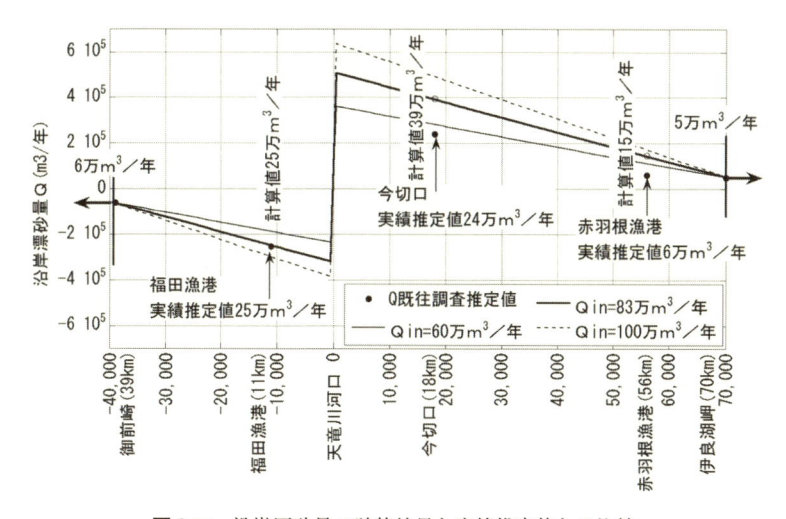

図 3.55 沿岸漂砂量の計算結果と実績推定値との比較

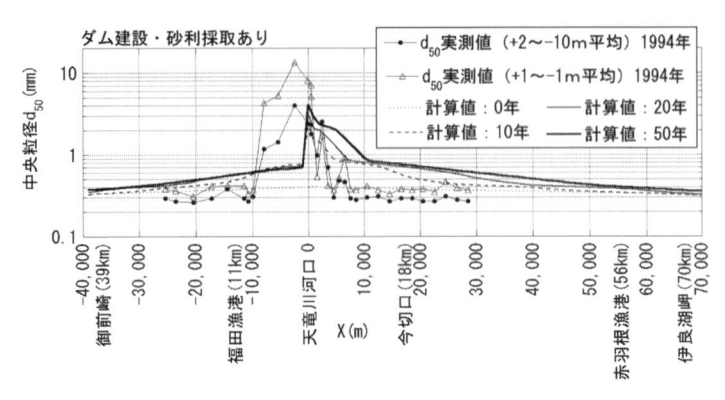

図 3.56 中央粒径 D_{50} の計算結果と実測値との比較

分布の面から検証した．沿岸漂砂量は，福田漁港，今切口，赤羽根漁港の3地点での既往研究[4]による沿岸漂砂量の実績値と比較した．この実績値は漁港防波堤などの沿岸構造物によって阻止された土砂量の経年変化より推定されたものである．実績値は，福田漁港を除けば1960～1970年代について求められている．図3.55に示すように計算結果の分布，実績値とも河口から遠ざかるに従って沿岸漂砂量が小さくなる傾向を示す．また計算結果は実績値の1～2倍の範囲にあり，ほぼ妥当と考えられる．粒度組成は実測データが十分にはないので詳細な比較はできないが，図3.56の計算結果によれば河口から海岸に向けて時間とともに粒径の粗粒化が進む傾向が計算されている．50年間の計算結果を実測値と比較すると，河口で粒径が最も粗く海岸の両端部に向かって粒径

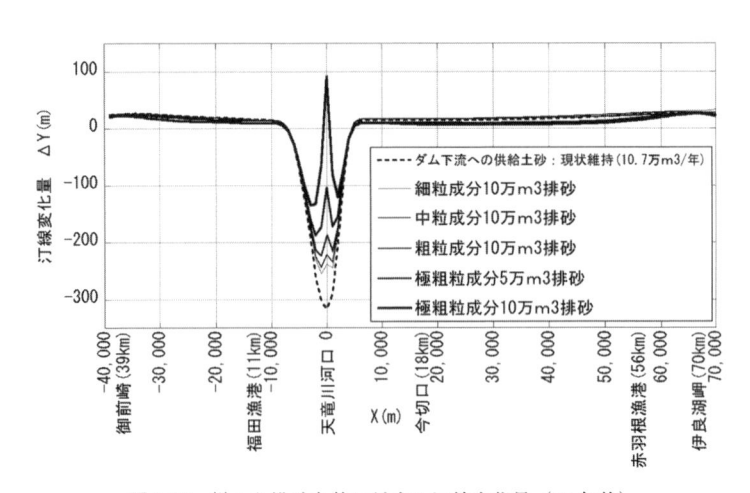

図 3.57 様々な排砂条件に対する汀線変化量（50年後）

3.2 土砂輸送のマネジメント

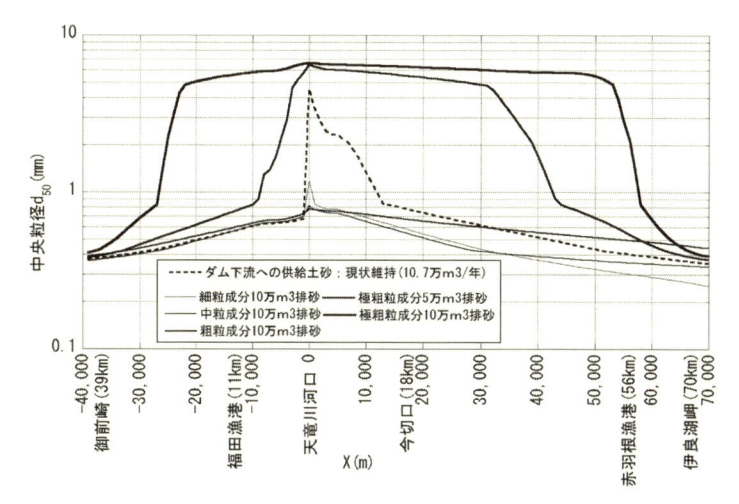

図 3.58 様々な排砂条件に対する中央粒径 D_{50} の変化（50年後）

が細かくなるという特性は一致している．

このように，過去のデータで検証された混合粒径土砂の移動モデルを用いれば，流砂系の土砂管理の具体的方策を検討することができる．天竜川－遠州灘流砂系では，佐久間ダム下流に土砂を供給した場合の河川および海岸における河床や海岸地形への影響が分析されている．その結果，粒径 0.85 mm 以下の土砂については，ダム下流へ供給すれば直ちに河口まで供給量と同じ粒径の土砂量が到達し，河道の平均粒径は土砂を供給しない場合とほとんど変わらないのに対し，粒径 4.75 mm 以上の極粗粒分の土砂は供給すると河床に堆積するだけで 40 年間経過しても河口へ到達することはなく，河床の上昇や粗粒化などを引き起こすことなどが確認された．

下流部へ土砂を供給した場合には，海岸環境に影響が現れる．Torii ら [21] の検討では，河口部に土砂を直接投入した条件で，投入土砂量や粒径を様々に設定した場合の海岸部での汀線変化（図 3.57）と中央粒径 D_{50} や粒度構成の空間分布（図 3.58）の変化が分析されている．その結果，河口部の汀線を維持するためには細粒成分では 40 万 m^3/年の土砂投入が必要であるが，極粗粒成分では 7.5 万 m^3/年で済むことが示されている．また，中央粒径 D_{50} の空間分布の変化を沿岸域方向の分布でみた場合，細粒，中粒ならびに粗粒分は 10 万 m^3/年程度の土砂投入量で河口部を中心に細粒化に向かう傾向にあり，投入量の増加により要因なしの状態の中央粒径 D_{50} の沿岸方向分布に近づく．しかし，極粗粒分は 5 万 m^3/年程度の土砂投入量でも河口部を中心に現況よりも粗粒化に向かう傾向にある．代表粒径の含有率を沿岸方向での分布でみた場合も，投入量の増加により細

粒，中粒ならびに粗粒分を投入した場合には細粒化，極粗粒分の場合には粗粒化の傾向を示す．

このように，河川流域および海岸漂砂系のそれぞれで混合粒径土砂の移動モデルを構築することにより流砂系の環境変化を予測することができ，ダム貯水池からの土砂排出などの土砂管理施策の有効性を検討することができる．しかしながら，モデルの妥当性に関しては特に粒径分布の現地実測データが少ないために，十分検証されたとはいいがたい．土砂環境の復元施策を実施しながら，土砂の量と質のモニタリングを継続することが肝要である．

参考文献

1) 田中茂信，小荒井 衛，深沢 満：地形図の比較による全国の海岸線変化，海岸工学論文集，**40**, 416-420, 1993.
2) 芦田和男，高橋 保，道上正規：河川の土砂災害と対策 — 流砂・土石流・ダム堆砂・河床変動 —. 森北出版，防災シリーズ5, 260p, 1983.
3) 斎藤文紀，池原 研：河川から日本周辺海域への堆積物供給量と海域での堆積速度．地質ニュース, 452号, 59-64, 1992.
4) 宇多高明：日本の海岸侵食．山海堂，442p, 1997.
5) Milliman J.D., Meade R.H. : World-wide delivery of river sediment to the oceans. *The Journal of Geology*, **91**(1), 1-21, 1983.
6) Syvitski J.P.M., Vörösmarty C.J., Kettner A.J., Green P. : Impact of humans on the flux of terrestrial sediment to the global coastal ocean. *Science*, **308**, no.5720, 376-380, 2005.
7) 福山貴子，松田武久，佐藤愼司，田中 晋：湘南海岸流砂系の土砂動態と相模川河口地形の変化．海岸工学論文集, **50**, 576-580, 2003.
8) 荒巻 孚，鈴木隆介：海浜堆積物の分布傾向から見た相模湾の漂砂について．地理学評論，**35**(1), 17-34, 1958.
9) 梶村 徹，佐藤愼司，中村匡伸，磯部雅彦，藤田 龍：鮫川・勿来海岸流砂系の土砂動態と長期海浜過程．土木学会論文集，No. 691/II-57, 121-132, 2001.
10) 阿部真人，佐藤愼司，磯部雅彦：鮫川・勿来海岸流砂系における土砂動態の長期的変遷に関する研究．海岸工学論文集，**50**, 561-565, 2003.
11) 藤田 龍，熊谷隆宏，佐藤愼司，磯部雅彦，梶村 徹：勿来海岸における波・流れと土砂移動機構に関する現地観測．海岸工学論文集，**48**, 651-655, 2001.
12) 阿部真人，福山貴子，佐藤愼司，磯部雅彦，熊谷隆宏：鮫川河口砂州の変形と勿来海岸の地形変化過程に関する現地観測．海岸工学論文集，**49**, 531-535, 2002.
13) 張 達平，佐藤愼司，戸崎正明，田中茂信：混合砂海浜の断面変形と粒径別漂砂量に関する実験的研究．海岸工学論文集，**43**, 461-465, 1998.
14) 田中正博，井上 亮，佐藤愼司，磯部雅彦，渡辺 晃，池野正明，清水隆夫：2粒径混合砂を用いた大型海浜断面実験と粒径別漂砂量の算出．海岸工学論文集，**47**, 551-555, 2000.
15) 佐藤愼司，田中正博，樋口直樹，渡辺 晃，磯部雅彦：混合砂の移動機構に基づくシートフロー漂砂量算定式の提案．海岸工学論文集，**47**, 486-490, 2000.
16) Dibajnia M., Watanabe A. : A transport rate formula for mixed-size sands. *Proc. 25 th Int. Conf. on Coastal Engineering*, 3791-3804, 1996.

参考文献

17) Egiazaroff I.V. : Calculation of nonuniform sediment concentration. *Proc. ASCE, J. Hydraulic Division*, **91**, HY 4, 225-246, 1965.
18) 芦田和男,道上正規:混合砂礫の流砂量と河床変動に関する研究.京都大学防災研究所年報,14-B, 259-273, 1972.
19) 田中　仁,鈴木　正:海浜粒度組成変化の予測モデル.海岸工学論文集, **45**, 511-515, 1998.
20) 熊田貴之,小林昭男,宇多高明,芹沢真澄,星上幸良,増田光一:混合粒径砂の分級過程を考慮した海浜変形予測モデルの開発.海岸工学論文集, **49**, 476-480, 2002.
21) Torii K., Sato S., Uda T., Okayasu T. : Regional sediment management based on sediment budget for graded sediments – A case study of Tenryu watershed and Enshu-nada Coast. *Proc. 29 th Int. Conf. on Coastal Engineering*, **3**, 3110-3122, 2004.
22) 松尾和巳,藤田光一,小藪剛史:河道縦断形と河床材料縦断変化についての全国分類.土木学会第54回年次講演会, 330-331, 1999.
23) 柴野照夫,土屋義人,富谷　雄,山本武司:天竜川扇状地と遠州灘海岸の形成.京都大学防災研究所年報, 31-B-2, 775-791, 1988.

4
物質輸送と生態系のマネジメント

4.1 物質輸送のマネジメント

　水質成分の流出源がどこであり，どのように輸送されてきたものかを把握することは，下流域の河川や湖沼の水質制御，水域管理を行うための最も重要な基礎事項である．しかし，流出源を特定することは容易ではない．たとえば，揮発性が低く新規に開発された農薬で水田にしか使用されない物質であれば，流出源は流域の水田であろうことは容易に推測できるが，揮発性が低い等の条件をいくつか付けたことからもわかるように，このように特定できる場合はほとんどない．揮発性が高い物質では，他の流域で使用されたものが大気に移行し湿性降下物あるいは乾性降下物として流域に流入した可能性もある．北極の氷から，そこで使用されていない難分解性の化学物質が検出されるのがよい例である．また，富栄養化の要因物質である窒素やリンのように，流出源が農耕地，工場排水，下水処理場排水等複数存在する水質成分では，その流出源がわかるような分析手法がない．

　このように，対象とする物質が，どこからどのように輸送されてきたかを明らかにすることは非常に難しく，また水質成分の流出源を区別する手段がほとんどの場合はないため，ある地点で濃度や負荷量を測定しただけでは流出源や流出源別の流出負荷量の比率を特定することはできない．本節では，水に含まれる成分として有機汚濁物質，富栄養化の要因物質である栄養塩，微量化学物質の代表例として農薬を取り上げ，その流出源，流出特性とマネジメント手法について解説する．

4.1.1　水質成分の流出源

　河川のある地点を通過する物質は，様々な流出源から流出している．表4.1には，流域の水環境保全のために管理が必要と考えられる水質成分と流出源の関係を示

表 4.1 管理が必要な水質成分項目と流出源

水質項目	面源 非特定汚染源					点源 特定汚染源	
	乾性沈着 湿性沈着	森林	水田	畑地 果樹園	市街地	工場 下水処理場	畜産
有機物質 (BOD, COD, TOC)		△	○	○	○	○	○
栄養塩（窒素，リン）	○	○	○	○	○	○	○
金属	△	△	△	△	○	○	△
農薬	△		○	○	△		
その他化学物質	△		△	△	○	○	

○：管理が必要，△：管理が必要な場合あり

した．この表で○印をつけているところは流出負荷量が多くマネジメントの必要があり，△印をつけているところは場合によってはマネジメントの必要がある．

流出源は，大きくは点源と面源に区分される．点源はポイントソース，特定汚染源とほぼ同義語として用いられている．面源はノンポイントソース，非特定汚染源ともいわれるが，最近は面源からの汚濁物質の流出に関して国際的にはディフューズポリューション（diffuse pollution）が使用されるようになってきている．点源は工場や下水処理場等流出源が特定できるものであり，面源は森林，農耕地，市街地等流出源が特定できずに面的な広がりをもっている．

水質成分を基準にして表 4.1 をみると，有機汚濁物質は降水や森林からの流出が問題になることは稀であり，流出源としては工場，家庭，農耕地，市街地等が対象となる．栄養塩に関しては，有機汚濁物質の対象となる流出源に降水や森林も加わる．水銀やカドミウム等の公害を引き起こした金属類は工場が流出源であるが，水生生物の保全に係る基準項目として 2003（平成 15）年に追加された亜鉛では，農耕地や畜産施設からの流出も考えられる．また，流域に火山や温泉がある場合は森林地域からも流出する可能性もあるし，揮発性の高い水銀では大気によって運ばれ降下物として流域に沈着する経路もある．農薬については通常は農耕地のみを考えればよいが，ゴルフ場や家庭，公園等で使用されたものが流出する場合もある．他の化学物質では，用途により工場や市街地等，その流出源も広範囲にわたる．

このように，ある水質成分をターゲットとしてマネジメントするには，まず排出される可能性のある流出源をすべて考えて，そのうちの主要な流出源を特定する作業が必要になる．ある地点の窒素濃度が高くその上流域に市街地があればそ

こから流出していることを疑いたくなるが，それより上流の森林の出口で既に濃度が高い場合も考えられる．一般には森林から流出する渓流水の窒素濃度は低いが，後で述べるように高濃度の流域もある．残念ながら地質や植生のような容易に入手可能な統計データから濃度を類推する手法はなく，測定してみないとわからないのが現状である．そのため，上流のどの地点から濃度が高くなっているかの現地観測を行わないと流出源を特定できない．

また，表 4.1 には時間の概念を入れていないが，濃度や流出負荷量は時間による変動が非常に大きいことも流出源の特定を難しくしている要因の 1 つである．水田散布農薬では使用される時期が限られているため，河川への流出期間が短く，流出時期に測定しない限り検出されることはほぼない．秋季や冬季に測定して検出されないことからその農薬は河川へは流出しないとはいえない．また，降雨に伴う流量増大時のみに流出する流出源や水質成分もあれば，毎日一定量が流出する場合もある．栄養塩に関しても降雨時に濃度が高くなることが知られてきているが，逆に濃度が低くなる場合もあり，その流出特性は流域の状況や主な流出源によって異なり複雑である．

4.1.2 各水質成分の概要と流出源
a. 有機汚濁物質
1) 有機汚濁物質の概要　　有機汚濁物質についてはいくつかの指標が使用されており，その違いを理解しておくことが重要である．わが国の環境基準は，河川では BOD（生物化学的酸素要求量，biochemical oxygen demand），湖沼，海域，排出基準では COD（化学的酸素要求量，chemical oxygen demand）が用いられている．水道水質基準は COD とほぼ同様な測定方法の過マンガン酸カリウム消費量が用いられていたが，2004（平成 16）年の改正で TOC（全有機炭素，total organic carbon）が用いられることになった．

BOD は，5 日間培養しバクテリアが有機物質を分解するときに消費する酸素量を測定する手法である．このため，バクテリアが分解できない有機物質は測定できない．逆にアンモニアや亜硝酸を酸化する硝化によっても酸素が消費され，この硝化に利用された酸素も BOD には含まれる．このため，BOD を有機物の分解による C-BOD と硝化による N-BOD に分ける場合もある．C-BOD は硝化抑制剤を添加して測定し，N-BOD は硝化抑制剤を添加しなかった場合の BOD と C-BOD の差で求める．河川によっては，N-BOD が BOD の半分以上を占める場合もあり，BOD と C-BOD の区別は重要である．現在 BOD と C-BOD が混在し

て用いられており，C-BOD を単に BOD として示されることもあり，公表されたデータを用いる場合にその値がBODかC-BODかに注意する必要がある．また，バクテリアを死滅させたり活性を低下させる物質が混入した場合も，その測定原理から BOD の値はゼロになるか低くなる．

COD は酸化剤を用いて化学的に酸化させる手法であるが，用いる酸化剤には重クロム酸カリウムと過マンガン酸カリウムの2種類があり，区別して表示する場合は COD_{Cr}, COD_{Mn} の表記が用いられる．重クロム酸カリウムは酸化力が強く，どのような種類の有機物もほぼ100% 酸化するが，過マンガン酸カリウムは酸化力が弱く，重クロム酸カリウムよりも低い値になる．世界的には COD_{Cr} が主流であるが，わが国を含めて極少数の国が COD_{Mn} を採用している．このため，区別されずに単に COD として記載されている場合や他国の値と比較するときには十分注意が必要である．

TOC は，有機物質中の炭素を二酸化炭素に変えて直接炭素量を測定する手法である．二酸化炭素への変換方法で，湿式酸化と乾式酸化の2種類の手法が存在する．

このように，有機物質の指標は複数存在し，酸素消費量で表す指標や炭素量で表す指標が混在している．単物質の有機物質であれば指標間に相関関係が認められるが，通常，湖沼水や河川水には多種類の有機物が異なる存在比率で含まれているため，他の値から換算することはできない．

2) 有機汚濁物質の流出源　1950～60年代の高度成長期には産業が発展し，都市部に人口が集中したことから河川の有機汚濁物質濃度が上昇し魚がすめない「死の川」が日本のいたるところにみられるようになった[1]．このため，1967年に公害対策基本法，1970年には水質汚濁防止法が制定された．この時期の水質濃度の記録は少ないが，たとえば手賀沼に流入する大堀川では1969～1971年のCODの年平均値は 32～60 mg/l であり，非常に汚濁が進行していた[2]．その後，下水道の整備，排水規制の強化などにより河川の有機汚濁物質濃度は低下し，BODの平均濃度で 10 mg/l を超える地点はほとんどなくなっている．

汚濁が進行していた時期には主な流出源は工場や家庭からの流出と考えてもよかったが，濃度が下がった現在の主な流出源は河川によって異なり，農耕地，畜産排水，市街地，工場排水等が考えられる．また，有機物質の中身も変化してきており，難分解性の有機物質濃度が琵琶湖や霞ヶ浦等の湖沼で高くなってきている[3]．

b. 栄養塩

1) 栄養塩の概要　湖沼や海域で藻類が異常増殖する富栄養化が問題となり，その解決のために栄養塩の流出負荷を削減する政策が行われている．藻類の増殖には多種類の栄養塩が必要であるが，水中では窒素とリンが制限栄養塩になりやすいため，窒素とリンの規制が行われている．栄養塩に関する環境基準は，全窒素，全リンである．

窒素の形態は，無機イオンとしてアンモニア態窒素（NH_4-N），亜硝酸態窒素（NO_2-N），硝酸態窒素（NO_3-N）があり，これらの合計は全無機態窒素（TIN）になる．TINに溶存態の有機態窒素（DON）等を加えた溶存態窒素（D-N）と懸濁態窒素（P-N）を合わせて全窒素（T-N）となる．

リンは，溶存態のリン酸態リン（PO_4-P），溶存態リン（D-P），懸濁態リン（P-P）に区別されることが多い．懸濁態リンには，土壌等に吸着したリンや，カルシウムやマグネシウムと結合したリン，有機態リン等が含まれており，それらの形態によって富栄養化への寄与は異なると考えられている．このため，生物利用可能性リンが重要だとの考えもあるが，現状ではその測定方法が十分確立されているとはいえない．また，環境基準では全リンの分解・抽出に過硫酸カリウム分解法が用いられているが，土壌の分野ではフッ化水素酸・硝酸分解抽出法等，より強力な酸化剤を用いた抽出方法が用いられている．このため，過硫酸カリウム分解法の全リン濃度は，特に降雨時など土砂が流入した場合には水中に含まれている全てのリン濃度を表しているわけではない．

2) 栄養塩の流出源　降水はきれいと思われがちであるが，降水に含まれる栄養塩濃度は意外に高濃度である．兵庫県での観測例[4]を表4.2に示すが，全窒素は湿性降下物で0.54 mg/l，乾性降下物も含めると1.1 mg/lになり，最も高い環境基準値である湖沼のV類型，海域のIV類型の1 mg/lと比較してもかなり高い値である．このことは，もしプールに降水のみをためた場合，環境基準を満たせないことを意味している．また，乾性降下物がないとした場合でも，高度処理をして水道水に用いることが可能な水道3級の基準である0.4 mg/lを満たさないことになる．これに対して全リンは湿性降下物で0.005 mg/l，乾性降下物も含めると0.008 mg/lであり，湖沼の環境基準のI類型0.005

表4.2　大気降下物中の窒素，リン濃度の観測例（神戸市：文献4）より作成）

	全窒素 (mg/l)	全リン (mg/l)
湿性降下物	0.54	0.005
全降下物 （湿性沈着＋乾性沈着）	1.1	0.008

mg/l と比較してもそれほど高い値ではない．なお，全窒素は都市域や工業地帯で高く，離島や都市域から離れた場所で低い値となり，自動車や工場から排出された窒素酸化物が起源と考えられている．

　森林域を通過した渓流水の全窒素は降水より濃度が低くなり 0.3 mg/l 程度のところが多く，湖沼のⅢ類型を満たすようになる．全リンは 0.01 mg/l 程度となり，降水よりは高くなるものの湖沼のⅡ類型の 0.01 mg/l と同程度になる[5]．ただし，窒素については，2 mg/l を越える渓流水もみつかっている．この原因については森林域の窒素飽和説[6,7]等が提唱されているが，不明な点も多く残っている．Hurbbard Brook での研究では栄養塩の蓄積量は窒素が 1,758 kg/ha，リンが 165 kg/ha に対して，流出量は窒素が 4 kg/（ha・yr），リンが 0.02kg/（ha・yr）[8]と蓄積量と比較して非常に少なく，少しの環境変化で流出濃度や流出負荷量が異なることが考えられる．また，降水時に土砂成分が多く流出するような流域では懸濁態リン濃度が高くなることで，全リン濃度が高くなる場合もある．さらに，富士山麓の湧水では高濃度のリンも検出されている[9]．このように，流域の上流部で土地利用が森林のみの単純な系であってもその流出濃度は大きく異なる．

　中流域や下流域になると市街地，農耕地，工場が点在するため，流出源が多数存在しその流出特性はより複雑になる．農耕地や市街地を通過した後の下流域では全窒素や全リンの濃度が高くなることが一般的である．

c. 化学物質

1) 化学物質の概要　化学物質は，通常，人工的に合成された物質がイメージされるが，法律によっても定義されている．「化学物質の審査及び製造等の規制に関する法律」（化審法）では，「この法律において化学物質とは，元素又は化合物に化学反応を起こさせることにより得られる化合物（放射性物質及び次に掲げる物を除く．）をいう．」と定義されているし，「特定化学物質の環境への排出量の把握等及び管理の改善の促進に関する法律」（PRTR 法）では，「この法律において化学物質とは，元素及び化合物（それぞれ放射性物質を除く．）をいう．」と定義されている．化審法では化合物のみを化学物質と定義しているのに対して，PRTR 法では元素も化学物質とみなしている．このため，公害で問題となった銅，水銀，カドミウム等の金属類が含まれることになる．水の環境基準では「人の健康の保護に関する環境基準」に金属類，半導体の洗浄工程やクリーニング店で用いられ地下水汚染で問題となったトリクロロエチレン等の有機塩素系化合物，農薬等が含まれている．

PRTR法の対象物質が354種類と化学物質の種類は非常に多い．また，毎年新しい化学物質が開発されるし，逆に製造が中止される化学物質も存在する．さらに，流域によって環境中に放出される化学物質が大きく異なることも特徴である．

2) 化学物質の流出源　PRTR法で定義される化学物質は自然界に存在するものもあるが，人為的に排出されるものが多い．人為的に排出されるものについては，その流出源を特定することはある程度は容易である．たとえば，農薬としてのみ使用される化学物質であれば登録時に適用作物が明示されており，それ以外の作物には使えないため流出源は限られる．しかし，亜鉛では，亜鉛めっき，自動車のタイヤ，農薬等に広く用いられており，その流出源の特定は困難である．

なお，わが国では，PRTR法制度が2002（平成14）年度からスタートし，環境に影響を及ぼす可能性のある354物質を対象として，環境中への排出量と移動量が毎年公表されている．排出先は大気，公共用水域，土壌，埋立てに，移動先は廃棄物と下水道に分けられ，それぞれの年間の排出量，移動量が都道府県別に集計され，環境省のホームページで詳しく公表されている．この集計には，届出事業所からの排出に加えて農業等の非対象業種，家庭，自動車等の移動体，届出の必要がない排出量が少ない対象業種についても排出量を推計しており，おおよそのこれら対象物質の排出量，移動量を網羅している．

4.1.3 水質成分の流出特性

1) 栄養塩の濃度変化の観測例　図4.1と4.2には，茨城県の霞ヶ浦流入河川である恋瀬川の支川で4月から6月に毎日から週1回の間隔で観測した栄養塩の濃度変化を示す．栄養塩濃度は未濾過試料を測定した全窒素(T-N)，全リン(T-P)と濾過水を測定した溶存態窒素（D-N），溶存態リン（D-P）を示しており，この差がそれぞれ懸濁態窒素（P-N），懸濁態リン（P-P）になる．数回T-P濃度が高くなっているが，この観測時は降雨に伴う流量増大時で，流域から土砂成分が流出し，普段透明な河川が茶色く濁っていた．懸濁物質はリンを多く含んでおり，そのためにP-P濃度が高くなりそれに伴ってT-P濃度も高くなっている．これに対して窒素では，流量安定時にはD-Nで流出する割合が高く，T-P濃度が高くなった流量増大時にP-N濃度も高くなるが，T-P濃度ほど極端にT-N濃度が高くはならない．

図4.3と4.4には，同様に恋瀬川の支川での一雨降雨の最初から流量が元に戻るまでの降雨時の観測例を示した．D-N濃度は流量増加時に若干増加し，降雨終了後も濃度に変化がみられなかった．流量増加時にP-N濃度が高くなることで，

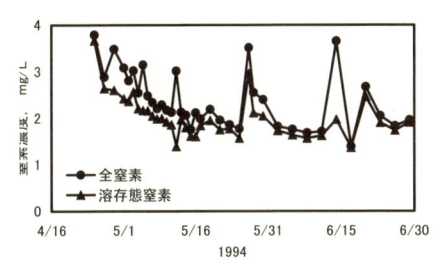

図 4.1 河川における窒素濃度変化の観測例（恋瀬川支川）

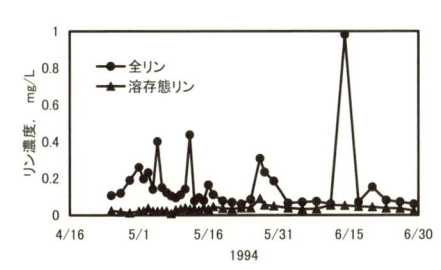

図 4.2 河川におけるリン濃度変化の観測例（恋瀬川支川）

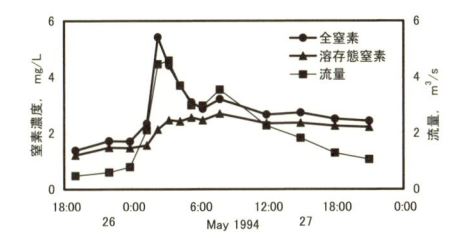

図 4.3 降雨時の窒素濃度変化の観測例（恋瀬川支川）

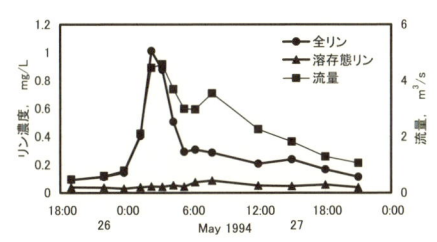

図 4.4 降雨時のリン濃度変化の観測例（恋瀬川支川）

T-N 濃度は高くなっている．リンはさらに顕著で流量増大時に T-P 濃度が高くなっている．

図 4.5 には茨城県涸沼川での 2 年半にわたるほぼ週 1 回の T-P 濃度の観測例を示したが，同様に流量増大時に濃度が高くなっている．最小濃度は 0.016 mg/l，最大濃度は 1.15 mg/l であり，おおよそ 100 倍の違いがある．

2) 農薬の濃度変化の観測例　　水田散布除草剤の濃度変化の恋瀬川流域での観測例を図 4.6 に示す．代掻き時に散布されるオキサジアゾンの濃度ピークが最初に現れ，次に初期除草剤，一発除草剤として散布されるエスプロカルブのピーク，最後に後期除草剤として使用されるシメトリンがピークとなり，散布時期と流出時期が一致している．除草剤は散布された後，田面水と土壌中に分配され，光や微生物により分解を受け，一部が河川に流出している．分解が遅い化学物質は環境中への蓄積性が問題になってきているため，最近開発されている農薬の分解性はよい．このため，水田に散布された農薬も環境中で分解されるため河川へ流出する期間は短く，水田除草剤の検出期間はほぼ 1 か月間であった．

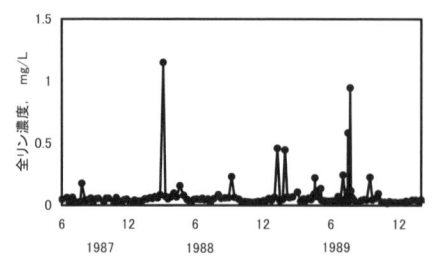

図 4.5 リン濃度変化の観測例（涸沼川）

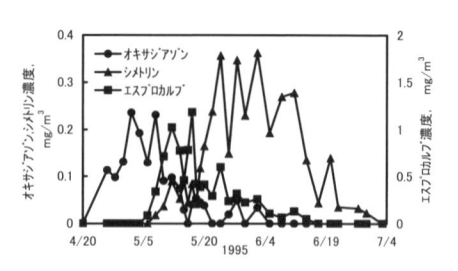

図 4.6 水田除草剤の河川における濃度変化（恋瀬川支川）

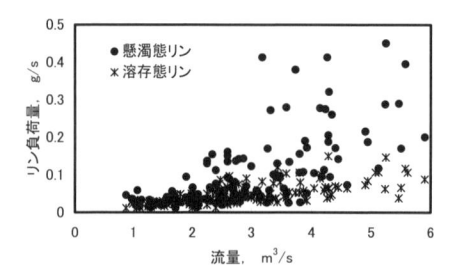

図 4.7 流量と懸濁態リン，溶存態リン負荷量との関係

3）水質成分の流出特性　栄養塩と水田散布除草剤の流出特性を例として示したが，対象とする水質成分と流出源によって河川への流出特性が大きく異なる．この流出特性を把握することは水質管理の前提であり，非常に重要である．今までの研究や調査結果から，おおよその流出特性は明らかになってきた．

水質成分の流出特性の評価のための最も簡単なモデルとして，流量と水質成分の流出負荷量の関係式，LQ 式（$L=aQ^n$，L:負荷量，Q:流量）が提案されている．これは，負荷量の変化が流量に関係していること，日本の河川では水質の測定データは少ないのに対して水位の自動観測が行われている河川が多く，水位流量曲線により流量を求めることが容易なことによる．負荷量と濃度の関係は，$L=C \cdot Q$（C:濃度）であるので，$n=1$ の場合は流量によらず濃度は一定で，負荷量は流量に比例して増加する．$n<1$ の場合は流量の増加に伴い濃度は低下し，負荷量は増加していくものの増加割合は少なくなっていく．$n>1$ の場合は流量の増加に伴い濃度は増加し，負荷量は指数関数的に増加する．図 4.7 には，茨城県涸沼川での観測例をもとにして流量と懸濁態リン，溶存態リン負荷量との関係を示した．バラツキが大きいが溶存態リンはほぼ直線の関係になり，懸濁態リンは流量の増加に伴

い指数的に増加する関係がみられる．同じ流量でも流量増加時は減少時よりも負荷量が多いこと，先行晴天日数が長くなると降雨時の負荷量が多くなること等がわかってきているが，負荷量一定あるいは濃度一定とする推計よりは，より確からしくなる．

　対象地点での流量と負荷量の関係がわかれば，おおよその流出源を推定することも可能な場合がある．点源の場合は一定の濃度で一定の流量が流出する場合が多く，下流の河川での流出負荷量は一定になり，降雨に伴う流量増大時には希釈されて濃度が低くなる．あるいは，操業パターンに大きく影響を受け，大型連休や年末年始のように操業が停止される場合には流出負荷量がゼロとなり極端に濃度が低下し，流量と負荷量の関係に相関がみられなくなる．

　これに対して，面源からの流出では流量の影響を大きく受けるため，流量と負荷量に一定の関係がみられる場合が多い．ただし，水質成分と流出源によってその流出特性は大きく異なる．

　森林からの栄養塩流出では，懸濁態成分では流量との関係が強く現れる．これは，1回の降雨での流出量と比較すると森林には土壌が無限に存在しているからであり，降雨の強さや量によって流出負荷量に規則性があるためである．溶存態成分では，夏季には樹木の生長が活発になり吸収量も増えるものの，微生物による有機物質の分解や硝化作用が活発になることからあまり濃度変化はみられない．農耕地からの栄養塩の流出も同様の傾向を示すが，肥料散布時期には濃度が高くなる特徴がある．市街地では，コンクリートに覆われているため有機汚濁物質，栄養塩，化学物質等が無限に存在するのではなく，晴天時に堆積したものが降雨時に流出することが繰り返されている．少雨であれば堆積物の一部のみが流出し，豪雨のときにはほぼすべてが流出する．このため，流出負荷量は先行晴天日数や降水量との関係がみられることになる．

　農薬の場合は散布時期が限られるために，散布時期に濃度が高くなる特徴がある．水田農薬の場合は田面水が水管理により容易に流出するため，降雨時ではなくても濃度が検出されるのに対して，畑地や果樹園に散布された農薬は散布時に風によって運ばれて流出するか降雨時に洗い出されて流出するため，その流出特性は水田農薬とは異なる．

　このように，流出特性があらかじめ予測できるものもあるが，複数の流出源が存在するものであればこれらの流出特性が重なり合いより複雑になるため，観測せずに流出特性を予測することは未だ難しい．

4.1.4 輸送過程での水質変化

流出源から流出した水質成分は,河川を通して流下し最終的には海に到達する.この輸送過程において,水質成分は物理的,化学的,生物的作用により変化する.懸濁態成分は,流れの緩やかなところで河床に堆積する.しかし,降雨に伴う流量増大時には再び浮上するか,流砂となって下流に運ばれる.流下途中にダムや堰などの人工構造物がある場合は輸送特性も異なり,一般的にはトラップされて下流に運ばれなくなる.

有機汚濁物質は流下過程においても微生物によって分解され,酸素が消費されるとともに有機汚濁物質濃度は減少する.その後大気から酸素が供給されることで酸素濃度が増加する自然浄化機能と呼ばれる過程が存在する[10].窒素は硝化作用により,アンモニア態窒素は硝酸態窒素に酸化され,脱窒作用により大気中に放出される場合もある.このような汚水が流入した後の流下過程では生物相も変化する[11].

河床に礫が存在する場合は,その上に河床付着生物膜が形成される.流量安定時には,河床付着生物膜は増殖に伴い河川水中の溶存態栄養塩を吸収し除去する働きがある.この増殖した河床付着生物膜は,主に降雨に伴う流量増大時に剥離流出し懸濁態栄養塩として下流に運ばれる[12].

このように河川を通した輸送過程において水質成分は変化しているが,その変化過程は複雑であり,変化量がどの程度かもあまり明らかになっていない.また,わが国では河川流路が短いことから変化量は少ないと考えられている.このため,流出源から流出する負荷量と,本川への合流点や内湾への流入点等の負荷量の比率を流出率として定義されるが,流出率を1として取り扱う場合が多い.

4.1.5 物質輸送のマネジメント手法

a. 濃度によるマネジメント

わが国における水質管理は,1958年に公共用水域の水質保全に関する法律,工場排水等の規制に関する法律が制定されたが,1970年の水質汚濁防止法による排水基準,公害対策基本法による環境基準制定から実質的な濃度による管理が始まった.環境基準は「人の健康の保護に関する基準」と「生活環境の保全に関する基準」に分かれている.「人の健康の保護に関する基準」は金属,有機塩素化合物,農薬等について一律に基準値が定められているが,「生活環境の保全に関する基準」では利用目的に応じて類型別に基準値が定められている.生活環境保全の基準項目はpHや大腸菌群数等もあるが,一般的には有機汚濁物質の指標

である河川はBOD，湖沼と海域はCODでその達成率が評価されている．また，窒素，リンの環境基準は湖沼が1982年に，海域が1993年に設定されている．生活環境保全の基準類型は，初期に制定された有機汚濁物質等はAA類型，A類型等に分かれているが，窒素，リンはⅠ類型，Ⅱ類型等と類型の指定の仕方が異なる．さらに2006年に制定された水生生物の保全に係る環境基準は，生物A類型，生物B類型等に分かれており，さらに複雑になっている．

　この環境基準の達成率を評価するためのモニタリングについては，「採水日は，採水日前において比較的晴天が続き水質が安定している日を選ぶこととする．」との通達があり，降雨に伴う流量増大時の水質は考慮されないことになっている．水利用を考えた場合には晴天時の濃度が重要であること，汚濁した河川を対象としていたために降雨時には希釈により濃度が低下すると考えられていたこと等から，晴天時の水質をモニタリングすることとしている．

　環境水中に生息する生物や水利用を考えた場合には，濃度によるマネジメントは有効である．しかし，濃度の規制だけでは閉鎖性水域の水質改善が達成できないことから総量規制が導入された．

b．総量規制によるマネジメント

　総量規制は1979年に東京湾，伊勢湾，瀬戸内海の閉鎖性海域でスタートし，その後5年ごとにCODを指定項目として実施されてきた．2004年を目標年度とする第5次総量規制からは窒素，リンも追加された．湖沼では，湖沼保全特別措置法に基づいて指定されている11湖沼において，負荷量の総量規制が実施されている．これらの施策においては，目標年度において達成すべき濃度を決め，それを達成するために必要な削減量を策定し実行するものである．

　この総量規制においては発生負荷量を推計することが重要になり，原単位法が用いられている．点源に対して，大きな工場では実際に排水が測定されているが小さな工場では実測されていない．このような場合は，たとえば業種別に出荷額当りの排出負荷量を求めて，これに出荷額を掛け合わせることで発生負荷量を求めることが行われている．この出荷額当りの排出負荷量を原単位と呼び，面源にも同様の推計手法が用いられている．面源に対しては，通常，山林，水田等土地利用ごとに単位面積当りの原単位を定め，これに流域のそれぞれの面積を掛け合わせることで流域の発生負荷量を算定している．

　表4.3と4.4にはわが国で用いられている代表的な原単位の例として，流域別下水道整備総合計画調査[13]の記載値，指定湖沼と閉鎖性海域で用いられている値の最小値と最大値を示した．指定湖沼については代表的な霞ヶ浦，諏訪湖，琵

表 4.3 窒素の面源原単位の例（環境省資料より作成）

kg/ (ha・yr)	山林	水田	畑地	市街地	降雨
流総	0.3 〜 20.9	5.11 〜 67.6	2.4 〜 491	4.5 〜 39.6	6.1 〜 21.0
指定湖沼	1.4 〜 6.8	5.8 〜 22.9	2.4 〜 95.3	5.4 〜 16.8	6.6 〜 12.6
霞ヶ浦	5.7	8.58 〜 14.6	18.3	9.9	11.2
諏訪湖	4.2	6.6 〜 9.3	24.8	11.1	6.6
琵琶湖	5.7 〜 6.8	14.3	95.3	14.1	8
閉鎖性海域	6.9	28（愛知 24）	28（愛知 24）	6.9	

流総：流域別下水道整備総合計画調査指針と解説（平成 20 年度版）[13]
指定湖沼：八郎湖，釜房ダム，霞ヶ浦，印旛沼，手賀沼，野尻湖，諏訪湖，琵琶湖，児島湖，中海・宍道湖

表 4.4 リンの面源原単位の例（環境省資料より作成）

kg/ (ha・yr)	山林	水田	畑地	市街地	降雨
流総	0.01 〜 1.31	1.54 〜 28.0	0.00 〜 14.10	0.6 〜 6.5	0.1 〜 1.20
指定湖沼	0.08 〜 0.32	0.19 〜 4.89	0.20 〜 0.65	0.26 〜 1.26	0.08 〜 0.52
霞ヶ浦	0.2	0.19 〜 3.21	0.28	0.91	0.47
諏訪湖	0.32	0.66 〜 0.69	0.35	1.09	0.35
琵琶湖	0.13	0.98	0.20	0.73	0.23
閉鎖性海域	0.18	0.37（愛知 0.32）	0.37（愛知 0.32）	0.18	

流総：流域別下水道整備総合計画調査指針と解説（平成 20 年度版）[13]
指定湖沼：八郎湖，釜房ダム，霞ヶ浦，印旛沼，手賀沼，野尻湖，諏訪湖，琵琶湖，児島湖，中海・宍道湖

琵琶湖で用いられている原単位についても示した．閉鎖性海域において，面源の原単位は東京湾，伊勢湾，瀬戸内海で同じ値を採用しているのに対して，湖沼の保全計画では湖沼ごとに独自の値が採用されている．指定湖沼の原単位をみると，窒素の畑地では 2.4 〜 95.3 kg/(ha・yr)と最小と最大では 40 倍程度の違いがある．また，閉鎖性海域では山林と市街地で同じ値を用いているが，指定湖沼では市街地は山林より大きな値を用いている．閉鎖性海域の原単位のように山林と市街地で同じ値であれば，山林を切り開いて市街地としても面源からの発生負荷量は変化しないことになってしまうが，通常は市街地にしたほうが発生負荷量は大きくなると考えられる．水田と畑地についても閉鎖性海域では同じ値を用いているが，指定湖沼では窒素は畑地のほうが大きく，リンは水田のほうが大きな値を採用している場合が多い．閉鎖性海域で総量規制を実施した当初は工場等の産業系からの負荷の比率が高く，これらを削減することが目的であり，面源からの流出負荷についてはあまり注意が払われていなかったと考えられる．

この面源からの原単位はそれぞれの流域で測定が行われる必要があるが，実際には他の流域で測定された値が用いられている場合や，20年から30年前に測定された値が使われている場合もある．また，これらの原単位を求める観測は晴天時が中心であり，降雨時に流出する量についてはあまり考慮されていない．先に示したように，面源からの流出負荷量は降雨に大きく依存するため年降水量の多い年と少ない年では流出負荷量が異なるが，原単位では考慮されていない．また，原単位は1年当りの発生負荷量を表しており，流量増大時などの日変化を表すこともできない．

　原単位を見直すと発生負荷量が大きく変わる可能性があり，行政的には難しい面もあるが，特に閉鎖性海域の面源の原単位については見直す時期に来ているのではないかと考えられる．

c. 流入負荷量によるマネジメント

　総量規制が実施されているような湖沼や内湾等の閉鎖性水域では，赤潮の発生，貧酸素水塊の形成が問題となっている．しかし，総量規制によるマネジメントでは発生負荷量が原単位に大きく依存すること，1年間の平均的な発生負荷量を算定しており時間的な変化に対応できないこと等の問題点がある．原単位法では，降雨時のこれら水域への流入負荷量を求めることはできない．このため，これら汚濁が深刻な水域においては流入負荷量によるマネジメントが必要になってきている．

　有機汚濁物質や栄養塩は，いろいろな流出源から時間的にも変化しながら流出している．閉鎖性水域に流入する末端での負荷量を把握することを考えた場合，現状では実際に観測することが最も確からしい．それができない場合には，せめて LQ 式を用いた算定が必要である．実際には，低流量時と高流量時では流出特性が異なると考えられるし，農耕地からの流出では肥料散布時期かどうかでも異なっているため，シミュレーションモデルを用いた算定も必要になる．赤潮の発生や貧酸素水塊の形成には低流量時の負荷と高流量時の負荷が大きく影響するか，あるいは夏季と冬季の負荷は同等の影響を与えるかなど，まだ解明されていない部分も多くあるが，いつ，どこから流出する栄養塩の負荷削減が効果的かなどのきめ細かなマネジメントが求められている．

参 考 文 献

1) 日本水環境学会編：水質汚染の近代史．日本の水環境行政，4-19，ぎょうせい，1999．
2) 小林節子：手賀沼の水質汚濁と流域の開発．日本の水環境3 関東・甲信越編（日本水環境学会編），145-155，技報堂出版，2000．

3) 国立環境研究所特別研究報告:湖沼における有機炭素の物質収支および機能・影響の評価に関する研究. 2004.
4) 梅本　諭, 駒井幸雄, 井上隆信:都市域, 山林域における湿性降下物および全大気降下物による窒素, リンの負荷量. 日本水環境学会誌, 24 (5), 300-307, 2001.
5) 井上隆信:森林域からの窒素, リンの流出機構. 河川と栄養塩類 (河川環境管理財団編), 145-148, 技報堂出版, 2005.
6) Aber J.D., Nadelhoffer K.J., Steudler P., Melillo J.M. : Nitrogen saturation in northern forest ecosystems. *BioScience*, 39, 378-386, 1989.
7) 大類清和:森林生態系での"Nitrogen Saturation" －日本での現状－. 森林立地, 39,1-9, 1997.
8) G.E. ライケンス, F.H. ボーマン:栄養塩の流出. 森林生態系の生物地球化学, 112-120, シュプリンガー・フェアラーク東京, 1997.
9) 小林　浩, 輿水達司:富士山麓及び甲府盆地周辺に位置する地下水及び湧水中のリン起源. 地下水学会誌, 41 (3), 177-191, 1999.
10) 宗宮　功編著:河川における自然浄化機能. 自然の浄化機構, 85-116, 技報堂出版, 1990.
11) 津田松苗:水質汚濁の生物に対する影響. 汚水生物学, 21-58, 北隆館, 1964.
12) 井上隆信, 海老瀬潜一:河床付着生物膜現存量の周年変化シミュレーション. 水環境学会誌, 17 (3), 169-177, 1994.
13) 流域別下水道整備総合計画制度設計会議編:面源汚濁負荷量, 流域別下水道整備総合計画調査　指針と解説, 55-70, 日本下水道協会, 2008.

4.2　都市沿岸域への汚濁負荷と微量汚染物質の動態

4.2.1　都市域の水質汚濁問題と下水道整備

　都市沿岸域を含め公共用水域における水質汚濁問題に関しては, 水質汚濁防止法や下水道法による工場排水や事業所排水への規制強化と, 汚水を収集・処理する下水道の施設整備等の対策が推進されてきている. そして, 家庭や工場に由来する汚水の公共用水域への流入汚濁負荷量は着実に減少の方向に向かっている. その結果, 重金属等の有害物質による水質汚濁はほぼ解消され, 有機物汚濁についても生活環境に影響を与えるような問題もなくなる方向にある. 図4.8にあるように, たとえば東京都の都市河川である隅田川のBOD濃度の低下は, 下水道整備に伴い確実に有機汚濁問題が解消に向かっていることを示している.
　しかしながら, 水質汚濁対策は着実に機能して水質改善が進行しているものの, 都市域の河口域, 湖沼や内湾などの閉鎖性水域における環境基準達成率の向上は頭打ちの状況にあり, 必ずしも下水道の整備だけでは十分には水質改善が進まないことが指摘されている. これは, 窒素・リンなどの栄養塩類除去がすべての下水処理場には導入されていないこと, 従来軽視されてきた面的に散在した汚染源

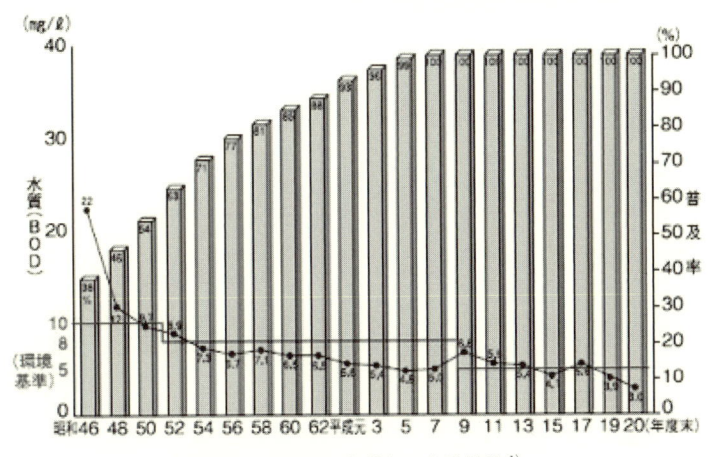

図 4.8 隅田川の水質と下水道整備[1]
注1：普及率は，隅田川流域（板橋，北，練馬区）の普及率
注2：水質は，小台橋地点の年間の BOD の値（75%水質値）
（環境局の資料をもとに当局作成）

からの汚濁負荷の割合が高まってきていること，底泥などへ蓄積した汚濁物の回帰に伴う負荷の存在などに起因するものと考えられている．ここでは，参考としてここ2年間の東京都における水質環境基準達成率状況を表4.5に示した．健康項目や河川における生活環境項目の基準達成率は，ともに100%あるいはそれに近い状況であるのに対して，東京湾奥部に位置する4基準地点では半数が基準を満足できていないことが示されている．

表 4.5 東京都における環境基準達成状況（河川および東京湾）[2]

環境基準項目		項目	環境基準達成率	
			平成21年度	平成20年度
健康項目		カドミウム等 26項目	100%（119地点）	100%（119地点）
生活環境項目	河川	BOD	98%（56水域）	100%（56水域）
	東京湾	COD	50%（4水域）	50%（4水域）

4.2.2 都市域における人工的な水の流れと汚濁物の流れ

都市域では雨水と汚水の大部分が，都市基盤の下水道を通り汚染物質とともに河川や海に還元される．すなわち，降水，蒸発散，流出，浸透という各プロセス

のつながりで構成される水文学的な水循環のなかで，都市域での雨水の流れは自然状態からは異なる人工的な水の流れとなっている．都市活動を確保するために，水利用に伴う水の量と質の消費を通じて，その水環境や水循環へ不可逆的なインパクトを与える存在となっていることをまず認識すること，そしてそのインパクトの程度を概念的にではなく定量的に評価・把握することが求められる．

そこで，都市域における人工的な水の流れを定量的に描いたものとして，図4.9に東京における水の収支や利用を年間降水量の単位(mm/年)に換算して示した．すなわち，年間水量を東京都の面積で割ることにより降水量の単位に揃えている．この図は，東京都が望ましい水循環の形成を目指して水に関する施策を水循環の視点から捉え直し，総合的に推進する基本方針として1999（平成11）年に策定された東京都水循環マスタープラン[3]で示されたものを参考に作成している．このように，都市域における水の流れを定量的に理解しながら汚濁物質がどのような経路で流出移動するかを大まかに把握することは有意義であろう．なお，類似の水収支は若干数値が異なるものの東京都水環境保全計画[4]にも示されている．

東京の年平均降雨量は1,405 mm，蒸発散量が412 mm，流出量が634 mm，浸透量が359 mm である．入力としての降水が，蒸発散29％，流出45％，浸透26％にそれぞれ配分されている状況を示している．一方，水利用や水消費の観点からは，916 mm の東京都への降水量に相当する水が上水道を通じて都内に送り込まれていることがわかる．この量は河川への流出量（432 mm）よりも大きく，

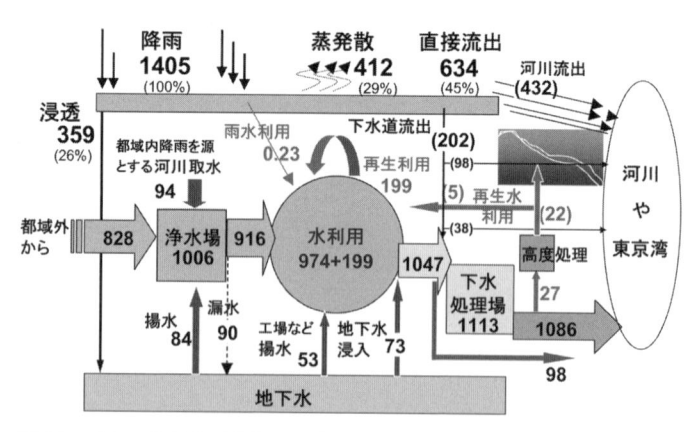

図4.9 東京の水収支（単位 mm/年，東京都水循環マスタープラン（1999）の水収支図を参考に作成）

結果として東京では地下水揚水 (53 mm) や再生利用 (199 mm) を含めると 1,173 mm という大量の水消費がなされている．その消費を支えるには，828 mm に及ぶ流域外からの水の導入が余儀なくされている．これは，利根川や多摩川の流域における水循環系に少なからず影響を与えていることを意味している．

当然のことながら，水利用のあとには汚水が排出される．下水道システムを通じて 1,113 mm の汚水が下水処理場に移動することになる．しかし，その一部は高度処理されて 22 mm の環境・修景用水や 5 mm の再生水利用もなされている．一方で，都市域の流出水 634 mm の約 1/3 は下水道流出によっている．その一部は 98 mm の雨水吐室からの流出や 38 mm のポンプ所からの流出となっている．ともに，下水道施設に関連する雨天時汚濁流出現象を示している．

このような水収支図を作成して都市域の水の流れと所在を可視化することにより，降水量と同じ単位で相互に比較することで自然の水の流れと人工的な水の流れを数値として理解できること，そしてその流れに沿って汚濁物の流れの大きさを数値として評価することは意義深い．ただし，これらの数値は東京都水循環マスタープラン策定当時の統計データを整理して作成されたものであるため現状とは若干異なると思われるが，下水道システム自体に大きな変化はないため大まかな水の流れを示していると考えられる．

4.2.3 都市域からの汚濁負荷の流出経路 [5〜7]

工場・事業所，家庭などの発生源を特定できる汚染源，点源（ポイント汚染源，特定汚染源）からの負荷量が下水道整備に伴い削減されてきている一方で，面源（ノンポイント汚染源）の負荷量が相対的に都市域での汚染に占める影響を増大してきている．このノンポイント汚染源負荷は，雨天時に流出するという特徴を有している．

特に，河口域や沿岸域では多くの大都市が位置しており，面的な汚濁源として，従来の下水道整備では対応できない都市ノンポイント汚染源が問題となる．都市活動に伴い汚濁物質が大気中に存在したり屋根や道路などに堆積しており，降雨に伴ってこれらの汚濁物質は流出して水域へ影響を及ぼすことが知られている．

このように，発生する汚濁負荷は点源と面源に分けることができる．工場，事業所，家庭などからの排水のように発生源が特定できる点源に対して，面源は大気中の浮遊物質，降下煤塵，粉塵，工場や自動車由来の排気ガス，自動車由来の燃料，路面磨耗カス，ごみなどの投棄物，動物の排泄物，落葉などが挙げられる．

図 4.10 には点源および面源を含めて，市街地からの汚濁負荷の発生，そして

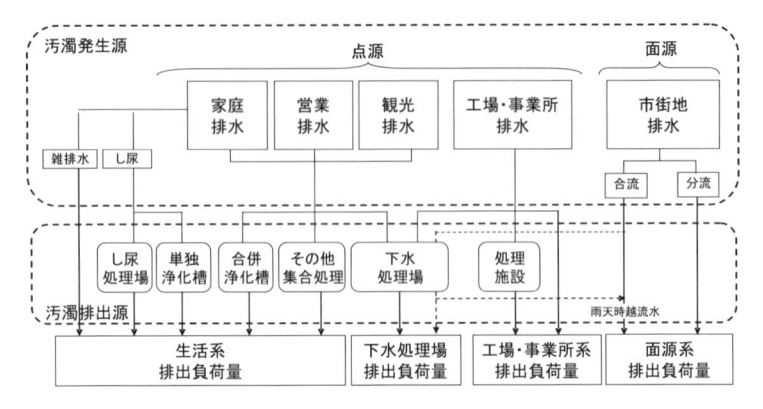

図 4.10 都市域の汚濁負荷発生源と排出・流出経路

それがどのような排出・流出経路を通じて排出負荷量として算定されるかを示した．以下に，点源と面源からの汚濁負荷排出・流出過程について説明する．

a. 点源からの負荷排出過程

市街地を含む都市域では原則として下水道が整備されているので，家庭排水や営業排水由来の汚濁物質は下水処理場を介して処理水として公共用水域に排出されることになる．工場や事業所からの排水は，独自処理されて放流されたり，下水処理場における処理後に排出されることもある．

下水道が整備されていない場合には，家庭排水のうちし尿はし尿処理されるものや単独浄化槽での処理，あるいは合併浄化槽の処理を受けることになる．また，合併浄化槽が整備されていない場合，雑排水は排水路や支川などを通じて流域内の河川に到達することになる．

b. 面源からの負荷流出過程

面源負荷である雨天時の市街地排水は，晴天時に地表面などに堆積・蓄積したものを含んだ形で最終的には水系に流出する．このような汚染源は特定しにくく分散して存在しているため，ノンポイント汚染源あるいは非特定汚染源（面的汚染源）と呼ばれている．

通常，都市域では堆積・蓄積したものには汚染物質が含まれており，都市ノンポイント汚染と呼ばれる所以である．なお，その流出過程は，下水道整備の有無や排除方式により，異なることに留意が必要である．

4.2.4 東京湾への汚濁負荷量の推定[8,9]

東京湾は後背地に大きな人口集積を有する閉鎖性海域であるため，湾内へ流入する有機汚濁負荷量だけでなく窒素やリン等の栄養塩類の流入負荷の増大に伴い，富栄養化が進行し赤潮や青潮等の発生がみられている．同時に，沿岸域の開発も進められて，干潟や藻場等における自然の水質浄化機能も低下するとともに，生息生物の生息空間としての質も悪化しているものと考えられている．

そこで，都市再生プロジェクト「海の再生」を東京湾で推進するために，東京湾再生推進会議が2002（平成14）年2月に設置され，2003（平成15）年3月には東京湾再生に向けた目標やその達成のための施策が提案されている．その目標は，「快適に水遊びができ，多くの生物が生息する，親しみやすく，美しい「海」を取り戻し，首都圏にふさわしい「東京湾」を創出する」ことである．そして，東京湾の水環境改善のための施策の1つに陸域負荷削減対策があり，次の項目が示されている．

1) 陸域からの汚濁負荷削減のための総量削減計画の実施と効果的な事業施策の実施
2) 汚水処理施設の整備・普及及び高度処理の促進
3) 雨天時における流出負荷の削減
4) 河川の浄化対策
5) 面源から発生する汚濁負荷の削減
6) 浮遊ごみ等の回収

最初の3項目には，都市施設である下水道システムが深く関わっている．東京湾には多くの河川が流入しており，陸域で発生した汚濁負荷はこれら河川を経由するかまたは湾に面した排水区から直接流入している．東京湾では，水質総量規制に基づく総量削減基本方針に則り汚濁負荷は着実に減少している．その削減に大きく貢献してきたのは下水道整備であることに疑いの余地はない．したがって，東京湾流域別下水道整備総合計画においても排出負荷量の算定や推定が行われている．

ここでは，2007（平成19）年9月に見直しが行われた東京湾流総計画のなかで排出負荷量の算定結果を紹介する．東京湾における総量規制における定量化方法，原単位，フレームを踏襲しながらも，面源系の原単位は都県のアンケート調査結果を基礎とした流総指針に示されている原単位設定事例や指定湖沼の原単位設定事例などを参照して採用している．

図4.11に，2004（平成16）年度と2024（平成36）年度における排出負荷量の

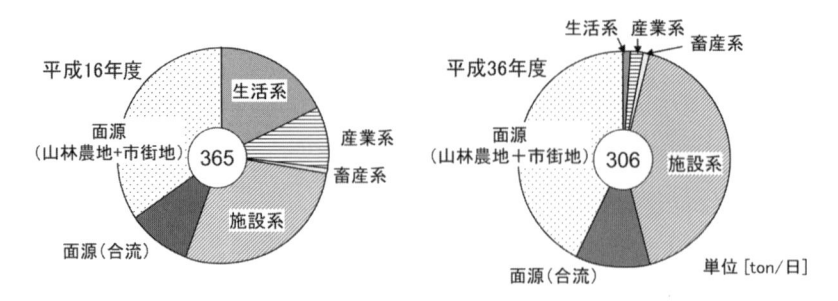

図 4.11 東京湾流総計画における 2004（平成 16）年度と 2024（平成 36）年度における COD 排出負荷量

算定結果を示す．ここで，生活系は，雑排水や合併および単独浄化槽からの排出を示し，産業系は製造，営業系，観光の事業場からの排出を示す．家庭排水，営業排水，工場・事業所排水などで下水処理場，し尿処理場，農業集落排水施設において処理後に排出されるものは施設系としている．面源系については，山林・農地（水田，畑，果樹園）や市街地に由来するものと，合流式下水道の雨水吐きや簡易処理由来の汚濁負荷を区別して示した．

この図からわかるように，総量として 2004（平成 16）年度の状況から 20 年後には，365 トン/日から 306 トン/日に削減されることが推定されている．ここでは現況の代表として示した 2004（平成 16）年度の状況から 20 年後には，下水道整備により生活系や産業系からの排出負荷量は削減される一方で，施設系からの排出量が増加することがわかる．また，面源由来の汚濁負荷量の割合が増加してくることも明確に示されている．まさに，東京湾全体あるいは沿岸域の水環境保全に向けて，一層，合流式下水道由来の雨天時汚濁負荷や市街地排水の汚濁負荷の削減に努力を要することが想定されている．

4.2.5 下水排除方式と雨天時汚濁負荷排出
a. 合流式と分流式の下水道

都市における雨天時における汚濁負荷流出は，雨水排除方式によって違いが出てくることを前述した．また，東京湾を事例として，市街地排水や合流式下水道雨天時越流水由来の汚濁負荷の重要性も前項にて指摘した．これらの汚濁負荷をそれぞれ認識するためにも，図 4.10 には面源汚濁発生源としての市街地排水部分に合流と分流とを記載している．すなわち，合流式下水道か分流式下水道かにより汚濁物質の流れが異なる．わが国では，当初下水道整備が大都市の低平地を

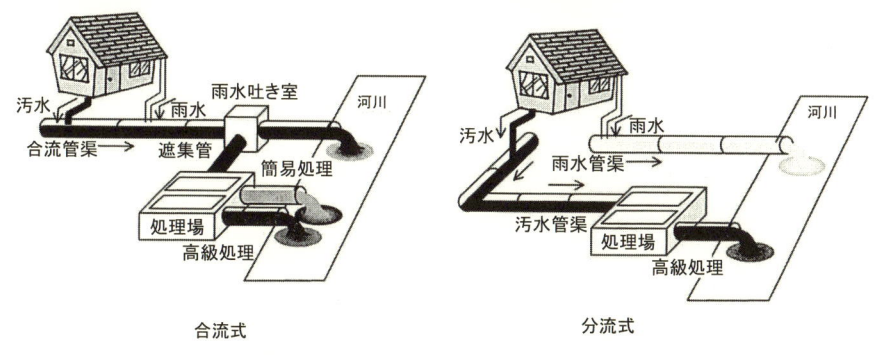

図 4.12 下水排除方式（合流式と分流式）

中心に行われてきたことから合流式が採用され，汚濁対策と浸水対策を同時に効率的に解決することに貢献してきたが，近年では公共用水域の水質保全面から原則として分流式が採用されてきている．しかし，東京都23区を例に取ると，足立区に位置する中川処理区などを除き，排水区域の約8割が合流式で整備されている．

図4.12に示されるように，家庭や工場などから汚水や排水と，路面や屋根から流出する雨水を別々の管渠で排除する方式を分流式と呼ぶ．一方，汚水と雨水を同一管渠系で排除する方式が合流式である．図からもわかるように，合流式下水道でも分流式下水道でも，晴天時では汚水は合流管や汚水管を通じて下水処理場に到達するシステムである．

分流式下水道の整備地区では，雨天時の流出水は側溝などの排水設備や雨水管を通じて流出する．一方，合流式下水道では，雨天時には雨水と汚水が混合した下水の一部が未処理のまま越流する場合（雨天時越流水）がある．

b. 雨天時越流水と市街地排水

合流式による雨水排除が行われる場合には，晴天時汚水量に遮集倍率（一般には3倍）を掛けた量（遮集下水量）を超えない範囲では，路面堆積物なども含めて雨天時下水は終末下水処理場に流入してすべて沈殿処理される．しかし，晴天時汚水量分のみが活性汚泥法などの2次処理が施され，残りは沈殿処理の1次処理だけで放流される仕組みになっている．さらに，遮集下水量を超える場合には，雨水とともに汚水の一部は処理されない状態で河川などの公共用水域へ放出される問題が顕在化してきている．いわゆる，合流式下水道雨天時越流水（combined sewer overflow：CSO）問題である．そこで，この雨天時汚濁負荷の削減対策と

して，遮集管渠容量の増大や雨水滞水池の建設などが行われてきている．
　一方，分流式下水道では，すべての汚水は雨天時においても処理場に送られて処理が施される．そして，屋根や路面への降雨は，雨水ますや側溝を通じて雨水管に集められ河川などに放出される．しかし，都市域における雨水は都市活動に伴う汚染物質を含んでおり，CSO問題とともに，雨水の質的な管理や実態把握の必要性が指摘されてきている．しかしながら，現段階では法的には下水道の雨水管渠自体が公共用水域とみなされており，雨水は排水規制の対象とはなっていない．
　公共用水域の水質汚濁問題は，排水規制の強化，下水道の整備や高度処理の導入によって改善されてきていることから，今後は雨天時越流水や市街地排水に伴う面源系排出負荷量の低減にも配慮することが求められる．すなわち，雨水を量的だけでなく質的な観点からも管理することが必要となる．したがって，都市域の雨天時汚濁問題を検討するためには，雨水の流れや雨水の貯留浸透施設そして最終的に雨水排除機能と汚水処理機能を担う下水道システムを統合的に見据え，そして定量的にそれらの機能評価を行うことが重要であると考えられる．

4.2.6　微量汚染有機物による都市ノンポイント汚染研究の事例紹介 [10,11]

　雨水は，都市内のノンポイント汚染源から様々な汚濁物質を集めて公共用水域へ運んでいると考えられる．ノンポイント汚染源には，大気中の浮遊物質，降下煤塵，粉塵，工場や自動車由来の排気ガス，路面磨耗カス，ごみなどの投棄物，動物の排泄物，落葉などが挙げられる．したがって，降雨初期の都市雨水は有機物，栄養塩類，重金属，微量有害物質によって汚染されている．
　雨天時において，下水道システムを通じて排出される都市域由来の微量有害物質を含む汚濁負荷流出が沿岸域の水質汚染の原因になっていると考えられる．また，そこでの生態系になんらかの影響を与えている可能性もあるが，これらに関する知見も限られており，現在まさに研究が進められている状況にある．わが国でも，市街地排水は水質汚濁防止法上における規制対象でないため，雨水による水質汚濁の対策は実務においても研究においても遅れている．
　わが国においてもCOD，浮遊物質（SS），全窒素（T-N），全リン（T-P）などの生活項目のノンポイント汚染調査は進められてきている．また，汚濁源として重要と考えられている路面堆積量の調査も実施されてきており，そのなかでは上記の汚濁物質の他に重金属（Cu，Cd，Zn，Pb，Mnなど）の分析結果もある．しかしながら，都市活動に起因する多環芳香族炭化水素類（polycyclic aromatic hydrocarbons：PAHs）などの

微量有機汚染物質に着目した雨天時流出現象や汚染実態調査は非常に限られている.
　そこで，ここでは都市域由来の微量有害物質汚染源として道路堆積物を対象としてそれに含まれるPAHsの起源を定量的に把握するために，想定される発生源の特徴を明らかにしそのPAHsプロファイルを類型化し，それをもとに実際の道路堆積物中PAHsの起源解析を行った研究事例を紹介する.

a. 研究背景と目的

　都市周辺の水域の底泥中には毒性を有する多環芳香族炭化水素類（PAHs）が検出され，水環境汚染物質として注目されてきている[12～14]．PAHsの発生源から水環境までの汚染経路には様々あるが，都市域内の典型的な発生要因の1つである自動車交通に視点をおけば，道路堆積物の雨天時流出が重要な汚染経路として挙げられる．PAHsの環境での動態を理解しその流出を制御するためには，汚染経路の中間に位置する道路堆積物中のPAHsの起源を知ることが重要である．
　日本国内の道路堆積物中のPAHsの起源について，Takadaら[15]が濃縮係数（enrichment factors）法に基づき，MP/P比（1-methylphenanthrene, 2-methylphenanthrene, 3-methylphenanthrene, 9-methylphenanthreneの合計濃度のphenanthreneに対する比）を比較することによって検討し，自動車排出物が道路堆積物中PAHsの主起源であると報告している．また，小野ら[16]は交通量と道路堆積物中のPAHsや重金属の堆積量との関係に注目し，車種別の交通量とPAHsおよび重金属各成分との単相関係数などを検討した．また，Zakariaら[17]は15種類のPAHsの組成を比較することで起源を定性的に解析し，マレーシアにおいて使用済みクランクケース油の寄与が大きいことを示している．しかし，PAHsの起源について，諸々の排出源の寄与に関する定量的な解析は未だ十分とはいえない．
　本研究では，まずPAHs起源の特徴を把握するために，自動車交通と深く関わるPAHs起源である自動車排出物（ディーゼル車およびガソリン車排気中の粒子状またはガス状物質），タイヤ，舗装材の4種類の試料を入手し，文献値と合わせてその16成分のPAHsの組成比（以後，プロファイルと呼ぶ）の特徴を明らかにし，その類型化を行うことを目指した．その上で，東京都内複数の道路側溝堆積物中のPAHsプロファイルから，重回帰分析によって道路堆積物中のPAHsにおける各起源の寄与率を求め，さらにその結果と道路交通状況との関連性を検討することを目的とした．

b. 多環芳香族炭化水素類について

　多環芳香族炭化水素類（PAHs）は，複数のベンゼン環が縮合したものであり，石油や石炭タール中に含まれるだけでなく，化石燃料の不完全燃焼過程でも発生する．都市域では工場や焼却場，自動車，特にディーゼル車などから排出されるものの寄与が大き

いといわれている．沿岸域では，船舶由来の汚染も重要なものと考えられる．

　PAHs は現在 100 種類以上が確認されており，さらにニトロ基等が付加したものなども数多く存在する．PAHs のうち特に 4 環以上のものは，疎水性が高く生分解性がきわめて低く，また変異原性や発がん性をもつものがある．本研究では，米国環境保護庁（USEPA）によって指定された PAHs 16 成分（Np : naphthalene, Ac : acenaphthylene, At : acenaphthene, Fl : fluorene, Ph : phenanthrene, An : anthracene, Fr : fluoranthene, Py : pyrene, Ba : benz(a)anthracene, Ch : chrysene, Bf : benzo(k)fluoranthene ＋ benzo(b)fluoranthene, Bpy : benzo(a)pyrene, In : indeno(1,2,3-cd)pyrene, Db : dibenz(ah)anthracene, Bpe : benzo(ghi)perylene）を対象とした．それらの PAHs の構造を図 4.13 に示した．

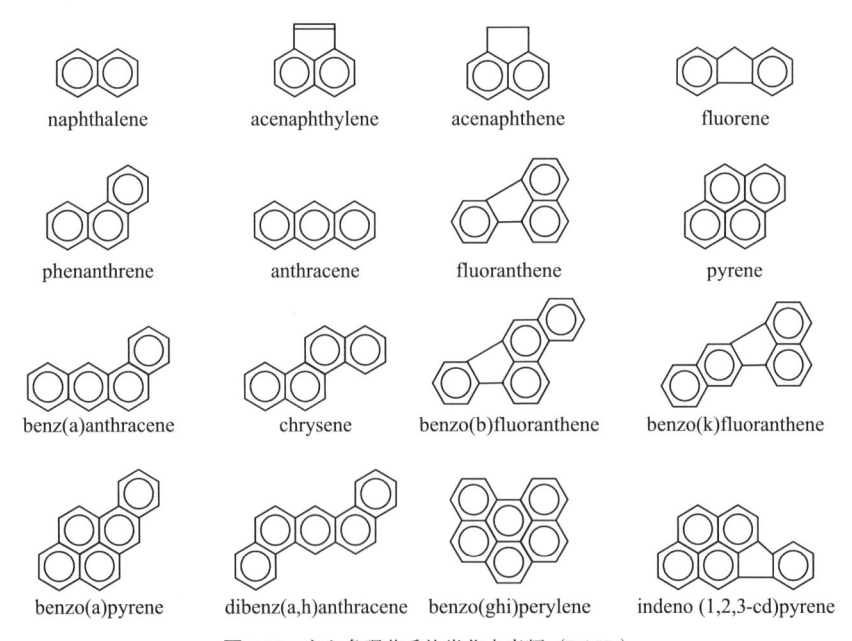

図 4.13　主な多環芳香族炭化水素類（PAHs）

　このような PAHs は大気経由で人間の呼吸器系への障害をもたらすだけでなく，微小粒子として都市域の地表面へ沈着・堆積し，それらが雨天時に水系（河川や湖沼・海洋，およびその底泥）へ排出されることにより，水生生物への蓄積，さらには食物連鎖を経て生態系全体へ影響を与えることが危惧される．

c. PAHs 起源試料と道路堆積物

道路堆積物中の PAHs の起源と想定されるものの試料（以下 PAHs 起源試料と呼ぶ）として，ガソリン車排出物（2台4試料：サンプル番号 G1～G4），ディーゼル車排出物（1台2試料：サンプル番号 D1～D2），タイヤ（5社8試料：サンプル番号 T1～T8），舗装道路表層部の破片（4か所の道路8試料：サンプル番号 P1～P8））を合計で22試料を入手した．

自動車排出物は，ガソリン車とディーゼル車の排気管からエアサンプラーによってフィルター上に捕捉したものを試料とした．タイヤ試料は，乗用車のタイヤ表面をカッターおよびコルクボーラで切り取り，細かく切って調製した．舗装材試料は，道路工事によって剥されたアスファルト舗装破片の表面から削り取ったものである．また，自動車排出物の PAHs に関しては，文献値64データ[18～26]もあわせて考察に用いた．

一方，側溝堆積物試料としては，東京都内の2か所の道路（環七通り，桜田通り）において 2000（平成12）年10月17日と11月13日に採取したものを用いた（表 4.6）．試料の採取には業務用カーペットリンスクリーナーを用い，水を噴出しながら流出した堆積物を回収した（参照，図 4.14）．

表 4.6 側溝堆積物試料を採取した道路とその概要

道路	採取場所	試料数	車道幅員当り交通量（貨物車＋乗用車）（台/日・m）	貨物車：乗用車	混雑度	混雑ピークの平均速度（km/h）	平日バス便数（便）	平日混雑時路上駐車（台/0.1km）
			平成11年度の交通量データ（国土交通省道路局（1999））[27]					
桜田通り	千代田区霞ヶ関2-1	2	1,578	1：4.9	0.67	16.9	101	4.8
環七通り	世田谷区若林5-33	2	2,832	1：1.2	2.14	25	137	0.3

これらの起源試料や堆積物試料中の PAHs を，ジクロロメタンを溶媒として超音波抽出法によって抽出した．そして，ガラス繊維フィルターによって抽出液中の固形物を除去した後，エバポレーターによって抽出液を減圧濃縮した．濃縮された PAHs をジクロロメタンに再溶解し，GC/MS により定量した．

図 4.14 道路側溝堆積物試料採取の様子

d. 起源試料のPAHsプロファイルとその類型化

起源試料（文献値も含む全86データ）をPAHsプロファイルに基づいてクラスター解析によって分類した．なお，クラスター解析には統計解析ソフトSPSS Base 10.0Jを用い，Ward法を適用した．その類型化の結果を，図4.15に示す．この図は最上位の階層におけるクラスター間の相対距離を25として表現しており，相対距離1を分類の基準とすれば，プロファイルは6つに類型化された．各グループ（グループS1～S6）のPAHsプロファイルを図4.16に，また表4.7には各グループの構成試料数とその平均PAHsプロファイルを示した．

図4.15に示されるように，6つのグループは大きくS1～S3とS4～S6の2つに分けられるが，これは図4.16のプロファイルをみると明らかなように，Npの存在割合の大小に起因している．6つのそれぞれのグループの特徴は以下のとおりである．

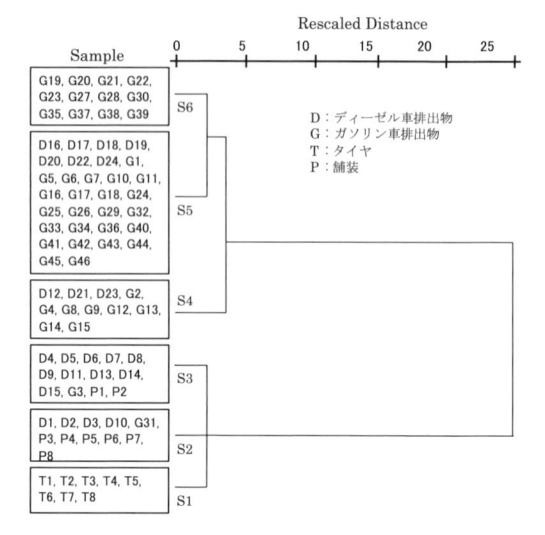

図4.15 起源試料のPAHsプロファイルに基づくクラスター解析による分類

図中S1～S6は6つの最小クラスターの名称であり，各試料名の先頭のアルファベット（D, G, P, T）は各起源を示し，続く数字は起源ごとの試料番号である．

1) グループS1　タイヤ試料のみから構成された．タイヤ試料は，他の起源試料とは異なり，PyとBpeをそれぞれ34～54%（平均43.5%），7～30%（平均18.9%）という高い比率で含有している点で特徴的である．また，8つの全タイヤ試料においてPAHsプロファイルがほぼ似通っており，これらの試料のみにて類型化された．

2) グループS2　舗装材8試料のうち6つが含まれ，グループS1に比べると特徴的に存在比率が高いPAH成分がない．なお，同グループ内に分類された試料のうち，特に異なったプロファイルをもつガソリン車排出物1試料（G31）とディーゼル車排出物1試料（D3）は，表4.7に示した平均プロファイルの計算および構成試料数に算入しなかった．平均プロファイルからみたS2の特徴として，20%以上を占める特徴的なPAHs成分が存在せず，Ph, Bf, Py, Ch, Bpeが同等に

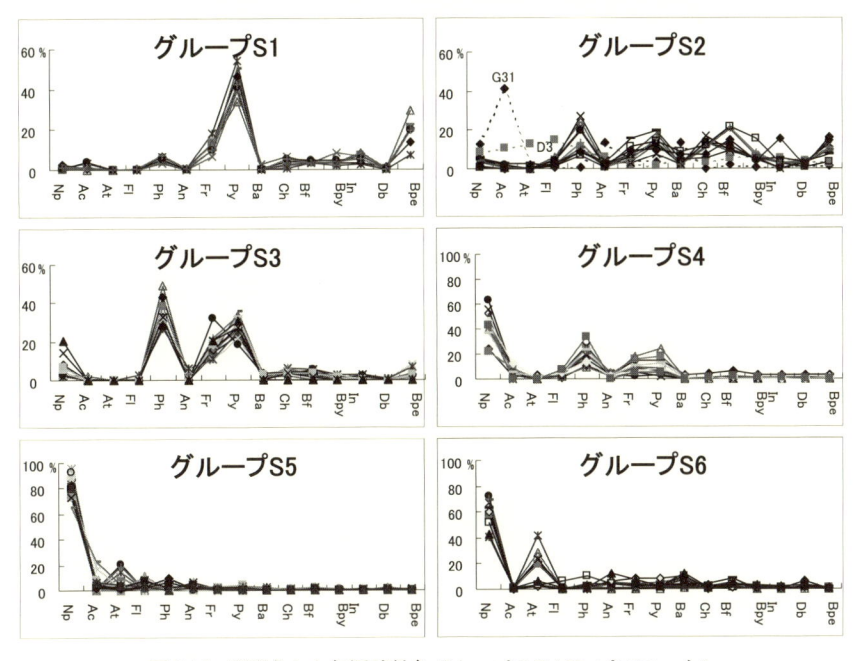

図 4.16 類型化した起源試料各グループの PAHs プロファイル

含まれているという点が確認できる.

3) グループ S3　ディーゼル車排出物が多く属しており, Ph, Py, Fr で全体の 75% 以上を占めていた. なお, ディーゼル車排出物について, 文献値では粒子状試料のみを示しているものと粒子状とガス状とを合わせたものと表示しているものとがあるが, グループ S2 とともにグループ S3 に含まれたディーゼル車排出物はすべて粒子状のみの試料であることがわかった.

4) グループ S4～S6　ガソリン車排出物およびディーゼル車排出物から構成されており, PAHs 16 成分の中で最も低分子で揮発しやすい Np を多く含有する点が特徴的である. これらのグループを構成する試料は, G1, G2, G4 を除く全てがガス状と粒子状とをともに含む試料である. グループ S4 では Np が平均 42.7% 含有され, Ph, Py を合わせた 3 成分で全体の 70% に達する. グループ S5 は Np だけで 81.0% を占め, 高分子の PAHs をほとんど含まないことが特徴的である. グループ S6 は Np が主成分 (59.7%) であるが, At が 13.1% と他のグループに比べて際立って多く含まれている点が特徴である.

表 4.7 起源試料各グループの構成および平均 PAHs プロファイル

項目		起源試料グループ					
		S1	S2	S3	S4	S5	S6
データ数	ディーゼル車排出物	0	3	10	3	7	0
	ガソリン車排出物	0	0	1	8	24	12
	タイヤ	8	0	0	0	0	0
	舗装材	0	6	2	0	0	0
平均PAHsプロファイル(%)	Np	1.0	3.8	6.5	42.7	81.0	59.7
	Ac	1.5	1.0	0.3	4.8	4.0	0.8
	At	0.0	0.3	0.0	0.8	3.8	13.1
	Fl	0.4	3.1	0.5	4.6	2.5	0.9
	Ph	5.0	15.6	33.7	19.9	2.2	2.1
	An	0.4	1.8	1.3	3.0	1.7	4.0
	Fr	11.9	7.5	17.1	9.2	1.0	3.0
	Py	43.5	13.7	27.7	10.0	1.4	2.9
	Ba	0.5	3.8	1.9	0.7	0.5	6.3
	Ch	3.5	11.6	3.8	1.1	0.2	1.2
	Bf	3.6	14.2	2.9	1.3	0.6	2.7
	Bpy	3.9	6.7	1.1	0.5	0.2	0.8
	In	5.7	3.9	0.7	0.5	0.2	0.5
	Db	0.3	2.7	0.1	0.4	0.4	1.7
	Bpe	18.9	10.4	2.3	0.5	0.3	0.4
	合計	100	100	100	100	100	100

■ : 25%以上　　▨ : 10〜20%

e. 道路堆積物の PAHs プロファイルと起源解析

前述のように，タイヤ，舗装材，ディーゼル車排出物，ガソリン車排出物，計86試料について PAHs プロファイルをもとに6つのグループ（以下，起源グループ）に類型化することができた．そこで，それぞれの起源グループの平均 PAHs プロファイル（表4.7）を説明変数，実際の道路側溝堆積物の PAHs プロファイルを従属変数とし，重回帰分析により各起源グループの中で特に主要であるグループの寄与率を求めた．主要な起源の寄与率を明らかにすることが目的であるため，解析には最も可能性の高い順から説明変数を投入していく方法，すなわち変数増加法を適用した．

F 値が 0.05 以上であることを変数投入の基準として用い，定数項を含まず決定係数が最も高い場合における回帰係数を求めた．それらの係数を側溝堆積物に対する各

起源グループの寄与強度として，全起源グループの合計強度に対する各起源グループ寄与強度の割合をさらに計算した．なお，この計算には統計解析ソフトSPSS Regression Models 10.0 を用いた．

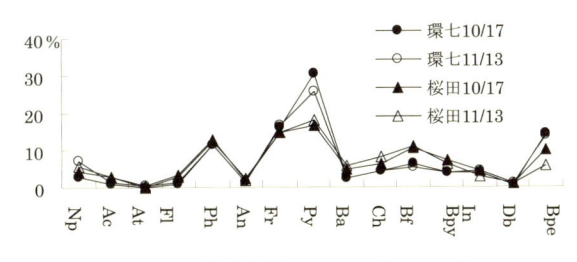

図 4.17 側溝堆積物の PAHs プロファイル

図 4.17 に，解析に用いた道路側溝堆積物中の PAHs プロファイルを示す．約 40 試料の側溝堆積物の PAHs プロファイルをもとにクラスター解析を行うと，異なる採取日の環七通りと桜田通りの各 2 試料とはそれぞれ別のクラスターに属しており，採取日による差よりも道路間の差の方が大きいことがわかっている．

重回帰分析の結果を表 4.8 に示す．すべての場合において決定係数が 0.90 以上と高い値を示した

表 4.8 重回帰分析で求めた側溝堆積物中 PAHs における各起源グループの寄与率

試料	採取日	S1	S2	S3	S4	S5	S6	決定係数
環七通り	10月17日	0.547 (56.4)	0.241 (24.9)	0.181 (18.7)	–	–	–	0.98
	11月13日	0.498 (50.8)	0.332 (33.9)	–	0.150 (15.3)	–	–	0.96
桜田通り	10月17日	0.180 (19.5)	0.744 (80.5)	–	–	–	–	0.93
	11月13日	–	0.678 (75.2)	0.224 (24.8)	–	–	–	0.90

環七通りの 2 試料はともに起源グループ S1 の寄与率が大きく，全体の 50%以上を占めた．続いて S2 が 2 番目に大きく寄与し，S1 と S2 の合計寄与率は 80%を超えた．一方，桜田通りでは，起源グループ S2 の寄与率が全体の 75%以上を占め，それに続く起源グループは 10 月 17 日の試料では S1，11 月 13 日の試料では S3 であった．前項で示したように，S1 はタイヤ，S2 は舗装材またはディーゼル排出物で代表される起源グループであり，環七通りではタイヤ，桜田通りでは舗装材またはディーゼル排出物に由来する PAHs が側溝に多く存在している可能性が示唆された．

今回の結果は，ディーゼル車排出物，ガソリン車排出物，タイヤ，舗装材の計 4 種類のみを起源と想定し，16 成分の PAHs プロファイルをもとに起源解析を行った．しかしながら，オイルの漏洩や道路周辺の他の燃焼活動による PAHs の供給の可能性も

否定できないことから，他の潜在的な排出源についてもPAHsプロファイルを調べて起源解析を行う必要がある．また，道路堆積物を構成する起源物質が蓄積された後に，光分解やその他の変換反応を受けてもPAHs 16成分の組成比が変動する可能性も否定できない．

今後，より多くの道路堆積物について解析を行い，PAHsプロファイルだけでなく試料の粒径分画や他の化学分析（重金属等）を併用することにより，より正確な起源の寄与が定量可能になると考えられる．なお，寄与率には，各道路の舗装の構造や強度，交通条件，周辺の物理的環境（風など）と各起源試料の粒子特性（粒径，比重，PAHs含有量）などが影響を与えると想像される．上記の影響因子に関する情報も整理することで，寄与率の計算だけでなく各起源由来PAHsの動態についても検討することができるものと考えられる．

4.2.7 合流式下水道雨天時越流に伴う病原微生物汚染研究の事例紹介 [28]

下水道の普及に取り組んできた都市では，公衆衛生の向上のほか浸水防除を速やかに行うため合流式下水道方式が採用され，その結果早期の整備が進められたことによって公共用水域の水質改善に相当の役割を果たしてきた．しかし，合流式下水道の整備区域では雨天時に雨水と汚水が混合した下水の一部が未処理で河川や海域に放流されるため，雨天時に合流式下水道の自然吐口やポンプ施設から未処理で排出される下水による放流先での水質の悪化や，この水域における水の利用者に対する公衆衛生上の影響や生態系への影響が懸念されてきていた．

公共用水域の水質保全のために，排水規制の強化や分流式下水道の整備が進むに従って，上記の合流式下水道における雨天時越流水汚濁負荷削減対策の必要性が高まってきている．大都市では，既に合流式下水道の雨天時汚濁対策として雨水滞水池の設置などが検討され，また事業計画が立てられその一部の建設もなされてきているが，より一層の対策の充実が求められている．近年，都市ではレクリエーション利用による沿岸の水辺への人々の回帰がみられることから，未処理下水による水環境の悪化が顕在化しやすい環境になっている．そこで，ここでは東京湾奥部においてCSOが発生した後の受水域での水質を評価するために，衛生指標として水質環境基準や水浴場水質基準に設定されている大腸菌群，糞便性大腸菌群を測定して，合流式下水道雨天時越流水の発生後における沿岸域における病原微生物汚染の状況を調査した研究を紹介する．

a. 研究の背景

合流式下水道の改善対策を推進する上で，雨天時に海域に放流される未処理下水および簡易処理水が海水水質に与える影響について知ることは重要である．2000（平成

12) 年9月に，親水空間として整備の進んだ東京都のお台場海浜公園において，合流式下水道から流出したとみられる白色固形物の漂着等が社会的問題になり，2001 (平成13) 年には国土交通省下水道部，海上保安庁および全国13地方公共団体が合同で合流式下水道の雨天時放流水緊急実態調査を実施した．その結果未処理下水による放流先への影響が明らかになっている[29]．

具体的に調査すべきこととしては，CSO の発生による海水への影響はいつから現れ，どのように変化していき，影響がなくなるのは何時間後なのか．また，累積降雨量や先行無降雨時間などと越流水の水質とがどのような関係をもっているのか，まだまだわかっていないことが多くある．またすべての指標が越流において同じ挙動をするとは期待できないので，病原微生物等の健康に重要な影響を与える因子については十分な検討が必要である．本研究では，沿岸域における水辺空間における健康リスク評価の関連から，CSO の発生後における水質の経時的変化および各指標間の相関について実験的に検討した．

以上の目的の下に，東京湾沿岸域において CSO が発生した後の海水を採水しその水質を評価するために，衛生指標として水質環境基準や水浴場水質基準に設定されている大腸菌群，糞便性大腸菌群に追加して腸管系ウイルス (Norovirus G1, Norovirus G2, Enterovirus) を測定し，合流式下水道雨天時越流水の発生後の沿岸域における病原微生物汚染の状況把握を目的とした．

b. 雨天時の東京湾における表層水の採取

サンプリングの対象となった東京湾沿岸域の地図を，採水地点 (19か所)，下水処理場 (3か所) およびポンプ場の位置とを合わせて図4.18に示した．なお，「St.」は Station の略であり，「Cn.」は Canal の略である．たとえば，St.A (永代橋)，St.B (勝鬨橋付近)，St.C (浜離宮恩賜庭園付近)，St.D (お台場海浜公園付近)，St.E (城南島海浜公園付近)，St.F (葛西海浜公園付近) であり，St.2, St.5, St.11, St.23 は東京都環境局の測定地点名である．

この沿岸域に直接処理水や越流水を放流している処理区としては，芝浦処理区，森ヶ崎処理区，有明地区を含む砂町処理区が該当する．分流式下水道が整備されている有明処理区を除くと，2004 (平成16) 年3月時点で，芝浦処理区，森ヶ崎処理区にはそれぞれ12と13か所のポンプ所が設置されている．これらの処理区では，雨天時にはポンプ所から未処理下水を含む雨天時下水や，水再生センターから最初沈殿からの越流水である簡易処理水が放流されることになる．

海水サンプリングは，2002 (平成14) 年8月に1回，10月に3回，ステンレスバケツで表層部の海水を採水する方法によった．なお，8月のサンプリングは降雨が終了し

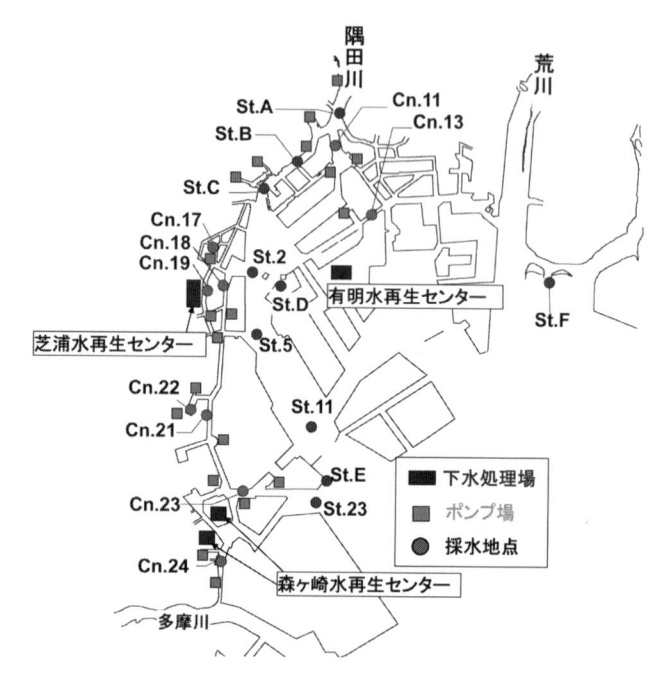

図 4.18 調査対象とした東京湾沿岸域における採水地点と関連下水道施設の位置

た翌日に実施し，10月のサンプリングは降雨が終了した翌日，2日後，および4日後に実施した．10月のサンプリング期間中雨は降らなかった．表 4.9 に 8月および 10月のサンプリングに関して，対象降雨と先行降雨の降雨量や降雨開始時刻や終了時刻についての情報を示した．降雨に関する情報は，気象庁の電子閲覧室のホームページを参照した．

8月1日深夜の降雨に比較すると，2度目の雨天時越流水後の採水対象とした 9月30日から 10月1日の降雨は，総降水量も多いものの先行降雨は比較的強めであり，先行無降雨時間は短いことがわかる．合流式下水道由来の雨天時下水由来の汚濁負荷量として，晴天時において管路内に堆積する汚濁物が初期降雨で流出するものが大きく関与している場合がある．したがって，当該降雨だけでなく先行降雨状況も把握することが必要となる．

図 4.19 には，調査対象とした降雨イベントにおける時間降雨量の変化を示した．最初の調査対象イベントでは，降雨開始とした 8月1日 22～23時の 0.5 mm の降雨ではなく，8月2日の15時から4時間の間に CSO が発生しているものと推察される．一方，2度目のイベントでは 9月30日の 8時から15時までの 6 mm の降雨において一部

4.2 都市沿岸域への汚濁負荷と微量汚染物質の動態

表 4.9 2002（平成 14）年 8 月および 10 月のサンプリングの降雨に関する情報

降雨日	8月1日～8月2日	9月30日～10月1日
降雨開始時刻*	8月1日23時	9月30日8時
降水量（大手町）	10.5 mm	66.5 mm
先行降雨終了時刻	7月25日22時	9月28日17時
先行降雨日降水量	7.5 mm	29 mm
先行無降雨時間	169 時間	39 時間

＊ 0.5 mm 以上の時間降雨量を観測した時刻を開始時刻とした．

CSO が発生している可能性もあるが，管路堆積物の多くがこの雨天時流出で下水処理場に輸送されて簡易処理されている可能性も否定できない．少なくとも大量の雨天時越流水は 10 月 1 日において発生していることが，時間降雨量変化のデータから想像される．

以上のことから，降雨終了の翌日に当たる 8 月 3 日と 10 月 2 日の受水域における水質データを比較する際には，上記のような先行無降雨時間や降雨量，当該降雨の時間降雨量変化，受水域の流出雨水による希釈状況などが複合的に影響した結果として考察することが求められる．また，2 度目のイベントでは 10 月 2 日，3 日および 5 日の水質データを比較することで，越流量の影響が経時的にどのように変化していくのかを考察することが可能である．

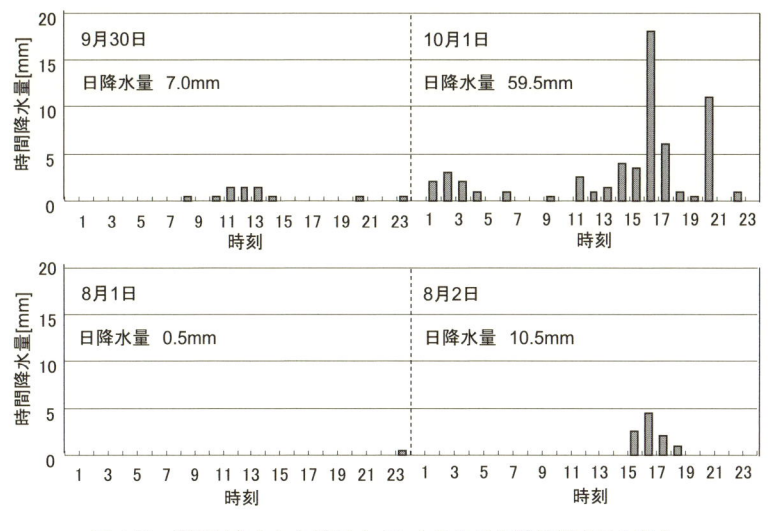

図 4.19 調査対象とした降雨イベントにおける時間降雨量の変化

c. 大腸菌群および糞便性大腸菌群の測定法

培地は，MilliQ 水 1l 当りパールコアデスオキシコーレート培地（栄研化学社製）45g を加熱溶解し，45℃で保温したものを用いた．希釈液は，MilliQ 水 1l 当りポリペプトン 1g を溶解し，それを 9 ml ずつ試験管に分注し，高圧蒸気滅菌（121℃, 15 分間）したものを用いた．

試料はあらかじめ，試料 1ml 中の大腸菌群数が 30～300 個の範囲に入るように希釈し，1ml をシャーレに加え，適量の培地を加えた．固化した後に再び適量の培地を加えて重層し，静置凝固させてインキュベーター（35～37℃）に入れた．18～24 時間培養させた後，コロニーの計数を行った．30～300 のコロニーが形成した希釈倍率の平均値をもって大腸菌群濃度とした．なお，糞便性大腸菌群は，大腸菌群のうち 44.5℃で培養したときに検出されるコロニー数で計数した．

d. 腸管系ウイルスの検出法とウイルス陽性の判定 [30]

Norovirus G1, Norovirus G2 および Enterovirus の検出手順を図 4.20 に示した．まず，採水試料をメンブレンフィルターによる濃縮と遠心分離による濃縮に供した．そして，2 次濃縮液 300 μl を分取し逆転写反応を行うと，1 試料につき 30 μl を得ることができた．腸管系ウイルスの検出を 1 回行うのに必要な量は 5 μl であるので，1 種類の腸管系ウイルスにつき，それを 6 回行った．

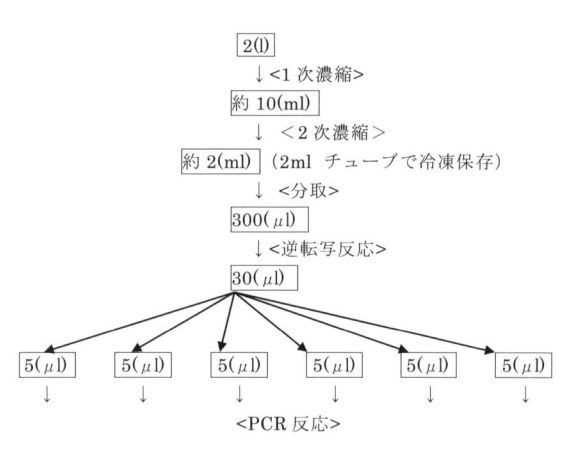

図 4.20 海水試料の腸管系ウイルス検出の手順

逆転写反応後に得られる 30 μl の試料は元の海水量に換算して 300 ml であるので，Norovirus G1, Norovirus G2 および Enterovirus の検出は海水 300 ml 中を考えていることになった．また，CellCulture-Enterovirus についても，PCR 法によるウイルス検出を 6 回行い，そのうち 1 つでも陽性の試料をウイルス陽性とした．

e. 大腸菌群数および糞便性大腸菌群数の測定結果

大腸菌群，糞便性大腸菌群の測定結果を表 4.10 にまとめて示した．計数値は，常用対数値で表示している．おおまかには，多くの地点で大腸菌群数は $10^3 \sim 10^4$ CFU/ml

の範囲にある．糞便性大腸菌群数は，大腸菌群数とほぼ同じ程度か一桁弱低めの値を示していることがわかる．まず，全採水地点でのデータがあるイベント翌日の水質について地点間の比較をすると，荒川河口付近にある St.F（葛西海浜公園地点）は他の地点に比較すると 10^2 CFU/ml オーダーであり，両日とも低めの値が観測された．

表 4.10 大腸菌群数および糞便大腸菌群数の測定結果

採水日	8月3日	10月2日		10月3日		10月5日	
地点	大腸菌群数 log(CFU/ml)	大腸菌群数 log(CFU/ml)	糞便性大腸菌群数 log(CFU/ml)	大腸菌群数 log(CFU/ml)	糞便性大腸菌群数 log(CFU/ml)	大腸菌群数 log(CFU/ml)	糞便性大腸菌群数 log(CFU/ml)
St.2	3.6	3.6	3.1	2.6	2.2	3.2	1.4
St.5	2.5	3.6	2.7	2.3	1.8	2.1	1.9
St.11	4.7	3.1	3.2	2.4	1.6	1.9	1.6
St.23	5.2	2.8	2.2	2.3	1.7	1.8	0.8
St.A	3.5	3.8	3.0	-	-	-	-
St.B	3.4	3.8	3.2	2.7	2.3	2.3	1.7
St.C	3.2	3.4	3.1	2.3	2.2	3.5	2.7
St.D	2.7	3.3	2.8	2.0	1.2	2.5	1.4
St.E	2.7	3.0	2.2	2.2	1.0	3.4	2.8
St.F	2.6	2.6	2.1	-	-	-	-
Cn.11	3.4	3.7	2.8	-	-	-	-
Cn.13	3.0	2.8	2.8	-	-	-	-
Cn.17	3.8	4.2	3.9	-	-	-	-
Cn.18	3.3	3.8	3.2	3.7	1.7	2.8	1.8
Cn.19	3.1	3.0	2.7	-	-	2.8	2.2
Cn.21	3.5	4.3	3.2	2.8	2.2	1.6	0.9
Cn.22	4.0	4.7	3.9	-	-	2.5	1.9
Cn.23	3.6	2.3	2.1	2.0	1.8	2.1	1.6
Cn.24	3.8	3.1	2.8	2.5	2.2	3.2	1.6

異なる降雨での水質の違いを検討するために，イベント翌日である8月3日と10月2日について観測データについて相対比較した結果を図 4.21 に示した．対数軸にてプロットすることで，大腸菌群数で 10^4 CFU/ml 以上の地点は8月3日では St.11，St.23，Cn.22 のみであり，10月2日では Cn.22，Cn.21，Cn.17 であり，ともに高い値を示した Cn.22 は立会川河口付近であり，運河の形状から海水交換が起こりにくい奥まった地点であり，付近にポンプ所が位置していることが特徴的である．しかしながら，両日の計数値に相関性は低く降雨ごとに汚染レベルは異なり，降雨特性に影響を受ける越流状況や隅田川からの汚濁負荷や流出水量による希釈など，複雑な現象を反映しているものと推察される．

10月の観測データについて，雨天時越流発生の翌日，2日後，4日後の大腸菌群数の変化傾向を視覚的に比較するために，地図上に測定結果を採水日ごとに分けて図 4.22 〜図 4.24 に示した．

10月2日では，運河内3地点で 10^4（CFU/ml）以上，他の多くの地点でも 10^3 〜 10^4

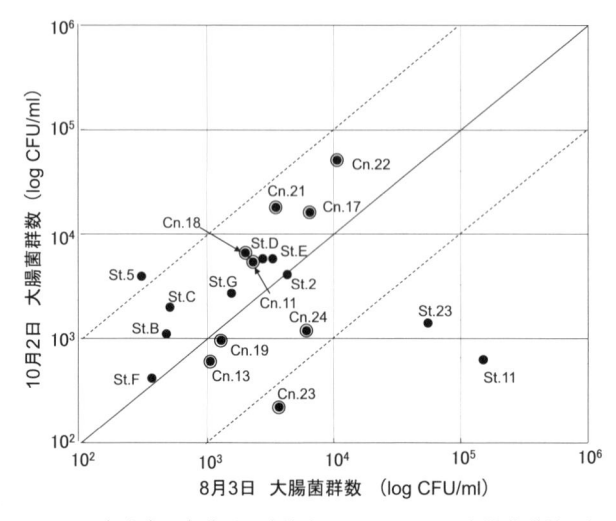

180　　　　　　　　　　4. 物質輸送と生態系のマネジメント

図4.21　2回の合流式下水道雨天時越流イベント翌日の大腸菌群数の相互関係

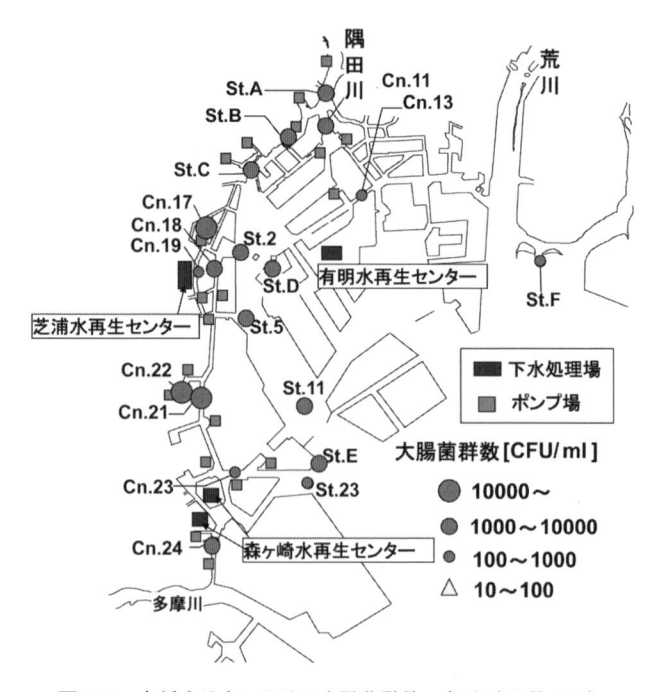

図4.22　各採水地点における大腸菌群数の表示（10月2日）

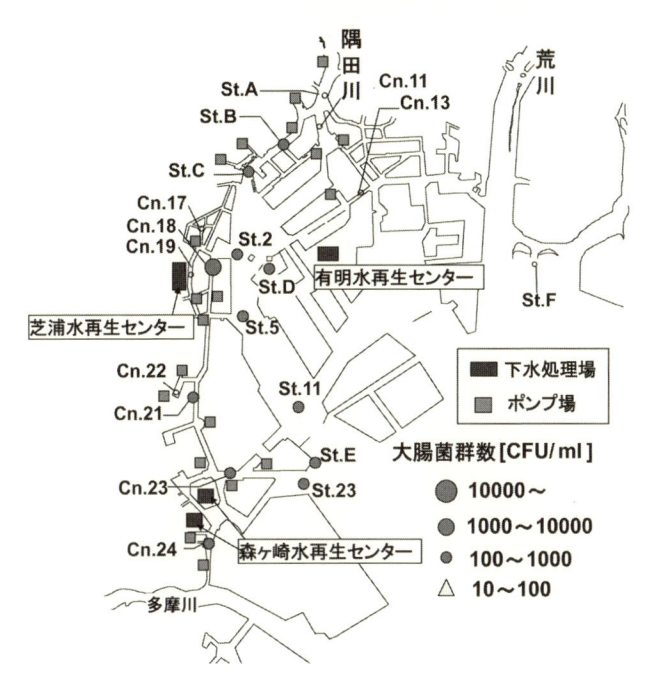

4.2 都市沿岸域への汚濁負荷と微量汚染物質の動態　　　　　　　　　　　　　　181

図 4.23　各採水地点における大腸菌群数の表示（10月3日）

(CFU/ml) である．一方, 10月3日では $10^3 \sim 10^4$ (CFU/ml) が1地点, $10^2 \sim 10^3$ (CFU/ml) の地点が多くなってきている．10月5日では, $10^3 \sim 10^4$ (CFU/ml) が逆に4地点に増加しているものの, $10^1 \sim 10^2$ (CFU/ml) と低い計数値の地点が3地点も現れている．したがって, 大腸菌群数の大まかな傾向としては, 10月3日は10月2日よりも1桁減り, 10月5日は1〜2桁減ったことがわかる．

f. 水浴場水質判定基準との比較

水浴場水質判定基準は全国一律に定められており, 5段階で評価されている（表4.11）. 具体的には糞便性大腸菌群数, 油膜の有無, COD または透明度のいずれかの項目が, 表の「不適」に該当する水浴場を「不適」な水浴場とする．そして,「不適」に該当しない水浴場について, 糞便性大腸菌群数, 油膜の有無, COD および透明度の項目ごとに水質判定を行う．

そこで, 東京湾奥部における親水空間であり将来水浴の利水目的も期待される St.D（お台場海浜公園付近）, St.E（城南島海浜公園付近）について, 10月のイベントにおける経時的な計測値を用いてこの判定基準と比較することとする．

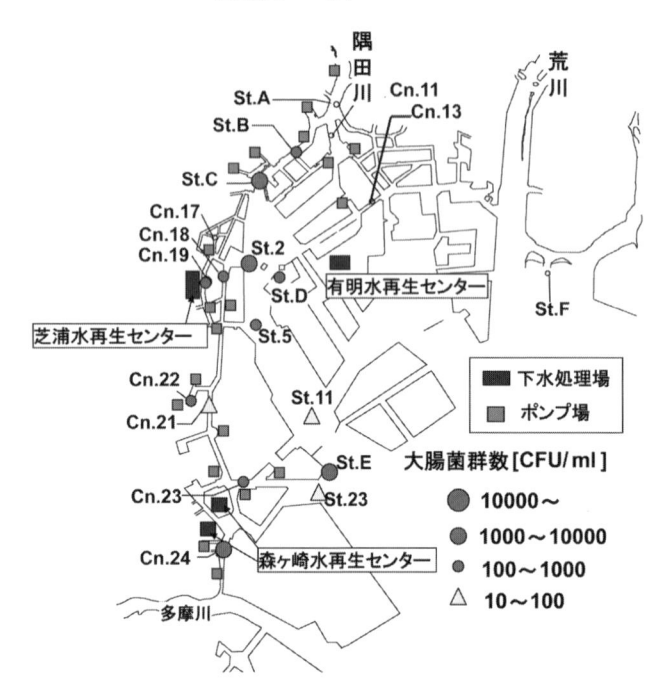

図 4.24 各採水地点における大腸菌群数の表示（10月5日）

表 4.11 水浴場水質判定基準

区分		糞便性大腸菌群数 （個/100 ml）	油膜の有無	COD (mg/l)	透明度 (水深)
適	水質 AA	不検出（2未満）	油膜が認められない	2以下	全透（1m以上）
	水質 A	100以下	油膜が認められない	2以下	全透（1m以上）
可	水質 B	400以下	常時は油膜が認められない	5以下	1m未満〜50 cm以上
	水質 C	1,000以下	常時は油膜が認められない	8以下	1m未満〜50 cm以上
不適		1,000を超える	常時油膜が認められる	8を超える	50 cm未満*

（注）判定は，同一水浴場に関して得た測定値の平均による．
「不検出」とは，平均値が検出限界未満のことをいう．
CODの測定は日本工業規格 K0102 の 17 に定める方法（酸性法）による．
透明度（＊の部分）に関しては，砂の巻き上げによる原因は評価の対象外とすることができる．

　不適と判定される 1,000 個/100 ml を超える条件は，表 4.10 で表示した CFU/ml での対数表示では1以上であることに相当する．その意味では，10月3日のSt.Eにおいて，糞便性大腸菌群の対数値がちょうど 1.0 となっているが，降雨4日後の10月5日においてはかえって増加しており，糞便性大腸菌群数に関する水浴場水質判定基準を満足し

ていない．この変動は，採水時刻の影響を受けた結果と現段階では考えている．すなわち，CSO で汚染された水塊が潮汐作用の影響を受けて海浜公園に周期的に移動している可能性を示唆している．その意味では，雨天後の晴天時においても数日以上は衛生面で安全な水質状況にならないこと，水浴場としての健康リスクを低減するためにはより一層の合流式下水道越流水対策を行うことが必要であることが指摘できる．

g. 指標微生物と腸管系ウイルスとの相関について

大腸菌群数および糞便性大腸菌群数と，腸管系ウイルスの検出結果に関係があるかどうかを考察する．具体的には，大腸菌群数および糞便性大腸菌群数が他の地点に比べて値が大きかった地点では，腸管系ウイルスが陽性として検出されているかどうかを考察した．

図 4.25 は，10 月のイベントにおける大腸菌群数および糞便性大腸菌群数の計数デー

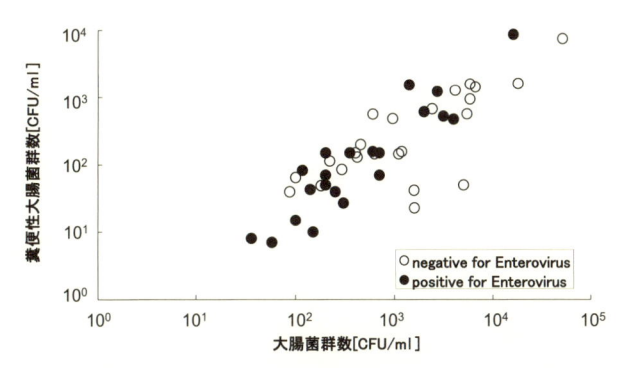

図 4.25 大腸菌群数および糞便性大腸菌群数と Enterovirus の検出との関係

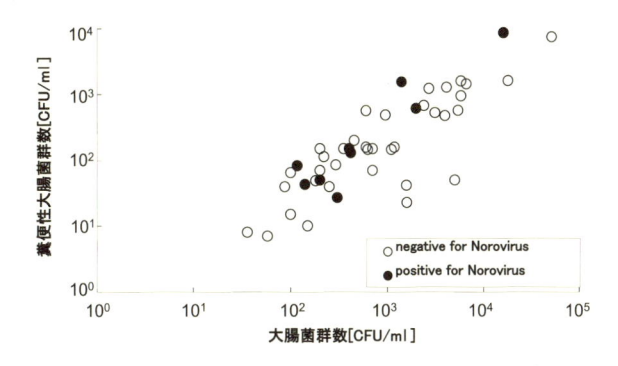

図 4.26 大腸菌群数および糞便性大腸菌群数と Norovirus の検出との関係

タと Enterovirus の検出結果との関係をグラフにしたものであり，同様に Norovirus の検出結果との関係をグラフにした結果が図 4.26 である．なお，これらの図はすべての採水地点のデータをあわせて示している．これらの図から，大腸菌群数と糞便性大腸菌群数には正の相関があるがこれらの計数値が高い場合に Enterovirus や Norovirus が検出されているという関係は見出せないことから，衛生指標として利用されている大腸菌群数と糞便性大腸菌群数が必ずしもウイルスの検出との間には相関はみられないことが考えられる．

現在，わが国における沿岸域の病原微生物汚染に対しては，水浴場では糞便性大腸菌群 (1,000 CFU/100 ml 以下)，カキ養殖場では大腸菌群 (70 MPN/100 ml 以下) などの細菌指標によって規制されている．しかし，沿岸域における病原細菌だけでなく腸管系ウイルスが，汚染された水域での水泳または汚染された魚介類の摂取という曝露経路を通じて感染症を引き起こすことも知られている．日本において海水浴が原因となる感染症も少なからず生じている可能性がある．しかしながら，腸管系ウイルスを直接検出するにはコストが高いこと，測定に時間がかかること，実験中に感染する可能性があること，などの問題がある．また Norovirus などのウイルスは，培養できないことや PCR による検出では感染性が評価できないなどの問題があり，腸管系ウイルスを定期的にモニタリングするのは実務レベルにおいては困難である．その意味では，沿岸域の微生物汚染をモニタリングするためには，大腸菌群，糞便性大腸菌群の測定は依然として有意義である．

4.2.8 都市域雨天時汚濁研究の重要性

都市域から沿岸域への汚染物質の流出や輸送を把握し沿岸域の「水質・生態系」を保全・改善することは，快適で美しい都市空間を持続的に再形成する上での基本である．都市の沿岸域は様々な汚濁負荷（都市ノンポイント汚染や合流式下水道雨天時越流水など）を受けるため，水環境や水域生態系の悪化や親水空間における健康リスクの増加が想定されている．この際，都市由来の汚染物質には平常時の排水流入や下水処理水由来だけでなく，合流式下水道雨天時越流水 (CSO) 由来の栄養塩類や病原微生物や地表面堆積物中の微量汚染化学物質も含まれる．これらは，沿岸域の生態系や富栄養化に悪影響を及ぼす物質でもあり，親水空間での安全性を評価する上で重要なものは含まれる．したがって，都市から沿岸におけるこれらの雨天時流出汚染物質の動態を把握し，管理・制御していくことが，都市の持続的な発展を図る上で不可欠である．

東京湾の中でも特に親水空間として重要でありながら汚染の可能性が高いお台

場周辺海域において，都市由来の汚染物質の輸送と動態を都市から沿岸を含めて把握し，評価を行った研究を紹介した．このように，下水処理水放流や雨天時流出水由来の汚濁現象解明の研究の重要性は増している．高い蓄積性や毒性を有する汚染物質が多く含まれている地表面堆積物は，特に都市域の水質リスク源として看過できない対象である．雨天時において，都市基盤である下水道システムを通じて排出される都市域由来の有害物質が河川や河口域の生態系になんらかの影響を想定した研究も必要である．そのためには，様々な都市ノンポイント汚染源の寄与の大小を明確に理解して発生源対策を考えるとともに，機器分析による環境モニタリングだけでなく体系的なバイオモニタリングを通じてその汚染動態や汚染に伴う環境リスクを定量的に評価することが必要となっている．

そして，雨天時汚濁物質の流出がどのような経路で，いつどのように沿岸域に流入するかを定量的に把握する必要があるため，下水道ネットワーク特性や地表面特性分布を考慮した分布型モデルを活用した雨天時汚濁流出解析を実施することが考えられる．その中でも，雨天時にイベント的に発生するCSOの汚濁負荷の起源となる下水道管路内堆積物量に着目した調査とモデル解析を行うことが期待される．

参考文献

1) 東京都下水道局：平成20年度の下水処理の状況・東京都の下水道（数字で見る東京の下水道）．2009. http://www.gesui.metro.tokyo.jp/kanko/kankou/2009tokyo/05.htm
2) 東京都環境局：平成20年度河川，東京湾，湖沼及び地下水の水質測定結果について．2009. http://www.metro.tokyo.jp/INET/CHOUSA/2009/07/60j7t102.htm
3) 東京都：東京都水循環マスタープラン．1999.
4) 東京都：東京都水環境保全計画．1998.
5) 古米弘明：都市域の雨天時汚濁負荷流出解析の現状と課題．水環境学会誌，**25** (9), 524-528, 2002.
6) 古米弘明：市街地ノンポイント汚染対策技術と適用事例．水環境学会誌，**30** (4), 172-175, 2007.
7) 新矢将尚：ノンポイント汚染 —雨天時水質汚濁の現状と対策—．生活衛生，**52** (2), 87-97, 2008.
8) 国土交通省関東地方整備局：東京湾流域別下水道整備総合計画に関する基本方針策定調査報告．2007.
9) 東京湾再生推進会議：東京湾再生のための行動計画（第1回中間評価報告書）．2007. http://www1.kaiho.mlit.go.jp/KANKYO/SAISEI/council/1st_ma.pdf
10) Pengchai P., Furumai H., Nakajima F. : Source apportionment of polycyclic aromatic hydrocarbons in road dust in Tokyo. *Polycycl. Aromat. Compd*, **24** (4-5), 713-789, 2004.
11) Pengchai P., Nakajima F., Furumai H. : Estimation of origins of polycyclic aromatic hydrocarbons in size-fractionated road dust in Tokyo with multivariate analysis. *Water Sci. Technol*, **51** (3-4), 169-175, 2005.
12) 半田暢彦，大田啓一：東京湾の多環芳香族炭化水素による汚染過程．地球科学，**17** (11),

60-67, 1983.
13) 尹　順子, 石渡良志, 塩谷　真, 松本英二：東京湾表層堆積物中の多環芳香族炭化水素の分布と特徴. 地球科学, **17** (11), 53-59, 1983.
14) 山根晶子, 長島一郎, 泉川碩雄, 岡田光正, 村上昭彦：野川流域における石油系炭化水素の雨天時流出. 水環境学会誌, **16** (4), 251-260, 1993.
15) Takada H., Onda T., Ogura N. : Determination of polycyclic aromatic hydrocarbons in urban street dusts and their source materials by capillary gas chromatography. *Environ. Sci. Technol.*, **24**, 1179-1186, 1990.
16) 小野芳朗, 永留　浩, 河原長美, 谷口　守, 並木健二, 貫上佳則：道路堆積塵埃上の物質量と環境因子との相関性. 水環境学会誌, **23** (12), 778-785, 2000.
17) Zakaria M.P., Takada H., Tsutsumi S., Ohno K., Yamada J., Kouno E., Kumata H. : Distribution of Polycyclic Aromatic Hydrocarbons (PAHs) in Rivers and Estuaries in Malaysia: A Widespread Input of Petrogenic PAHs. *Environ. Sci. Technol.*, **36**, 1907-1918, 2002.
18) Kado N.Y., Okamoto R.A., Kuzmicky P.A. : Chemical and bioassay analyses of diesel and biodiesel particulate matter: Pirot Study. Final Report, 1996.
19) Khalili N.R., Scheff P.A., Holsen T.M. : PAH source fingerprints for coke ovens, diesel and gasoline engines, highway tunnels, and wood combustion emissions. *Atmos. Environ.*, **29** (4) , 530-542, 1995.
20) Mi H.H., Lee W.J., Chen S.J., Lin T.C., Wu T.L., Hu J.C. : Effect of gasoline additives on PAH emission. *Chemosphere*, **36** (9), 2031-2041, 1998.
21) Mi H.H., Lee W.J., Chen C.B., Yang H.H., Wu S.J. : Effect of aromatic content on PAH emission from a heavy-duty diesel engine. *Chemosphere*, **41**, 1783-1790, 2000.
22) Norbeck J.M., Durbin T.D., Truex T.J. : Final Report for Characterization of particulate emissions from gasoline-fueled vehicles. Center for environmental research and technology, College of engineering, University of California, 1998.
23) Norbeck J.M., Durbin T.D., Truex T.J. : Measurement of Primary Particulate Matter Emissions from Light Duty Motor Vehicles. Prepared by College of Engineering, Center for Environmental Research and Technology, University of California, for Coordinating Research Council and South Coast Air Quality Management Distinct, 1998.
24) Cadle S.H., Mulawa P., Groblicki P., Laroo C., Ragazzi R.A., Nelson K., Gallagher G., Zielinska B. : In-use light-duty gasoline vehicle particulate matter emissions on the FTP, REP05, and UC Cycles. Final Report CSC Project E-46, 1999.
25) Watson J.D., Fujita E., Chow J.C., et al. : Northern Front Range Air Quality Study final report. Prepared by Desert Research Institute for Colorado State University, Cooperative Institute for Research in the Atmosphere, 1998.
26) Zielinska B., McDonald J., Hayes T. et al. : Northern Front Range Air Quality Study, volume B: source measurements, Desert Research Institute, 1998.
27) 国土交通省道路局：平成11年度交通センサス全国道路交通情勢調査：一般交通量調査CD-ROM. 交通工学研究会, 1999.
28) Katayama H., Okuma K., Furumai H., Ohgaki S. : Series of Surveys for Enteric Viruses and Indicator Organisms in Tokyo Bay after an Event of Combined Sewer Overflow. *Water Science & Technology*, **50** (1), 259-262, 2004.

29) 国土交通省都市・地域整備局下水道部, 財団法人下水道新技術推進機構：合流式下水道の改善対策に関する調査報告書, 2002. http://www.mlit.go.jp/crd/city/sewerage/info/cso/goryu01.html
30) Katayama H., Shimasaki A., Ohgaki S. : Development of a virus concentration method and its application to detection of enterovirus and Norwalk virus from coastal seawater. *Appl. Environ. Microbiol.*, **68,** 1033-1039, 2002.

4.3 内湾の水質と生態系

この節では，内湾における水質・生態系やそれらの変動に重要な流動現象について解説する．東京湾や伊勢湾などの内湾は水深が浅く閉鎖性が高い地形のため，海象は穏やかで津波などの災害も比較的少なく，日本の人口の多くが内湾の周辺に集中している．たとえば東京湾の流域人口は2,600万人で，国内人口の22％に及んでいる．同時に内湾は独自の豊かな生態系を有しており，古くから魚介類の宝庫として日本の食文化を支えてきた．

内湾は古くから人々にとって身近な存在であるためそこから多くの恩恵を受けてきたが，その長年のつながりに比べて我々の内湾に対する理解は十分とはいえない．これは内湾の地形が複雑で陸と外洋に挟まれて存在し，両者の影響をともに受けるために時空間的な変化に富み多様な環境が混在するために，現象の理解がきわめて難しかったことや，関係者があまりに多いため，情報共有が十分でなかったこともその理由であろう．

そのため，長良川河口堰問題，有明海諫早湾の干拓，東京湾三番瀬の埋立て計画など，内湾の開発と環境保全に向けた様々な議論においても事実関係を究明することが困難で，開発行為の影響予測が難しい状況にある．一方，特に欧米では海域の現状把握と再生に向けて様々なモニタリングが実施され，環境予測手法が開発されつつある[1,2]．国内においても，観測機器の進歩により従来測定が困難であった現象が観測できるようになるなどして現象の理解が大きく進み，その多様な環境をシミュレーションモデルによって再現したり予測したりすることも可能になりつつある．

この節では，内湾に陸域からどのように物質が流入し，内湾の水質や生態系が特有の流動条件下においてどのように変動しているか，それが物質循環にどのような影響を及ぼすかについて述べる．これによって内湾の水質変動現象のメカニズムを明らかにすると同時に，そこでの豊かな生態系を再生するにはどうしたらよいか考察する．

4.3.1 内湾への物質流入と富栄養化

内湾の水質は，周辺都市における経済活動が活発化した1950年代後半頃に悪化が始まり，高度経済成長期に伴う生活排水や農畜産排水などの流入の増加，浅海域の埋立てによる干潟や藻場の消失により1970年代に最も深刻な状況にあった．これがいわゆる富栄養化（eutrophication）である．富栄養化とは，本来は湖沼などに栄養塩が蓄積して生物生産が高くなる自然現象を指すが，近年では人間活動に伴って内湾に有機物や窒素やリンなどの栄養塩が多量に流入することを契機に，水域の有機物が著しく増加して水質が悪化する現象として一般的に知られている[3]．栄養塩（nutrient）は，植物プランクトンや海藻などの植物体の成長に必須の無機塩類の窒素やリンのことで，植物プランクトンは栄養塩を摂取して増殖するため栄養塩の量が植物プランクトンの量を左右し，ひいては動物プランクトンや魚などの海域の資源量を決定するので，通常は海域にとって不可欠な物質である．

ここでは内湾の水質や生態系の関係について考えていくための第一歩として，都市由来の栄養塩などが，内湾にどのようなタイミングで供給されているかみてみよう．それにより，内湾の水質変動に重要な因子は何かを明らかにしていく．

図4.27はお台場海浜公園における栄養塩と大腸菌，アデノウイルスの時系列である[4]．期間中には数日ごとの間欠的な降雨がみ

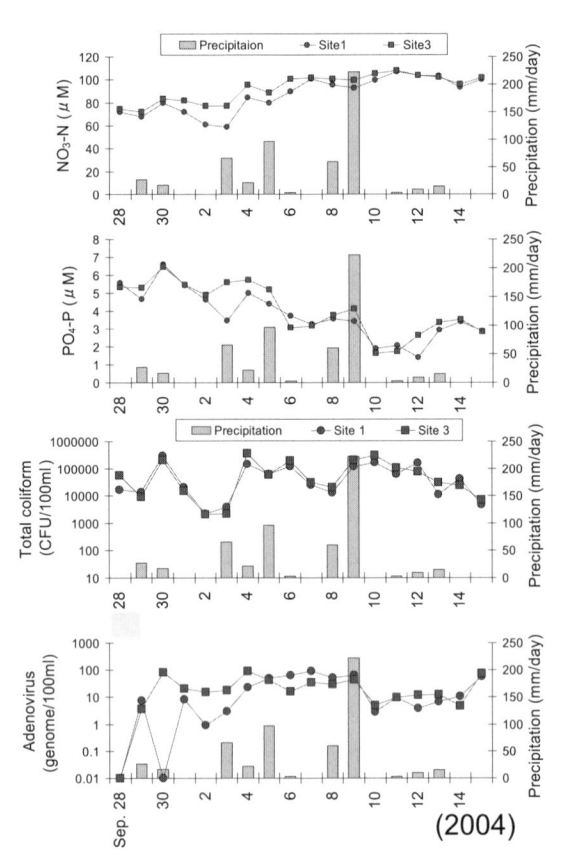

図4.27 お台場海浜公園における栄養塩・大腸菌群数・アデノウイルスの時系列

られ，このときの各栄養塩を比較すると，NO_3-N は常時一定以上の濃度に保たれ，さらに降雨に対応して増加していることがわかる．一方，同じ栄養塩でも PO_4-P については降雨に対応して増加するのではなく，逆に減少する傾向がみられる．このように，栄養塩と一口にいってもその変動パターンは項目ごと異なっており，NO_3-N については下水処理場のみならず降雨起源の寄与が大きいのに対して，PO_4-P については底泥からの溶出など降雨以外の寄与が大きく，降雨によって河川の流れが増加すると希釈されて濃度が減少する場合がある．海域の生産量は，1次生産による利用に対して最も少ない栄養塩の濃度によって制限されるため，各栄養塩がどのような時空間スケールで変動するか把握しておく必要がある．

　内湾には栄養塩だけでなく，ありとあらゆるものが流入してくる．中でも健康リスク物質の流入は，内湾の生態系やそれを利用する人々の生活に悪影響を及ぼす危険があるので，注意が必要である．日本国内の古くから下水道を整備した都市では，雨水と汚水を同一の管路を用いて流す合流式下水道が採用されており，このような都市は東京都や大阪府をはじめ191都市に及ぶ．合流式下水道では雨水と汚水が同一管路を流れるので，降水時に下水処理場の処理能力を超える雨水が流入すると，それらを未処理のまま河川や内湾に直接排水している．近年の下水処理場の整備により有機物の除去は進んでいるが，降雨時に越流した汚染物質については対応が遅れており，これを合流式下水道雨天時越流水（combined sewer overflow：CSO）問題と呼んでいる．

　図 4.27 には先ほどの栄養塩と同時期に同一地点で計測した，大腸菌およびアデノウイルスの時系列表示されている[4]．大腸菌自体は人間を含む様々な動物の腸内におり有害ではないが，糞便性汚染を知るための指標として古くから用いられており，大腸菌自体を定量するには複雑な操作が必要となるので，一般的にはそれらを含む大腸菌群数として定量する．一方，アデノウイルスは人間のみが保有するウイルスであるから，より直接的に人為起源の汚染を把握でき，その濃度は衛生リスクの検討にも利用することができる．ただしウイルスについては，その定量に濃縮操作や PCR 法などの特殊操作が必要であるため[5,6]，細菌と比べると観測事例はほとんどないのが実状である[7,8]．この図から，期間中の大腸菌群数が降雨後に100倍程度増加して，その後降雨が連続すると高いレベルを維持していることがわかる．アデノウイルスについても，大腸菌ほどではないが降雨後に顕著な増加を示し，高いレベルを維持していることがわかる．またアデノウイルスについては，降雨量が最も大きくなった10月9日以降に急減していることがわかる．これは大規模な降雨により河川流量が増加して，放出されたアデノウ

イルスが希釈されたためである．

　このように大腸菌やアデノウイルスの変動幅は栄養塩に比べて大きく，特に晴天日数の大きい間欠的な降雨後は，連続降雨時と比較して増加の幅が大きくなる．これは栄養塩が処理場等から平常時にも放出されているのに対して，大腸菌やアデノウイルスが下水管路内に堆積して降雨時に放出されるためである．そのため合流式下水道雨天時越流水で放出される物質は必ずしも降雨量に従って変動せずに，先行晴天日数や河川水による希釈などの影響を受けてより複雑な挙動を示す．

　このように陸水と海水が混合する内湾においては，様々な物質がそれぞれ異なるタイミングで流入し，そこに流動の影響などが重なることで個々の物質の挙動はきわめて複雑になる．そこで河川起源の化学成分や粒子の挙動を理解するための一手段として，ミキシングダイアグラムが利用される．

　図 4.28 は，NO_3-N，大腸菌およびアデノウイルスのミキシングダイアグラムで

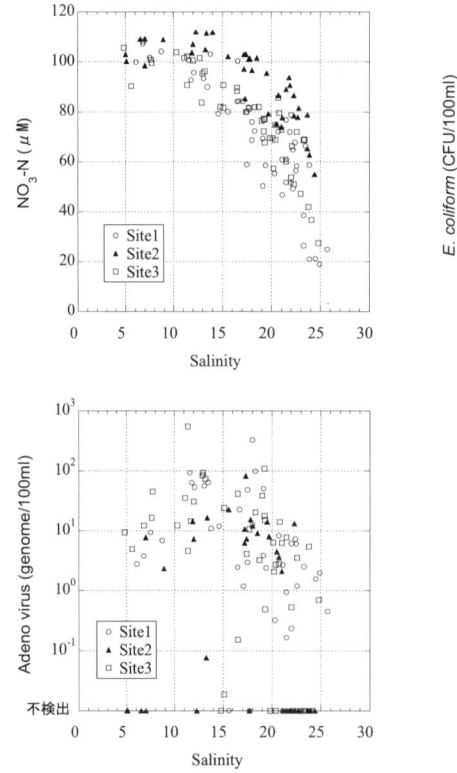

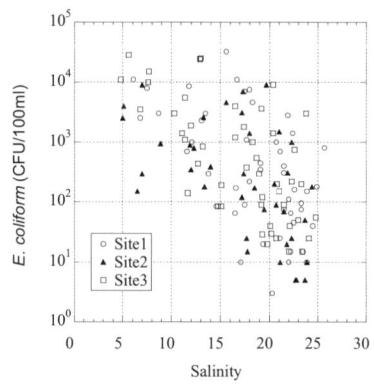

図 4.28 塩分と各流入物質の関係

ある．陸から供給される淡水は塩分が0であるため，横軸に塩分，縦軸に化学成分をプロットすると，陸水とともに放出されて淡水と海水の混合によって希釈される化学成分は直線関係をとる．一方，河川から放出された物質が取り込まれている場合には凹の曲線となり，逆に混合域で増加するような成分では凸の曲線となる．また，河川流入と無関係の物質では相関がみられないことになる[9]．この図において，NO_3-Nは塩分の減少とともに直線的に増加していることがわかる．これはNO_3-Nが陸域から供給され，海域で希釈され濃度が減少していることを意味している．また，塩分が15程度未満ではNO_3-Nがそれ以上増加しないが，これは河川水の濃度以上には増加しないためと考えられる．このようにミキシングダイアグラムは，陸起源物質の挙動とその起源での濃度を推定するのに役に立つ．一方，大腸菌やアデノウイルスについてはばらつきが大きく相関がみられないことがわかる．これはアデノウイルスや大腸菌が下水管路に蓄積していて，河川流量の増加とは異なるタイミングで供給されているとする先ほどの結果を裏付けている．

内湾の水質悪化を防止するためにこれまでに様々な対策を実施しており，たとえば1970年以降水質汚濁防止法に基づく規制，自治体と企業間の公害防止協定，下水道の整備などが行われた．現在の東京都における下水道の普及率は既に100％に達しており，これら様々な規制により，過去の公害でみられたような流域の生物や周辺住民に直接的な悪影響を与える毒性の強い物質が流入する可能性はきわめて低くなっている．東京湾では下水処理場の整備により，CODやリンについては1979年度に比べて2004年度の流入負荷はおよそ50％に減少したものの，窒素については30％程度の削減に留まっており，依然として大量の栄養塩が流入している[10]．このように栄養塩の除去率が未だに十分でないことや，過去に内湾に蓄積した栄養塩により，内湾の富栄養化をもたらしている．河川等からの直接的な有機物流入による水質汚濁を1次汚濁と呼ぶのに対して，海域内での植物プランクトン等の増殖による有機物増加を2次汚濁と呼ぶが，現在の内湾ではこのような2次汚濁が発生している．そこで東京湾などの一部の内湾では，有機物流入量だけでなく栄養塩の流入量を削減するための総量規制が実施されている．また合流式下水道雨天時越流水についてもその負荷を削減するための対策が実施されつつあり，その効果が期待されている．

ところで，このような流入負荷の削減にはそれ相応の経費が必要であるから，どこの海域でも一律に厳しい制限をかければよいかというと，必ずしもそうではない．内湾の水質生態系の機能が十分発揮される程度に栄養塩が流入することは，

内湾にとって重要なことである.そしてその程度を知ることが重要になるが,そ れらは主に内湾のもつ海水交換機能によって規定される.次項ではこのような海 水交換に重要な,内湾の流動について解説する.

4.3.2 内湾の流動構造とそのメカニズム
a. 内湾の流動現象

内湾に流入した物質は,生物・化学的な変化を受けつつ湾内の流れによって輸送されるため,内湾の流動は水質や生態系に直接的にも間接的にも大きな影響を及ぼしている.たとえば年平均の東京湾の海水交換が1.6か月なのに対して,伊勢・三河湾が0.7か月であることから,東京湾の海水交換がかなり弱いことがわかる[11].流入負荷がどんなに大量にあってもそれがまったく留まらないような海域では,富栄養化は起こらない.逆に流入負荷が小さくても著しく海水が滞留するような内湾では,容易に富栄養化が発生するであろう.したがって,内湾の海水交換を決定する湾内流動は湾内の水質や生態系を理解し,水環境問題に対して的確な対策をとる上で基盤ということができる.それでは内湾における実際の流動にはどのようなものがあるのであろうか.ここでは実測結果をもとに内湾における主な流動現象とそのメカニズムを順に明らかにする.

海流の測定方法には様々なものがあるが,古くは浮子の時間ごとの動きから流動を推定していた.このような方法は簡便であるため,現在でも河川流量の測定などに実際に用いられている.しかしこのような方法では水面以外の流動は計測できず,精度も高くないことは容易に想像できるであろう.そこで3次元的な流動構造を有する内湾の流動を調べるために,様々な流速計が考案されてきた.近年ではADCP(acoustic doppler current profiler)を用いた流動計測が主流になっている.ADCPは海水中の懸濁粒子に超音波を当てて,散乱音波のドップラーシフトを計測することで流速分布を計測する.従来の流速計は取り付けたその場所でのみ流速を測定していたが,ADCPは非接触で流動を計測できるために,実際の流動場を乱すことなく同時に多層で流速測定ができる利点がある[12,13].

ここでは流動の観測結果の一例として,東京湾の海底に設置したADCPによる流速観測結果を図4.29に示す.測得流とは,観測で得られたままの流速を意味している.まず表層と底層の測得流を見ると,1日または半日周期の強い流れがみられる.これが潮流(tidal current)である.潮流は内湾において卓越する流動成分であり,それによって内湾の流動はたえず変化しているので,内湾において流動を計測する際には潮汐の影響を十分に考慮する必要がある.河川水が上

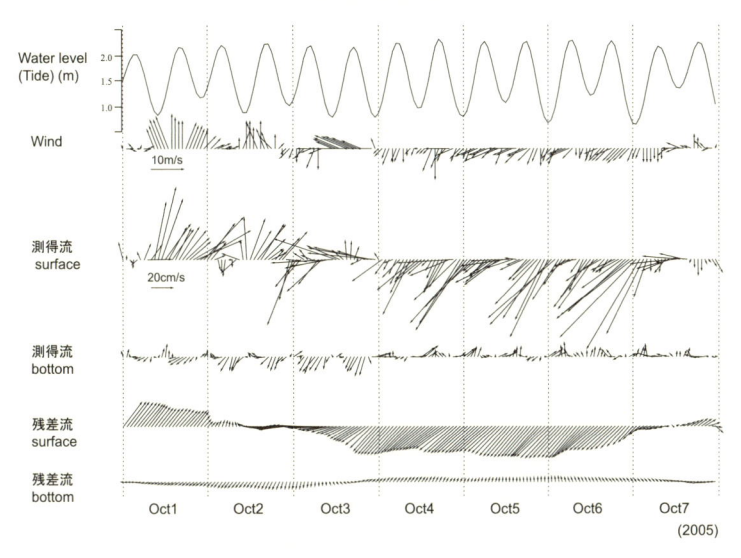

図 **4.29** 東京湾における流速観測結果

流から下流に一定して流れるのに対して，内湾水は上げ潮時には湾奥向きに，下げ潮時には湾口向きに流れるため，ある日のある時に一度だけ流速を測ってもそこでの流れを把握するには不十分である．この図のように一潮汐以上にわたって測定するか一潮汐間に少なくとも数回は測定して，測流結果の中にある潮汐成分を峻別する必要がある．また残差流は，得られた流速から潮汐成分を除去したものである．潮汐は往復流であるので，一潮汐間で正味どれだけ物質が輸送されるかを知るときには，残差流のほうが有効である．潮汐の影響は内湾に注ぐ河川にもみられ，たとえば東京湾に注ぐ多摩川では，東京の中心部に近い世田谷の田園調布堰においても潮汐による水位の変化が記録される．潮汐は田園調布堰で遮断されてこれより上流には及ばないが，堰のない自然河川ではさらに上流まで影響が及ぶことも珍しくない．たとえば河口堰が建設される前の有明海の筑後川では，河口から31kmの地点まで潮位変動があったことが知られている．

b. 潮汐による流動

内湾に最も代表的な流動現象である潮汐は，どのようなメカニズムで発生しているのであろうか．ここではその発生機構について考えてみよう．

万有引力の法則として知られるように，すべての物体はその質量に応じた引力を有しそれは距離に反比例する．太陽のまわりには地球をはじめ様々な天体が公転しており，海洋の海水はそれらすべての惑星の影響を受けて，その方向にたえ

ず引っ張られている．月は質量こそ小さいが地球との距離が他の天体と比べて圧倒的に近いため，その影響が最も強く潮の干満に現れるのである．

まず簡単のため，地球のまわりの天体が月しかなく地球上に陸がない場合を想定した場合の潮位変化を考えてみよう．月と地球はお互いの重心で回転しており，それによって生じる遠心力が両者の引力と釣り合って互いの距離が保たれている．もし月と地球が互いに回転していなければ，月は地球に衝突してしまうであろう．回転による遠心力は地球上どこでも一緒であるが，引力は距離に反比例するため場所によって異なり月に一番近い点で最も強く作用する．その反対側では引力より遠心力の方がより強いために，地球の中心から外に向かうような力が作用するので，両者の一番近い所の水面と回転外側の地球上の2か所に水面の膨らみができる．このとき図4.30に示すように地球は自転しており，1日のうちに1回転して地球上の任意の点は2つの膨らみを通過するので，1日に2回の満潮と干潮が起こる．また地球の太陽に対する公転面が地球の赤道面に対して23.5度傾いているので，場所によっては日潮不等というような1日2回の満潮の高さが異なる現象や，高緯度地方において1日1回しか満潮が発生しない海域ができる．

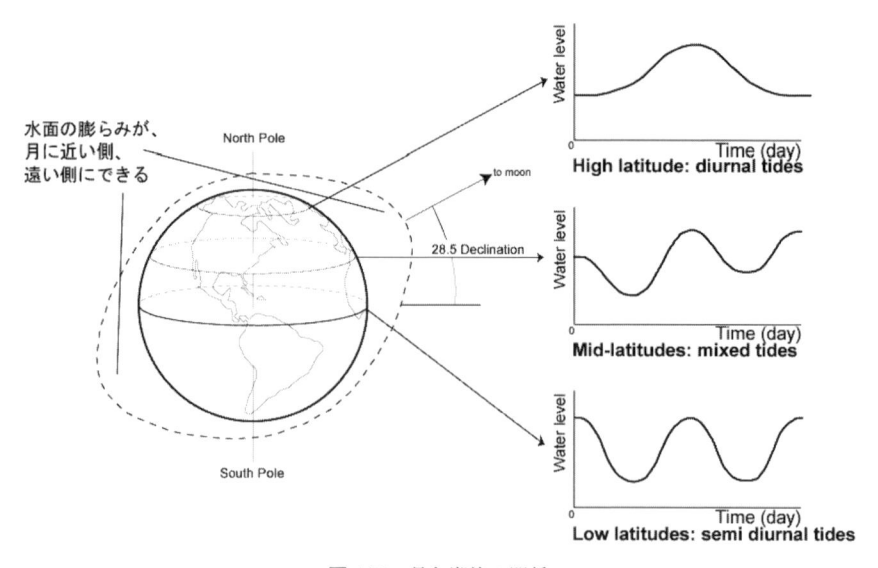

図4.30 月と潮汐の関係

より実現象に近づけるため，今度は太陽を含めて潮汐を検討してみよう．太陽

に関しても先ほどの月の場合と同じように，太陽と地球の2つの天体の位置関係から地球上のどの地点の水面が膨らむかが決定される．満月や新月のような，太陽と月と地球が一直線に並ぶときには，両者の力が同じ方向に作用して干満の差が大きくなる．逆に上弦や下弦の月のように，太陽と月と地球が直角をなしているときには，太陽によって満潮となるように力が作用するところが，月によっては干潮になるように力が作用するため両者の合力としての力が弱められ，結果として干満の差が小さくなる．このような月と太陽の位置関係により，満月や新月の頃には干満差の大きな大潮（spring tide）に，上弦や下弦の頃には干満差の小さな小潮（neap tide）となる．太陽は月と比較すると著しく大きいが同時に地球との距離も遠いので，月による起潮力のおよそ半分程度しか作用しない．月の出は1日で50分遅れるので干満の時刻も50分遅れ，大潮と小潮は2週間周期で遷移する．実際の潮汐にはすべての天体の影響が及ぶが，月や太陽以外の天体の起潮力はきわめて小さいため，実用上は無視しても差し支えない．

このように潮汐は地球上の海洋に直接作用して生じる地球規模の波であるが，内湾は地球規模でみれば著しく狭い海域であるため，そこに直接作用する起潮力は小さい．そのため内湾における潮汐は，外洋で引き起こされた潮汐が内湾の水を強制振動させて発生しているとみなすことができる．したがって一般の強制振動と同様に，湾のサイズと潮汐の周期の関係によっては共振が起こり，振幅が著しく大きくなる場合がある．

潮汐の共振がどのような条件で発生するかを考えてみよう．潮汐のような波は一般に長波と呼ばれ，その進行速度 c は，次式のように表される．ここで g は重力加速度，h は水深である．

$$c = \sqrt{gh} \tag{4.1}$$

次に湾内で反射した潮汐波が定常波を生じる条件は，湾口が振動の節となり，湾の一番奥で腹となるような場合であるから，湾の長さ l が潮汐の波長の4倍になるときで，湾の基本振動周期 T_B を用いてこれを表すと，式（4.2）が得られる．

$$T_B = \frac{4l}{\sqrt{gh}} \tag{4.2}$$

この式から，湾の基本振動周期 T_B が潮汐の周期に近くなるほど共振が発生して潮汐が増幅されることがわかる．たとえば東京湾の水深を20 m，湾長を50 kmとするとき共振周期は4.0時間となるから，潮汐の周期と比べて小さく共振を起こしにくいことがわかる．国内の内湾では有明海の潮位差が大きく5.5 mに

まで及ぶことが知られているが，有明海の水深を 20 m，湾長を 100 km とすると，共振周期は 7.9 時間となり，東京湾のそれと比較して潮汐の周期に近いことがわかる．有明海では，特に強い潮流が発生して底質がたえず巻き上げられ水が濁るために，植物プランクトンの発生が抑えられ，同時に沿岸には広大な干潟が形成されて独自の生態系が形成されている．このような水質や生態系と潮汐の関わりは重要で，潮汐は湾内水にたえず作用して，特に鉛直方向の物質混合に主要な役割を果たしている．

c. 内湾の基本構造とエスチャリー循環流

日本の内湾は比較的スケールが小さく河川の影響を強く受けるため，淡水流入に伴う流れが内湾の流動や水質変動を支配する要因の1つとなっている．河川水の影響が強い感潮水域をエスチャリー (estuary) または河口域と呼ぶが，広く解釈すると内湾全域がこの範疇に属する．

図 4.31 は東京湾の湾奥部での水温・塩分・溶存酸素 (DO) の時系列である[14]．図中にある複数の線はそれぞれが異なる水深での観測結果を表している．表面水温をみると 4 月から徐々に増加し，8 月上旬にピークとなって気温の変化に類似した季節変化がみられる．水温変化の主な要因は，海面での熱収支，水平鉛直移流，対流や拡散である．水深が浅く様々な流動現象が関与する内湾の水温変化は，外洋に比べると大きい．ここで興味深いことは表層水温に比べて底層の水温変化は小さく，水温が上がり始める 4 月中旬から水温の上下差が大きくなり，そのような状態が 9 月下旬まで続くことである．表層の水温の高い水塊は密度が小さく，逆に底層の水温の低い水塊は密度が大きいので，ひとたびこのような水温構造ができるとそれがなかなか破壊されずに長期にわたって維持されるようになる．このような水温分布を成層構造と呼び，水温が急激に変化する深度を水温躍層と呼んでいる．春から初夏にかけて成層構造ができあがると物質の拡散が躍層のところで遮断されるため，上層と下層とで流動や水質が大きく異なる原因となる．特に下層では成層構造により上に蓋をされたような効果が生じて水中への酸素供給が強く抑制され，夏場に酸素のない無酸素水塊が形成されるなど，水中の生物に大きなダメージを与えることがある．成層構造は晩秋からの寒候期に入って水表面が冷却される 10 月頃に崩壊し，その後の冬季には上下でほぼ一様になり，それに伴って下層の DO も急激に改善する．

塩分は，上層では主として河川流入に依存して変動し，降雨量の多い 7 月中旬および 8 月中旬に急激に低塩分化していることがわかる．特に河川流量の多い 8 月下旬においては中層の塩分も低下しており，水表面の淡水が水表面から 6 m

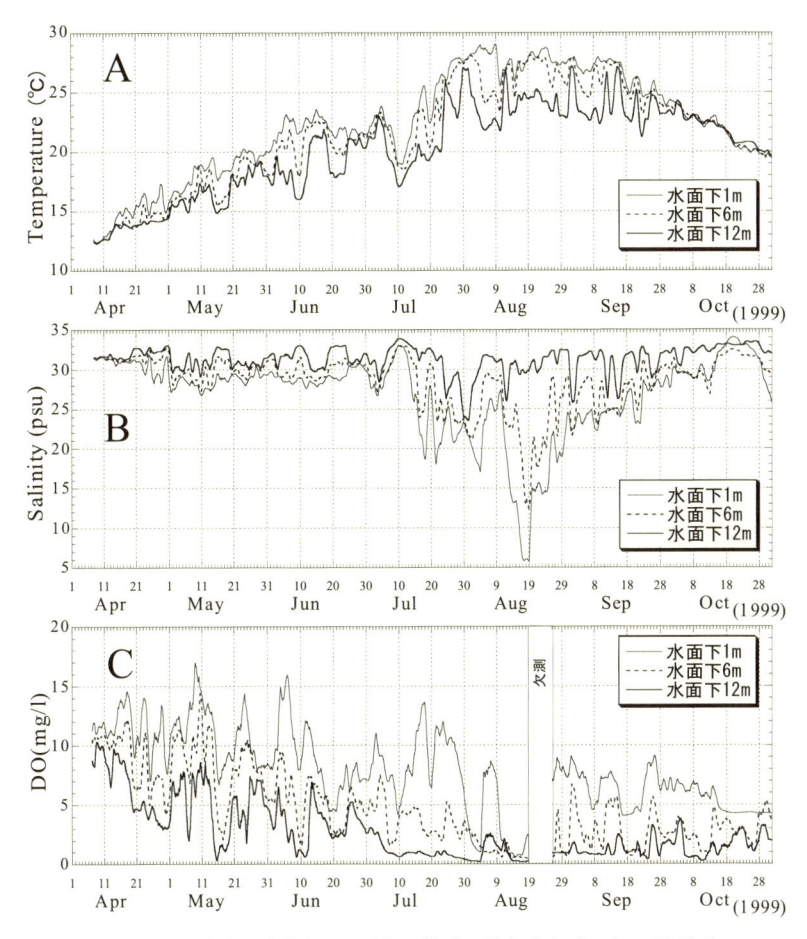

図 4.31 東京湾の湾奥部での水温・塩分・溶存酸素（DO）の時系列

にまで及んでいる．これに対して下層における塩分は水温と同様に変動が小さいことがわかる．

　海水の密度は，水温，塩分，圧力によって変化するが，内湾のように浅い水域では水温と塩分のみを考慮すればよい．海水の密度は水温低下と塩分上昇で増加し，水温の上昇と塩分の減少により低下する．塩分が1変化するのに相当する水温変化は5℃程度であることに加え，水温に比べて塩分の空間変化がはるかに大きいので，通常は塩分差によって密度の違いが生み出され，内湾において塩分躍層が解消されることは稀である．先ほどの水温成層についても，主に塩分変化に

よって成層化した水塊が夏季に加熱されることで形成されている．

このような密度の違う水塊が河口から流入することによって生じるのがエスチャリー循環と呼ばれる鉛直循環流で，その概要を図4.32に示す．河口から放出された河川水は海水と比べて密度が小さいために，内湾の表層を薄く広がりながら沖に向かって流れていく．このような河川水と湾内水の密度差を解消するように，河川水にはたくさんの海水が引き込まれる．これは連行と呼ばれる現象で，河川水が周囲の海水と同じ密度になるまで継続するため，内湾に流入した河川流量の数倍から10倍近い流量の鉛直方向循環流が誘起されることもある[15]．このようにエスチャリー循環は表層では外海向き，海底では河口向きで，その大きさは先に説明した潮汐流と比較すると著しく小さいが，潮汐が往復流で物質の水平輸送にはあまり関与しないのに対してエスチャリー循環流は一定方向であるため，物質輸送への寄与が大きい．

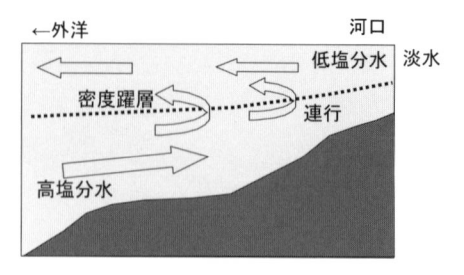

図4.32 エスチャリー循環

内湾にとっての河川の役割を論じるとき流入負荷の放出源としての側面のみが強調される傾向にあるが，河川のもつもう1つの役割として，内湾にエスチャリー循環を起こして外洋水との海水交換を促進する役割を果たしている．エスチャリー循環によって鉛直方向に循環が生じることで，内湾における水質悪化の防止や生態系の恒常性維持に役立っている．

ここで再び図4.29をみてみると，測得流が主に潮汐によって変化しているのに対して，残差流は長時間のゆっくりとしたトレンドで変化していることがわかる．このような流速の成分には長周期の潮汐成分や吹送流（wind driven current）という主に風に起因したものや，いま説明したようなエスチャリー循環流などの主に密度差に起因した密度流（density current）成分が含まれている．

エスチャリー循環の大きさは内湾によって異なるが，それを決定するのは主に塩分の空間分布であり，それを左右する潮流と河川流の寄与の大小によって河口域は弱混合型，緩混合型，強混合型に大別される．潮位差の大きい有明海では潮汐流によって鉛直混合が促進され，潮位差が4m程度になると強混合形態になる．一方，潮位差が1m程度と小さく河川流量が大きな河川では，弱混合型の混合形態となる．塩分の分布形状からこの現象は塩水くさびと呼ばれるが，上流域に

おける利水に悪影響を与えるため，国内の多くの河川では堰をもうけて塩水が侵入しないようにしている．河口域では数 km にわたって塩分が徐々に変化する汽水域が形成され，河川とも内湾とも異なる独特の生態系が成り立っている．河口堰などの建設は周辺の洪水に対する安全性を大きく高めるが，同時に堰を境に河川と海に明確な境界が形成されるようになるため，汽水域が失われてその特異な環境に適応した生物が大きな被害を受ける場合もある．さらに堰での取水によって河川流量が減少すると，内湾ではその数倍に及ぶエスチャリー循環流が減少するため，その影響は河口部生態系だけでなく，内湾の広範囲に及ぶと考えられている．

d. 吹送流

図4.29を詳しくみると，水温や塩分の変動には季節スケールの変化だけでなく，上層では風向と同じ向きの，下層や中層においては風向と反対向きの日スケール程度の変動を含んでいることがわかる．このような短期変動は，湾内の水がけっして澱んでいるのではなくたとえ海底の水でさえもたえず動いていることを表している．このような短い時間スケールの流動に大きく寄与するのが吹送流と呼ばれる，風によって引き起こされる流動である．潮汐流やエスチャリー循環流は，細長い湾や河川流入の大きな湾において卓越しやすい傾向があるが，反対に吹送流は河川流入が少なく奥行きの内湾において卓越しやすい．

通常海上には障害物が少なく海上の粗度が陸上に比べて小さいため，陸域の2倍程度風速が大きい．このような強い風によって引きずられた表面の海水がさらに下層の海水を引きずり，風下に向かう流れが生じる．吹送流は密度流と同様に一定方向への流動を引き起こすが，その発生は偶発的で特に台風のような強風では，密度成層の破壊などを通じて湾内水質や生態系に強い影響を及ぼす．

水表面における風下への流動は直感的にわかりやすいが，それによって引き起こされる流動には，内湾の地形や密度成層の影響だけでなく地球の自転の影響などが重合して様々な流れが発生する．

いま簡単のために，矩形で水深が一様の成層のない内湾に岸向きの風が吹く場合を考えてみる（図4.33）．水塊が風下へと吹き寄せられると水塊が風下に移動するため，風下側の水面が高くなり逆に風上側の水面

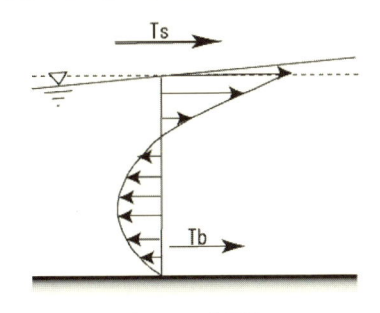

図 4.33 吹送流

は低くなる．このとき海底での水圧を比較すると，吹き寄せによって水面が上昇した分だけ風下側の水圧が高くなる．それによって海底では風上に向かうような流れが発生する．その結果，表層と底層で流れの向きが反対になるような鉛直循環流が発生する．これにより海底付近の水塊も風に対して比較的短い時間で応答して，風上方向へ移動する．さらに水域が成層化している場合には，躍層の部分で運動の伝達が阻害されるために，上層でのみ比較的強い流動が形成される．その結果，同じ水域に同様の風が吹いた場合でも，成層強度や深度の違いによって流動が大きく変化することになる．また風が止んだ後に吹送流によって傾いた密度海面が振動して，強い流れが発生する場合がある．

　風が半日程度以上連吹すると，地球が自転しているために生じるコリオリ力（Coriolis force）の影響が顕著となる．コリオリ力は北半球では運動に対して右向きに作用し，南半球では左向きに作用する．そのため風によって水面が引きずられると，その下層の水塊は引きずられると同時に北半球では右方向にコリオリ力が働き，図4.34のような深さ方向に螺旋を描くように向きを変える．このような流れはエクマンの吹送流，その鉛直分布形状はエクマン螺旋（Ekman spiral）と呼ばれている．エクマン螺旋によって水中全体で輸送される流量は，

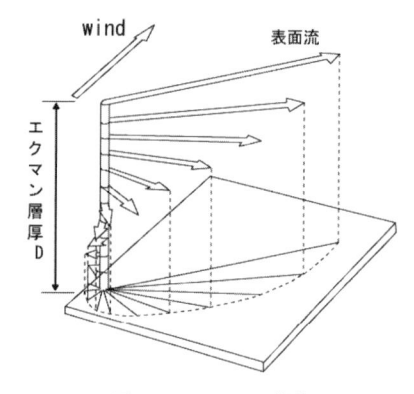

図4.34　エクマン螺旋

北半球では風向の右方向になるため，風と異なる方向に物質が輸送される．このとき流速は鉛直方向に指数関数的に減少し，水深が$z = h_E$において$1/e$（$\cong 0.37$）の流速となるが，この深度h_Eはエクマン層と呼ばれ，$h_E = \sqrt{2K_z/f}$で表される．ここにK_zは鉛直渦動粘性係数，fはコリオリパラメーターである．日本付近の内湾を想定すると，fがおよそ10^{-4}/s，K_zが$10 \sim 100$ cm^2/s程度であるからh_Eが数m～数十mとなり，風による輸送は比較的表面付近でなされることがわかる．内湾の水深がh_Eより浅い場合には，海底摩擦により風向きと同じ成分の流れが増えて，風向きと直交する成分は減少する．

　北半球では，エクマン流の方向が風向と直交する右方向であるから，風が岸を左手にみながら連吹した場合に表面の水塊が沖方向に移動する．それにより沖側の水位が高くなると海底では圧力差により岸方向の流れが生じ，図4.35のよ

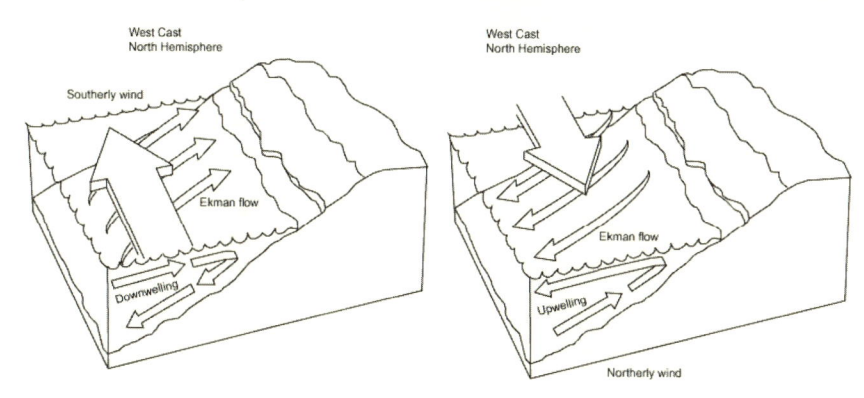

図 4.35 沿岸湧昇

うな湧昇流（upwelling）が発生する．湧昇流は通常海底にある水塊を水表面に運ぶため，後に説明する青潮等を引き起こし湾内の水質を大きく変化させる[16]．また反対に風が岸を右手にみながら連吹すると，表層で岸向きの流動が生じて表層の水塊が岸付近に厚く堆積する．

4.3.3 内湾における富栄養化現象と物質循環

周辺都市から内湾に流入した様々な物質は，これまで述べてきたような流動の影響を受けつつ沿岸海域で有機化，無機化，吸・脱着を繰り返しながら，移流・分散され外洋に流出するか，もしくは海底に堆積する．海底に堆積した後も微生物の働きにより再び内湾の物質輸送に取り込まれるなど，その挙動は複雑である．そのため我々が内湾の水質や生態系を再生していくためには，これまで見てきたような流動現象だけでなく，それと同時に起こる生物化学的な現象やこれらが複合して発生する現象を定量的に把握する必要がある．たとえば東京湾の海水の滞留時間は年平均1.6か月であり，大阪湾の1.5か月とほぼ同様であるからこれらの内湾の海水交換は等しいと考えられるが，窒素の滞留時間をみると東京湾が1.4か月であるのに対して大阪湾は2.5か月と大幅に長いことが知られている[17]．これらの過程には様々なプロセスが関与するからその解釈は容易ではないが，少なくとも個々の内湾において，流動以外の生物・化学的な変化に違いがあることを暗示している．ここでは主に富栄養化現象が，内湾の水質・生態系や物質循環にどのように影響するかについて解説する．

a. 内湾の生態系

内湾の生態系は，陸域と同様に植物を起点に構成されている．地上における植

物は様々な藻類や樹木であるが，内湾でこれに相当するのが植物プランクトンであり，一部の浅海域の海藻や海底上の付着藻類を除けば，有機物を合成する能力をもつ唯一の生物である．広大な内湾における生態系の起点となるのが植物プランクトンと呼ばれる顕微鏡でようやく見えるような微小な生物で，残りの生物はこれを食べて有機物や窒素やリンなどの体を作るのに重要な微量元素を得ていることは興味深い．

　内湾の食物連鎖網においては，生態系ピラミッドとしてよく知られるように食物連鎖の段階が上位の生物ほどサイズが大きくなり，個体数がおよそ10分の1に減少する．たとえば肉食魚は小魚を餌とし，小魚は動物プランクトンを，動物プランクトンは植物プランクトンを餌としている．そのため肉食魚は，その1,000倍もの植物プランクトンを必要としていることになる．したがって植物プランクトン量の増減は，それを捕食する上位の生態系に対して大きな影響を及ぼす．このとき上位の生態系に位置する生物ほど体のつくりが複雑で，ライフサイクルも長い．たとえば植物プランクトンは条件が整えさえすれば基本的には分裂により増殖するが，一般に魚類等は限られた産卵期にのみ産卵して子孫を増やす．そのため植物プランクトンの急な増減に対応できず，その海域に安定的に生息する植物プランクトン量の分だけ上位の生態系の生物が維持できることになる．

　植物プランクトンには多くの種が存在するが，その形態的特徴や光合成・増殖などの特性によりいくつかの分類群にまとめられる．内湾では，珪藻類・渦鞭毛藻類・ラフィド藻類などがよく見られる[18]．珪藻類は遊泳能力がなく流れに受動的であるが，渦鞭毛藻類は鞭毛を使って遊泳する能力がある．遊泳能力がある方が一見有利そうであるが，遊泳によってエネルギーを消費することや体の器官が複雑になるために，珪藻類と比べて増殖能力では劣る．様々な植物プランクトン群集が，環境変化の中で生存競争をすることで全体として植物プランクトン量が維持され，上位の生態系は植物プランクトンの生産した有機物を安定的に利用することができる．

　特に内湾では，河川から窒素やリン等の栄養塩が豊富に供給されるために，通常の海域では考えられないほど多くの植物プランクトンが生息でき，これを捕食する他の様々な生物も豊富に生息することが可能となる．このとき先に示した潮汐やエスチャリー循環等は，海底に沈んだ栄養塩を表層に戻して内湾における栄養塩濃度を一定以上に保ち，生態系の恒常性を保つ働きをしている．このため内湾は外洋と比べて面積は小さいものの，著しく生物生産量が大きな海域となっているのである．

1) 植物プランクトンと赤潮の発生　このように内湾の豊かな生態系を支える栄養塩も，その量があまりにも多くなると植物プランクトン量が増加して透明度が低下するだけでなく，従来見られなかったような種が大量発生したり有用種から非有用種に魚種が変化したりするなど，レクリエーション・漁業・商業に様々な弊害をもたらすようになり，いわゆる富栄養化現象が発生する．

富栄養化現象の発端は，赤潮（red tide）と呼ばれる植物プランクトンの異常増殖および集積によって生じる海水の着色現象である．現在の東京湾では日常的に発生している赤潮は，過去の文献から1900年頃においては大変珍しい現象であったことがわかっている[19]．その後1960年代に入って特に瀬戸内海を中心に漁業被害が発生するようになったことから，赤潮についての精力的な研究が行われ，たとえば岡市ら（1997）によってその成果がまとめられている[20]．

ひとくちに赤潮といってもその海色は様々で，増殖した植物プランクトンの種類により赤褐色から茶色など必ずしも赤とは限らない．毎年春頃に発生して海が真っ赤になる赤潮は，夜光虫という動物プランクトンの大発生によるものである．そこで赤潮の発生は，海色ではなくクロロフィルa（Chlorophyll a）が50 μg/l以上というように定義している．クロロフィルaとは植物プランクトンの光合成色素で，他にクロロフィルbやcなどがあるが，クロロフィルaについてはすべての植物プランクトンが共通して保有しているために，植物プランクトン量を表す指標として使用されている．クロロフィルaは蛍光光度法により機械的に測定できるため，これらの機器を海域に設置して連続観測することにより植物プランクトン量の変動傾向が計測できる．この方法は，採水やプランクトンネットなどを用いて採取したサンプルを実験室にもち帰り検鏡して定量するよりも容易であるため，従来は困難であった時間的に短いスパンでの連続計測が可能である．クロロフィルaについては，植物プランクトン中の含有量が種類や活性によって異なるため注意が必要であるが，多少正確性を欠いたとしても連続計測が可能になったメリットは大きい．実際には両者の長所を活かして自動計測と採水による分析を組み合わせて検討を行うことが多い．

通常植物プランクトンが異常増殖して赤潮となっても，それ自体は他の生物に危害はない．しかし中には人体や海洋生物に悪影響を与えるものもあり，これらは「harmful algae」と呼ばれ，それらの増加をHAB（harmful algal bloom）と呼んでいる．これらの植物プランクトン群は，貝類によって濃縮されて貝毒を引き起こしたり，養殖魚を斃死させたり，養殖ノリの栄養塩を奪うなどして品質を低下させることがある．また直接的な被害が出ない場合においても，赤潮により

植物プランクトンが増殖することで生態系のバランスが崩れ，関連する様々な現象が発生することになる．

2) 植物プランクトン量の変動要因 植物プランクトンの増減はどのように決定されるのであろうか．一般に生物の増減は予測が難しいが，植物プランクトンに関しては水温や光，栄養塩，成層構造や流動などから，ある程度その増減を予測することが可能である．

植物プランクトンによる光合成過程を単純化すると以下のように示される[18]．

$$106CO_2 + 106H_2O + 16NH_3 + H_3PO_4 \longrightarrow (CH_2O)_{106}(NH_3)_{16}(H_3PO_4) + 106O_2$$

光のエネルギーを利用して，二酸化炭素や水，窒素やリンといった栄養塩から有機物と酸素を作り出す過程である．

図4.36は有明海の中央付近で観測した風速ベクトル (a)，水温 (b)，日射量・降雨量 (c)，クロロフィルa濃度 (d)，DOの時系列 (e)，口之津における潮位 (f) を示している[21]．この図から，降雨があって数日後に塩分が低下したときの

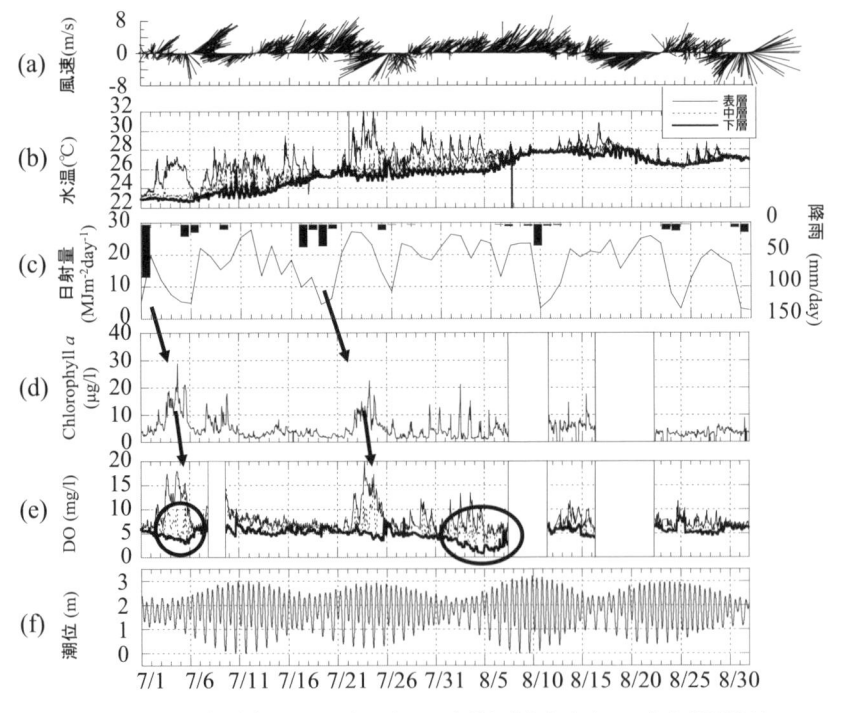

図4.36 2002年夏季における有明海での水質と佐賀気象台での気象観測結果

み栄養塩濃度が増加し，その際に日射量が十分あると植物プランクトンが増殖することがわかる．つまり有明海の中央部においては栄養塩濃度がきわめて低いために通常は植物プランクトンの増加が起こらず，降雨後に河川から栄養塩が供給されて日射が増加したときに限って植物プランクトンが増加できるわけである．

　植物プランクトンの平均的な体組成は，先に示した式に従って炭素（C），窒素（N），およびリン（P）のモル比が，C：N：P=106：16：1にあることが知られており，これをレッドフィールド比（redfield ratio）と呼んでいる．たとえば海水中に窒素が20 mol，リンが1 molあった場合には，プランクトンによって窒素が16 mol取り込まれる際にリンは1 mol取り込まれる．窒素についてはあと4 mol余ることになるが，もはやリンが存在しないために植物プランクトンはそれ以上増殖できないことになる．このように，他の栄養塩に比べて相対的に不足する栄養塩を制限栄養塩と呼ぶ．制限栄養塩は海域や時期によっても異なるが，

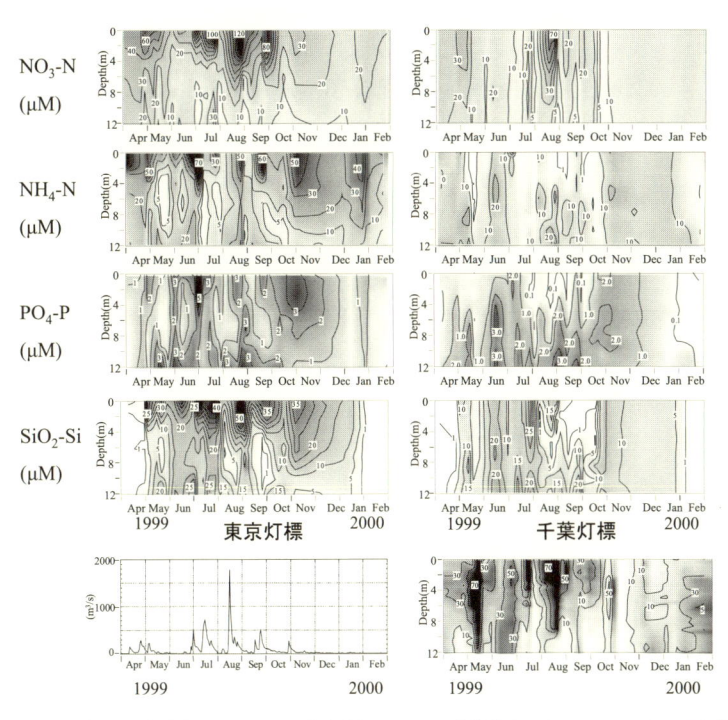

図4.37　東京湾奥部の東京灯標および千葉灯標における栄養塩と，江戸川での河川流量および千葉灯標でのクロロフィルaの時系列

先の有明海では窒素が，東京湾ではリンが制限栄養塩となることが多い[14, 21]．

図4.37は，東京湾の河口部に近い東京灯標と，河口から比較的離れた湾奥に位置する千葉灯標における各栄養塩の時系列である[14]．この図から，河川流量の増加に対応して東京灯標の表層の窒素やリンが増加することや，植物プランクトンの増加に伴って千葉灯標のリンが減少していることがわかる．この図よりNP比を算出すると，夏季の海底などを除いてはおおむね16を上回っており，東京湾がリン制限となっていることがわかる．ここで注意すべきことは，NP比から導かれる制限栄養塩はその存在比から相対的に不足する可能性のある栄養塩であるから，実際の栄養塩濃度についても吟味する必要がある．たとえば先の東京湾では，レッドフィールド比からリン制限と判断されるが，実際に植物プランクトンが吸収しえないほどリン濃度というのはきわめて低濃度であるので[22]，東京湾でリンが枯渇するのは稀で，リン不足というより，むしろ窒素があまりに多い状態にあると理解した方が適切である．図4.38は東京湾の湾奥部で1年にわたって観測したクロロフィルaと日射量の関係を表している．この図から，日射の増加に伴って植物プランクトンの指標であるクロロフィルaが増加していることがわかる．東京湾においては，十分に栄養塩が存在するために栄養塩は制限要因とはならず，植物プランクトンの大局的な変動はほぼ日射量によって説明できる．

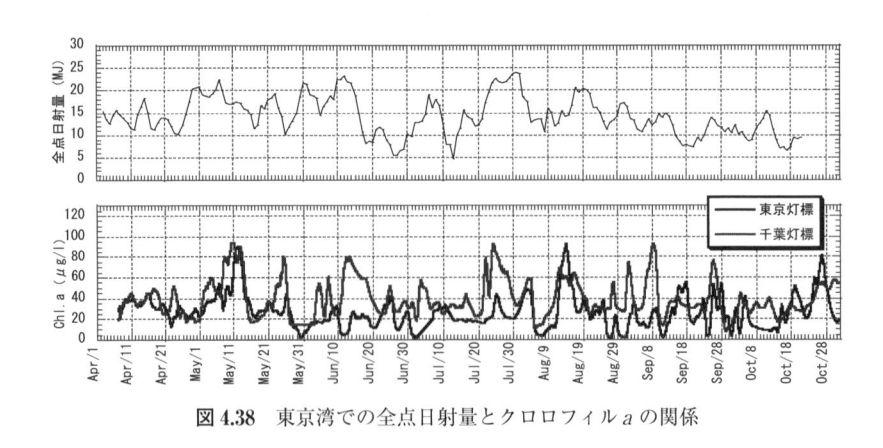

図4.38 東京湾での全点日射量とクロロフィルaの関係

3) 植物プランクトン空間分布と湾内流動の関係 　植物プランクトンの大半は水中を漂っているために，先に説明したような流動の影響も同時に強く受ける．図4.39は，東京管区気象台における風速風向・日射量・東京湾内の3地点での

4.3 内湾の水質と生態系

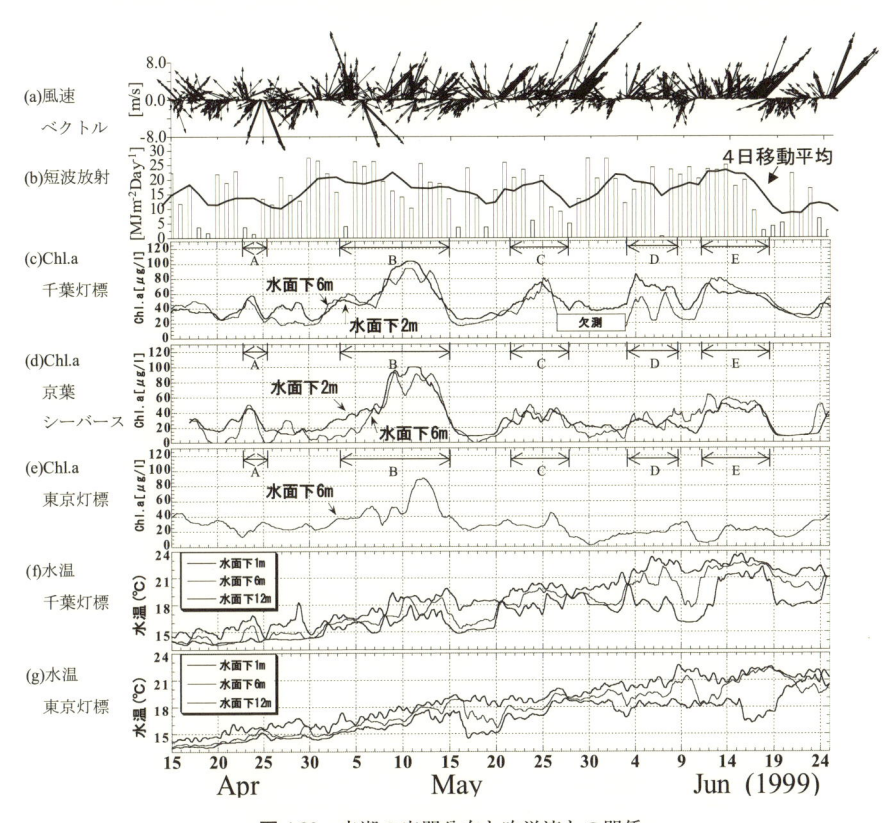

図4.39 赤潮の空間分布と吹送流との関係

植物プランクトンおよび水温の変動を示している[23]．クロロフィル a が期間中およそ5回（図4.39の期間 A，B，C，D，E）増加している．3地点での変動はほとんど同じで，湾内の植物プランクトンの大局的な変動が，湾奥部では同じことがわかる．次に赤潮が終了するタイミングを見てみると，これらはいずれも北風時であることがわかる．湾奥では，北風時に上層の水塊が湾口部に流出すると同時に，湾奥の湧昇域の水塊が植物プランクトン濃度の低い下層水にとって代わられるために，赤潮が一気に解消している．図4.39 (f)，(g) に示す千葉灯標および東京灯標における水温の時系列を見ると，北寄りの風で千葉灯標における上層水温が急激に低下するのに対し，東京灯標では下層水温が上昇することがわかる（4月25日，5月15日など）．これは湾奥の表層水が北寄りの風で東京灯標のある湾の西岸に堆積して，反対に湾の東岸の千葉灯標などでは湧昇が発生し，下

層水が表層まで到達したことを意味している．また千葉灯標と京葉シーバースのクロロフィル a の変動傾向が類似しているのは，これらの測点がともに湾東岸側に位置しているためである．一方，強い南寄りの風では，湾口付近の植物プランクトン濃度が低い水塊が流入するため期間 A, E の東京灯標では日射量が多いにもかかわらずクロロフィル a が増加しなかったものと考えられる．

このように内湾の吹送流は，植物プランクトンの増減に対して支配的な因子の1つである．このとき沿岸湧昇は付近の植物プランクトンを一時的に大きく減少させるが，同時に栄養塩の豊富な底層水を表層へと輸送するので，条件さえ整えば植物プランクトンの増殖が再び始まることになり，海域の慢性的な赤潮発生にも関与している．

4) 成層構造と植物プランクトンの関係　植物プランクトンの増減を考える際に，もう1つ重要なのは水中光量と成層構造との関係である．いま水面における光強度を I_0，光の消散係数を λ，深度を z とすると，水中の光強度は，$I(z) = I_0 e^{-\lambda z}$ が得られ，図 4.40 に示すような鉛直分布をとる．水表面における光量が1％に減少する深度は光合成によって植物プランクトンが増殖できる限界に対応しており，有光層（euphotic zone）と呼ばれる．いま光以外の制限がない場合を仮定すると，水中における光合成量は光強度と同じ分布になることがわかる．成層が発達していない条件下では，水塊は上下に混合しているため植物プランクトンは上下に動かされ，光の十分にある表層と光の弱い底層を行き来することになる．このとき水柱内の植物プランクトンの増減は，光合成と除去のバランスで決まるが，動物プランクトンによる捕食圧が低い条件においては除去は主に呼吸量に依存するため，水深方向に一定となる．春になって成層が形成され混合層（mixing layer）が有光層より浅くなると，植物プランクトンは表層の混合層で常に光合成を行うことができるため，急激に増殖する．その後さらに混合層が厚くなり有光層より深くなると，植物プランクトンはより深くまで運ばれ有光層にいる時間が短くなり，増殖速度が減少する．外洋では，冬から春にかけて光合成と呼吸による除去がバランスするような臨界深度（critical depth）よりも混合

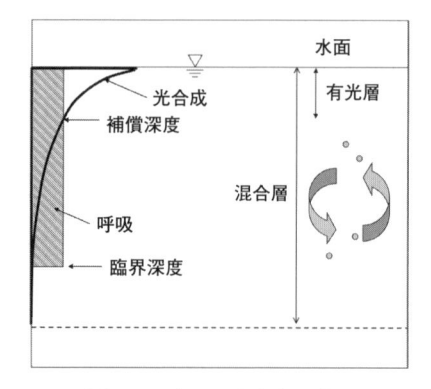

図 4.40　水中の光合成と呼吸

層が浅くなるときにスプリングブルームが発生することが知られている．これがいわゆる Sverdrup（1953）の臨界深度理論である[24]．内湾では有光層厚さよりも水深が浅いこともあるし，透明度が著しく低いために有光層がごく薄い場合などもあるため，この理論を本来どおりのスプリングブルームに適応可能である場合は限られるが，密度の鉛直プロファイルと植物プランクトン増殖速度との関係を検討する上で上記の考え方は有効である．図 4.41 は東京湾の中央で観測した水温，クロロフィルa，光合成有効放射（PAR）の鉛直プロファイルである．混合期から成層期に入り，混合層が発達した際に上層で植物プランクトンが増加し，特に混合層厚と有光層厚が等しくなる時期において，植物プランクトンが高濃度になっていることがわかる．このときに著しく増殖した植物プランクトンは，その濃度が著しく高濃度になったために自己遮蔽によって光制限となり，その後急速に減少している．内湾における植物プランクトンの増減は，前述したように大局的には光制限や栄養塩制限によって説明が可能であるが，ほぼ同様の日射量，栄養塩条件にもかかわらず極端に増殖するような場合は，躍層の位置が有光層に近い場合など，水塊の鉛直分布構造が植物プランクトンに有利な条件であることが多い．

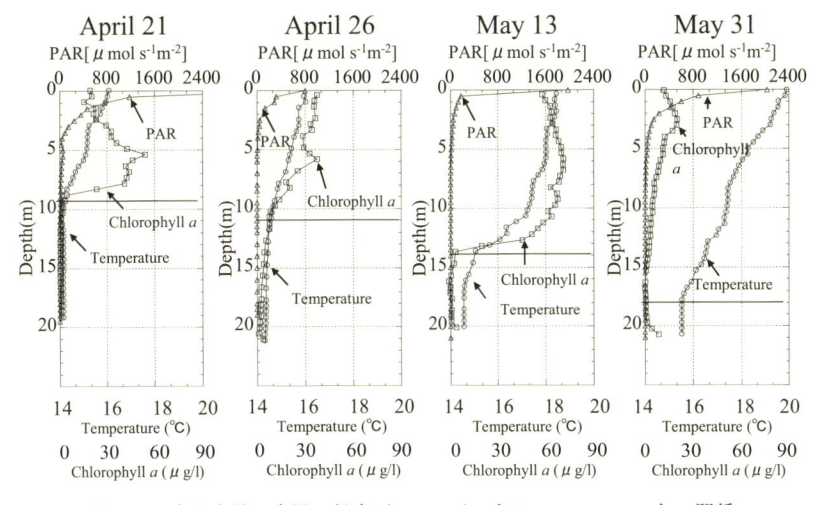

図 4.41　水中光量・水温の鉛直プロファイルとクロロフィルaとの関係

b. 赤潮に伴う海底の貧酸素化と栄養塩溶出

植物プランクトンは，通常の生態系では動物プランクトンに捕食されることで

食物連鎖網にのって，様々な生物に欠くことのできない有機物や栄養塩の供給源として機能していることは既に説明したとおりである．しかし赤潮によって大量に植物プランクトンが増殖すると，動物プランクトンによる捕食が追いつかず，さらに内湾では枯死した植物プランクトンが分解されるのに十分な水深がないため，その多くが海底に沈降して堆積する．このように光合成により生産された有機物が堆積する割合は，外洋では1%に過ぎないが沿岸域では10〜50%に及び，海底に堆積した有機物の90%から99%は底泥中に生息する微生物群集によって分解される[25]．それにより富栄養化した内湾では通常の植物プランクトンから動物プランクトンへの食物連鎖経路ではなく，腐食食物連鎖に向かう経路が相対的に多くなる．

　海底における植物プランクトンの分解には，酸素が利用されるため，海底の溶存酸素（dissolved oxygen；DO）は急激に減少するが，特に成層期においては植物プランクトンが増殖し有機物の沈降量が増加することに加え，表層からの酸素供給が躍層によって遮断されるため，海底のDO減少が著しくなる．そのため富栄養化の進んだ内湾では，しばしば海底の酸素が著しく低い貧酸素水塊（oxygen depleted water）が形成されるようになる．

　海底のDOが海中の生物に与える影響については様々な研究が行われているが，DiazらによるとDOが1.1〜2.0 mg/lを下回ると海底生物の大量斃死が発生するという[26]．また風呂田も東京湾における海底の溶存酸素濃度と底生動物現存量との関係などから，底生動物群集の生き残りに必要なDOとして2.0 mg/lを示した[27]．底層が貧酸素化すると魚はそこから待避する行動をとるが，遊泳能力が低い貝類等の底生生物は逃れることができずに死滅してしまう．そのため夏季になると海底の広い範囲に無生物域が形成され，植物プランクトンの捕食者が大きく減少し，さらにそこで致死した生物や沈降した植物プランクトンが分解されるときに栄養塩を再び海域に放出するため，その後の植物プランクトンの増殖を招くことになる．このようにひとたび貧酸素水塊が形成されると酸欠により様々な生物が致死し，湾内の生態系へ著しいダメージが生じる．

　図4.42は，千葉県水産試験場による貧酸素水塊の観測例である．この図から，東京湾の中央部の広範囲に溶存酸素濃度3 mg/lを切るエリアが広く分布していることがわかる．このような貧酸素水塊は主に吹送流に伴って移動し，その分布を広く変えながら初夏から初秋までの6か月程度，内湾に停滞する．特に東京湾の湾奥部には，浚渫窪地といわれるような埋立ての際にできた窪地が多数存在しており，このよう場所では海水が停滞するため年間の2/3にも及ぶ長期間にわ

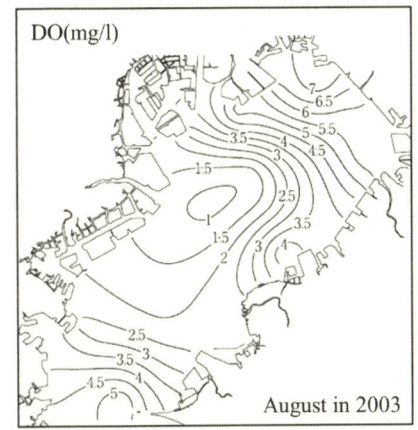

図 4.42 東京湾における 2003 年 8 月の底層 DO（左）と同年 11 月の底生二枚貝類の生息（右）[28]

たって貧酸素水塊が形成される場合がある．図 4.42 には，先ほどの貧酸素水塊と同じ年に貧酸素水塊が形成された後の二枚貝類の生息分布もあわせて示されている．この図から東京湾湾奥部の南部と北部の三番瀬周辺を除く湾内の広い範囲において，二枚貝類が斃死しており，その海域と貧酸素水塊の発生海域が類似していることがわかる[28]．

大量の有機物の沈降により貧酸素化した海底で代謝活性が増加すると，底泥に堆積した有機物は様々な嫌気性細菌の働きにより分解されることによって再び無機栄養塩となり，底泥の間隙水に蓄積され拡散によって水中に再放出される．

この際，脱窒反応は海域の窒素に対して重要な反応の 1 つで，以下のように示される．

$$NO_3\text{-}N \rightarrow NO_2\text{-}N \rightarrow NO \rightarrow N_2O \rightarrow N_2$$

この反応は，硝酸イオンを窒素へと還元して窒素ガスを生成し，水中から窒素を除去するので，富栄養化された海域から窒素を浄化する機能を果たしている．図 4.37 において夏季の海底で $NO_3\text{-}N$ が低いのは，このような脱窒の影響もその一因とみられる．脱窒は特に干潟において底生生物の働きにより嫌気層に $NO_3\text{-}N$ が輸送されるため，大きいとされている．

その後，底質中の $NO_3\text{-}N$ が使い果たされた後は，硫酸還元が起こるようになり，硫酸イオンから硫化水素が生成される．このように底泥では，様々な細菌が環境に応じて段階的に作用することで，堆積した有機物が再び無機栄養塩へと変化する．

底泥の間隙水中に再生された無機栄養塩のうち窒素は，アンモニアとして水中

に溶出するが，リンでは好気的環境と嫌気的環境では挙動が異なり，好気的環境では底泥に豊富に存在する鉄に吸着するため底泥中に留まる．しかし嫌気的環境になると鉄から遊離して再び間隙水中に移動し，拡散によって直上水に放出されるようになる．先に示した図 4.37 において夏季の海底でアンモニアやリンが高濃度なのは，このような溶出によって海底からこれらの栄養塩が供給されたためである．

底泥から溶出したリンや硫化水素を含む底層水が吹送流に伴う沿岸湧昇により水表面まで湧昇し，水面において硫化物と酸素が反応して，海面が乳白色に変色すると青潮（blue tide）となる[16,29]．青潮は酸素濃度が低い海底の水であるために，貝類などの浅海域の遊泳力の弱い生物は酸欠になるなどして大量斃死を招く場合がある．また遊泳力の高い魚類についても，港に青潮が流入した場合などに逃げ場を失い，また養殖生け簀等で魚介類が逃げることができない場合に，大きな被害となる．

c. 湾内の栄養塩循環と数値シミュレーション

これまで見てきたように，赤潮や貧酸素化，青潮は実は互いに関連した現象である．ひとたび大規模な赤潮が発生すると，それを契機として海底の貧酸素化が発生し，栄養塩や硫化物の溶出を招く．またこれらの水塊が吹送流により湧昇した際には，それらの海底からの栄養塩が有光層に供給されるだけでなく，青潮による硫化物や酸欠による生物の大量斃死によって栄養塩の供給を増幅させ，次の赤潮を発生させる原因となるなど悪循環に陥る．したがって個々の現象を把握するだけでなく，物質循環として現象の相互関係を理解して悪循環を断ち切るようにしていく必要がある．

近年の観測機器の進歩により様々な項目が従来と比較して著しく容易に連続測定できるようになってはいるものの，ある場所での物質濃度に対して実際に海域を通過する物質のフラックスを測定することはきわめて困難である．そこで年数回の限られた情報から定常状態を仮定して，塩分濃度差から，海水交換フラックスを算定し，それに平均的な栄養塩濃度を乗じることで，大まかに湾内の栄養塩収支を算出する[30,31]．このような方法は，塩分の供給が外洋からのみなされることに着目した巧みな方法であるが，イベント的な現象の影響や局所的な開発行為が湾内に及ぼす影響を将来予測するには不向きである．

そこで近年では，潮汐や様々な流動を再現するための 3 次元流動モデルと，窒素・リンなどの栄養塩や植物プランクトン等の低次生態系を再現するための水質・生態系モデルを組み合わせることで，直接的に時々刻々物質フラックスを算定す

るようになりつつある．流動モデルとしては，静水圧近似と Boussinesq 近似に基づく準3次元の流動モデルが利用される[32]．また水質・生態系モデルについては，Kremer・Nixon（1978）に代表されるコンパートメントモデルが利用される[33]．これらのモデルでは，これまで述べてきたような生物化学的な反応や，海水流動や，それらの相互関係を定量的に算定できるため，内湾の水質・生態系の改善に向けて，将来予想を実施する場合や内湾における開発行為の影響を把握する場合に用いられる．

その一例として，東京湾で用いられた物質循環モデルの概要を図4.43に示す[34]．このモデルでは，3次元流動モデルと，5つのコンパートメントからなる植物プランクトン，動物プランクトン，分解速度によって易分解性と難分解性に分類した，各栄養塩ごとのコンパートメント等からなる水質・生態系モデル，底泥内の有機物分解や無機栄養塩の拡散等をモデル化した底泥モデルを組み合わせて成り立っている．

図4.44に，数値シミュレーションから得られた東京湾における窒素およびリン収支の一例を示す．窒素は降雨にも豊富に含まれており，河川水や降雨から内湾に供給される．植物プランクトンに取り込まれた窒素は海底で分解され NH_4-N として供給され，一部は

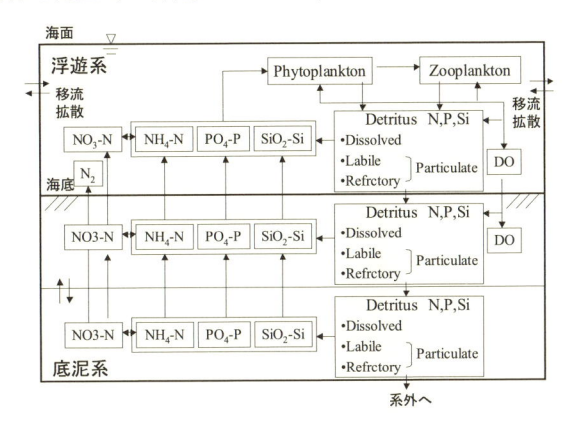

図4.43 生態系モデルの概要

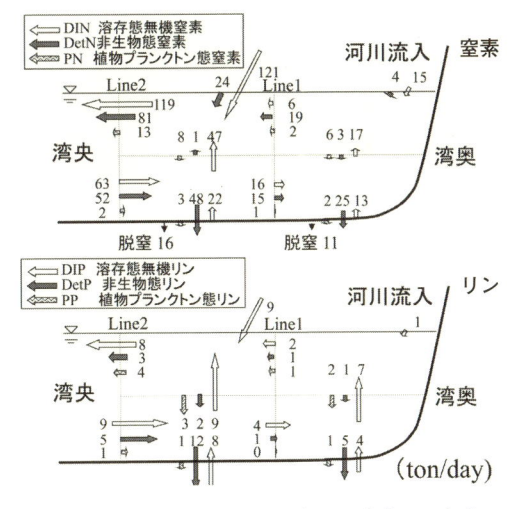

図4.44 東京湾における年間の窒素リン収支

脱窒により大気中に失われる．特に河川から表層に供給される無機態の総量が著しく大きく，特に東京湾の湾奥となるLine 1と2で囲まれる海域で著しく大きい．下層においては河川流入負荷の約4割が沈降しているが，約2割が脱窒により系外に移出しアンモニア態によって溶出する分も2割あるので，湾外への流出は流入負荷のおよそ6割である．このように窒素は著しく余っており，そのほとんどが無機態のまま湾外に移出している．一方，リン（下段）では下層から上層に移流・拡散で供給される負荷量が窒素と比べて大きく，河川流入負荷と同程度となった．なお松梨（1996）はセジメントトラップや溶出実験により[35]，東京港付近における窒素溶出量が沈降量の30〜40%，リンでは65〜70%としており，本計算結果と概ね一致している．一方リンの循環は窒素と比べると単純であり，主に河川から供給されたものがプランクトンに取り込まれた後，これが海底に堆積して，底質に吸着し，多くが保持される．底泥に保持されたリンは夏季に再び循環に回帰されることで，再び植物プランクトンに利用されている．これらは再び沈降するかまたは溶存態有機リンとなることで湾内に保持され，東京湾からなかなか出て行かずに，繰り返し利用されることで湾内の赤潮が助長されている．いずれの循環においても植物プランクトンは，物質の循環に重要な役割を果たしている．内湾に放出された栄養塩は海水に溶存しているため，流動に対して完全に受動的であるのに対して，いったんプランクトンに取り込まれた栄養塩は粒子としての挙動をとるようになる[36]．

既に内湾の水環境評価ツールとしてここに示したような数値モデルが多数用いられているが，そのほとんどがたとえば「夏季の平均的なCODを再現して，それを開発行為の有無で比較する」というように利用されている．内湾の水質はこれまで見てきたように，比較的短期的なイベントが互いに関連して発生している場合も多いので，このような平均場による評価によって開発行為の影響の有無が十分評価できるとは考えにくい．これまで現況のモニタリングが不十分であるために，詳細なモデルの評価ができなかったことも一因としてあるので，観測結果が蓄積とともにモデルの予測精度も向上していくことで，より信頼性の高い環境評価や環境予測が可能になるものと期待される．

4.3.4 魅力的で質の高い内湾環境の創造へ向けて

この節では，内湾における水質と生態系の変動メカニズムについて解説した．内湾は陸と外洋の境界領域であるため，そこでの現象は複雑で，物質循環を理解するためには物理現象のみならず化学や生物的な現象を同時に検討する必要があ

り，高度な学際研究が必要となる．従来では観測が不足していたこともあり，せっかくシミュレーションをしてもその結果を検証することができなかったが，このような状況は現在急速に改善されつつある．

また内湾の水質や生態系の改善にあたっては，下水処理場の建設を中心に流入負荷を減らす努力が行われてきたが，下水処理場で処理できる栄養塩量には限りがあり，また都市部の地価高騰などの影響もあって，このような対策が容易に進まないのが実態である．一方，内湾の物質循環は流入負荷だけで一義的に決まるものではない．内湾における赤潮から青潮につながるようなネガティブスパイラルを断ち切るために，今後はオンサイトの対策も積極的に取り組んでいく必要がある．

内湾は我々の生活にも最も身近で外洋ほどは広大でないので，現象の理解が進めばそれを制御することも可能な領域である．これまでは研究の遅れてきた干潟や藻場等についても定量的な理解が進みつつあり，それらが環境に対してなぜどのように良いかが解明されつつある．これらの自然から得られた知見を上手に活用していくことで，将来の内湾を，魅力的な水辺空間と生物が豊富で安定した漁業生産が営める空間へと再生できる可能性は十分にあるといえよう．

参考文献

1) Jøgensen B. B., Richardson K. eds. : Eutrophication in Coastal Marine Ecosystem, A.G.U., p.273, 1996.
2) Ærtebjerg G., Andersen J.H., Hansen O.S. : Nutrients and Eutrophication in Danish Marine Waters. Ministry of the Environment, National Environmental Research Institute, p.126, 2003.
3) 橘　治国，那須義和：富栄養化水域での水質の解析．水の分析（日本化学分析科学会北海道支部），p.493，化学同人，1999.
4) 鯉渕幸生，中村格之，小野澤惠一，原本英司，片山浩之，古米弘明，磯部雅彦，佐藤愼司：東京湾お台場海浜公園における雨天時合流式下水道越流水の影響調査．海岸工学論文集，52, 886-890, 2005.
5) Heim A., Ebnet C., Harste G., Pring-Akerblom P. : Rapid and quantitative detection of human adenovirus DNA by real-time PCR. J. Med. Virol., 70, 228-239, 2003.
6) Katayama H., Shimasaki A., Ohgaki S. : Development of a virus concentration method and its application to detection of enterovirus and Norwalk virus from coastal seawater. Appl. Environ. Microbiol., 68, 1033-1039, 2002.
7) Ackerman D., Weisberg S. B. : Relationship between rainfall and beach bacterial concentrations on Santa Monica Bay beaches. J. Wat. Health., 447-465, 2003.
8) 古米弘明，高田秀重，福士謙介，中島典之，片山浩之：環境中における雨天時下水道由来のリスク因子の変容と動態．建設技術研究開発助成制度研究成果報告書，p.177, 2003.
9) 栗原　康編：河口・干潟域の生態学とエコテクノロジー．東海大学出版会，p.335, 1988.
10) 中央環境審議会：第6次水質総量規制の在り方について，p.48, 2005.

11) 宇野木早苗, 岸野元彰：大局的に見た内湾の海水交流. 海岸工学論文集, 24, 486-490, 1977.
12) Appell G. F., Bass P. D., Metcalf M. A. : Acoustic Doppler Current Profiler performance in near surface and bottom boundaries. *J. Oceanic Eng.*, **OE-16**, 390-396, 1991.
13) Candela J., Beardsley R. C., Limeburner R. : Separation of tidal and subtidal currents in ship-mounted Acoustic Doppler Current Profiler observations. *J. Geophys. Res.*, **97**, 767-788, 1992.
14) 鯉渕幸生, 小倉久子, 安藤晴夫, 五明美智男, 佐々木 淳, 磯部雅彦：東京湾湾奥部における栄養塩の周年変動に関する現地観測. 海岸工学論文集, **47**, 1066-1070, 2000.
15) 宇野木早苗：内湾の鉛直循環流量と河川流量の関係. 海の研究, **7**, 283-292, 1998.
16) Koibuchi Y., Isobe M. : Blue Tide occurred in the west of Tokyo Bay in Summer of 2004. *Proc. 3rd International Conference on Asia and Pacific Coast*, 1512-1521, 2005.
17) 柳 哲雄, 高橋 暁：大阪湾の淡水応答特性. 海と空, **64** (2), 63-70, 1988.
18) Parsons T. R., Takahashi M., Hargrave B. : Biological Oceanographic Processes 3rd Edition, Butterworth-Heinemamm Limited, 1984. 高橋正也, 古谷 研, 石丸 隆監訳：生物海洋学 2 粒状物質の一次生成. 東海大学出版会, p.90, 1996.
19) Nomura H. : Changes in red tide events and phytoplankton community composition in Tokyo Bay from the historical plankton records in a perios between 1907 and 1997. *Oceanography in Japan*, **7** (3), 159-178, 1998.
20) 岡市友利編：赤潮の科学. 恒星社厚生閣, p.337, 1997.
21) 鯉渕幸生, 佐々木 淳, 有田正光, 磯部雅彦：有明海における水質変動の支配要因. 海岸工学論文集, **50**, 971-975, 2003.
22) Jøgensen S.E., Nielsen S.N., Jøgensen L.A. : HANDBOOK OF ECOLOGICAL PARAMETERS AND ECOTOXICOLOGY, ELSEVIER, 10-67, 1991.
23) 鯉渕幸生, 五明美智男, 佐々木 淳, 磯部雅彦：現地観測に基づく春季の東京湾における赤潮発生機構. 海岸工学論文集, **47**, 1071-1075, 2000.
24) Sverdrup H. U. : On conditions for the vernal blooming of phytoplankton. *J. Cons. Explor. Mer.*, **18**, 287-295, 1953.
25) Suess E. : Particulate organic carbon flux in the oceans – sulfide productivity and oxygen utilization, *Nature*, **288** (20), 260-262, 1980.
26) Diaz R. J., Rosenberg R. : Marine benthic hypoxia : a review of its ecological effects and the behavioural responses of benthic macrofauna. *Oceanography and Marine Biology : an Annual Review*, **33**, 245-303, 1995.
27) 風呂田利夫：底生動物からみた環境回復目標. 月刊海洋, **35** (7), 470-475, 2003.
28) 石井光廣, 庄司泰雅：東京湾における 2003 年のアカガイ大量発生. 千葉県水産研究センター研究報告, No.4, 35-39, 2005.
29) 環境庁水質保全局：青潮発生機構解明調査, p.35, 1992.
30) Officer C. B. : Discussion of the behavior of non-conservative dissolved constituents in estuaries. *Estuarine, Coastal and Marine Sci.*, **9**, 91-94, 1979.
31) 佐々木克之：プランクトン生態系と窒素・リン循環. 沿岸海洋研究ノート, **28** (2), 129-139, 1991.
32) Blumberg A. F., Mellor G. L. : A description of a three-dimensional coastal ocean circulation model. In N. Heaps (Ed.), Three-Dimensional Coastal Ocean Models, 1-16, American Geophysical Union, Washinton, DC, 1987.

33) Kremer J. N., Nixon S. W. (1978)：中田喜三郎監訳, 沿岸生態系の解析. 生物研究社, p.227, 1987.
34) 鯉渕幸生, 佐々木 淳, 磯部雅彦：東京湾における窒素・リンに着目した物質循環機構. 海岸工学論文集, **48**, 1076-1080, 2001.
35) 松梨史郎：東京湾の夏季における窒素リンの水-底泥間のフラックス. 海岸工学論文集, **43**, 1116-1119, 1996.
36) 石丸 隆：植物プランクトンの役割. 月刊海洋, **23** (4), 187-193, 1991.

4.4　河川生態系のマネジメント

4.4.1　河川生態系のマネジメント（管理）は可能か

　生態系をどのスケールで捉えるかによって違いはあるが, 人間が長期的に安定してマネジメントできる生態系はきわめて限られているように思われる.「都市生態系」は最もマネジメントができそうな生態系だが, そこには生物の姿は皆無に近く生態系と呼ぶには厳しい. 水田や畑地といった農業生態系, 人工林などの森林生態系などはマネジメント可能な生態系の範疇に入るようには思われる. しかし, その周辺に位置する里山を考えれば, 人間活動による部分的管理と自然の営力との微妙なバランスのうえに成立しており, 完全にマネジメントできる系とはとても思えない. 人工林も, 現在の日本の荒廃した杉植林地を見る限り, 人間の営力の小さいことを痛感させられる.

　「賀茂河の水, 双六の賽, 山法師」を嘆いた白河法皇の時代から, 人間は河川のマネジメントが可能と信じて英知と営力を傾けてきた. しかし, 今でも完全なマネジメントからは程遠い. その河川の構成要素の中でも, 生態系は最も人間によるマネジメントの難しい対象である. 生態系の主体である生物が進化史的な産物であることは, 生態系マネジメントを考えるときに強く意識しておかなければならない. 河川生態系の生物要素である各生物種, あるいは各種の地域個体群, あるいはそれらの総体である生物群集は, 進化史的な長い時間にわたって, 洪水や渇水といったかなり大きな規模でかつ季節的には比較的予測性の高い撹乱に曝されてきた. 河川に生残している生物種は, その撹乱に適応したものだけが残っていることになる. 治水と渇水のための河川管理を進めて撹乱が減少すれば, 進化史的な産物である生物群集を捻じ曲げ, 本来の生物生態系は維持できなくなる. 比較的小規模な河川の多い日本であっても, 自然に生起する洪水を人間が模倣することはほとんど不可能である. 海外では, 大規模な人工洪水などの試みもなされているが, 自然の生起する撹乱には遠く及ばないのが現状である.

a. 生態系とは

　生態系とはエコシステム（ecosystem）の日本語訳で，もともとは Tansley[1] によって提唱された生態学では古い概念の1つである．生態工学的な分野では個体群や群集といった生物を主体として扱われることが多いが，原義では生物群集に限ることなく，ある範囲の中の生物群集と非生物的環境をまとめてとらえる概念である（図 4.45, 4.46）．生物の群集組成や多様性，それに生物的特性あるいは生態的特性だけに注目するのではなく，物質やエネルギーの流れに着目してシステムとして考えることが生態系生態学の特徴である．物理・化学的環境などの非生物要素や，「システム」と「フロー」に注目することから，工学系と生物学系との接点として考えやすい概念のように思われる．

　生態系を閉じた系として捉えることができれば，フローなどの解析は比較的容易になるが，湖沼のような閉鎖性の高そうな系でも閉じた「小宇宙」とは程遠いことは，生態系生態学が始まってすぐに明らかになった．日本では，1960 年代の国際生物学事業（IBP）によって，国内の2つの河川（北海道ユーラップ川，奈良県吉野川）を含む多くの生態系で生物生産に関する研究が行われたが[2]，その後の日本の生態学の中では必ずしも生態系生態学も生物生産研究も主流にはならなかった．この節では，生物を主体とする立場から河川生態系のマネジメントを考えるが，生物群集とそれを取り囲む非生物環境の総体である生態系の原義に戻って若干の考究をする．まずは，マネジメントを考える前に，河川生態系の特

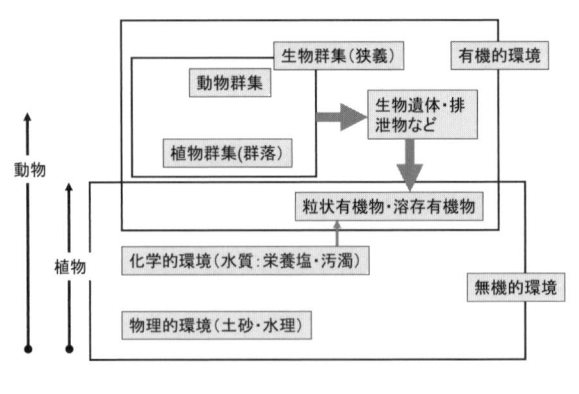

図 4.45　生態系の概念図

生態学における生態系の原義は，生物群集とその無機的環境の統合体で，フローとダイナミクスに着目する．左の矢印の範囲が植物，動物の主な生息場所となる．

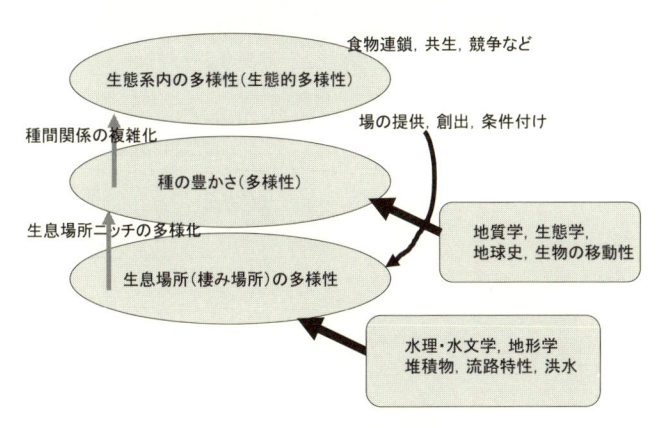

図 4.46 河川生態系の枠組
河川における種の豊かさの基盤は，河川の地形と水理によって枠組が作られる生息場所の多様性にある．種数が増えることで種間関係の複雑性が創出され，それが群集内のニッチの増加につながる．

性を整理する．

4.4.2 河川生態系の特性

河川生態系には，陸上の生態系だけでなく海洋・湖沼など他の水域生態系とも異なるいくつかの顕著な特性がある．その最大の特性は，「上流から下流へ単一方向の流れが卓越する」ことである．特に，日本列島の河川のように傾斜が急で流程の短い河川においては，この流水の運搬作用によって流域も含めた河川系から急速に物質が流失する．

河川生態系においては，一定流程を単位とすればエネルギーにしても物質にしても，ストックに対してはフローがつねに著しく大きい（図 4.47)[3]．連続的に物質やエネルギーが供給されること，さらにそれが効率的にストックに取り込まなければ，各々の場の生物群集はもちろん非生物的環境さえも維持できない．すなわち，河川生態系の維持には有機物や栄養塩の「ストックを大きくするような貯留装置があり」，その装置が「貯留しながら徐々に放出し（徐放），さらにスパイラリング（生態的循環）する」ことが不可欠になる．

河川は他の系に比べて，かなり大きな撹乱の頻度が多い生態系である．日本における主な撹乱は洪水であるが，地域的に見れば渇水の頻度と強度の大きい河川も少なくない．大規模な洪水は河川や流域を壊滅的に破壊し生態系も破壊される．しかし，中小規模の洪水は河川生態系にとっては不可欠の環境要素であること

は，主流の考え方になりつつある．日本のような中小のダムでは大規模な洪水を完全に飲み込むことは不可能で，大洪水のピークカットをして被害を軽減するようなダムの運用に留まっている．これは，大陸の大規模ダムとの大きな違いである．逆に，中小規模の洪水を飲み込んで利水の資源に使っているダムが多い．その点では，ダムの規模に比べて下流生態系には大きなインパクトを与えている可能性がある[4]．

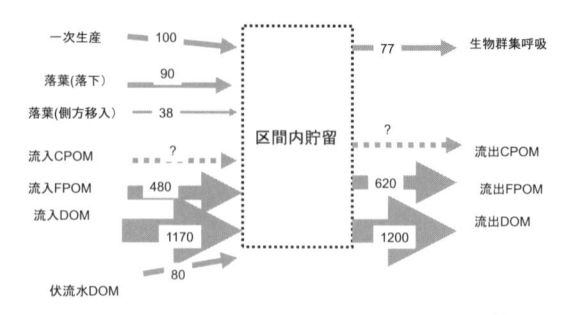

図4.47 奥多摩河川区間の年間炭素収支（安田ほか[3]から作図）
河川はフローが卓越する生態系であることがわかる．

4.4.3 河川連続体仮説

河川の特性とそこの生態系との関連性を示したアイデアが，河川連続体仮説（river continuum concept: RCC）である[5]．生態系がその場の非生物的環境に依存するだけでなく，上流や陸域から供給される資源に依存することを示した．この仮説の根幹は，河川生態系を理解する枠組として今では広く認知されている[6~8]．この仮説の「連続」という言葉には2つの意味がある．1つは河川の上流から下流への環境や群集の「連続」的変化の意味，もう1つは河川の上流側から下流側へと生態影響が「連続」的に伝播していくことである．

河川では温度，川幅，流量などの環境要因は上流から下流へと連続的に変化し，少なくとも温帯の自然河川ではそれらの変化系列は一定の規則性（予測可能性）をもっているようである（図4.48）[5]．しかしこれには異論もあり，規模の大きな支流の合流点や河川序数があがるような合流点（同規模河川の合流）は，環境の変曲点としたほうが流程区分として適当だとの指摘もある．

たとえば，河川水温は大気との熱交換や川面への日照によって徐々に温められ，上流から下流へ連続的に上昇する．水温の年較差あるいは日較差は上流で小さく中流で大きくなり，下流では再び小さくなる．これは，上流域では湧水など比較的低水温の水源が安定して供給されること，また河道が樹木に覆われ日照による水温の上昇が抑制されることによる．中流域では河道が開放的になり多くの日照を受け，水深が浅いため水温変化が大きくなる．夏季の高温と冬季の低温傾向も

大きくなる．下流になると水深や川幅が大きく，河川の水体そのものが大きくなり，中流に比べて気温や日照の影響を受けにくくなる．

河川を流下あるいは河床に堆積する粒状有機物（POM）のサイズは，生物・物理・化学作用によって上流から下流へ徐々に小さくなる（ダウンサイジング）．流下POMの主要な供給源は，周辺の森林特に源流や上流の渓畔林から供給される落葉で，樹木から直接河道に供給されるだけでなく，林床に堆積した落葉などが降水によって河道に流入する側方輸送もある．中流において内生的に供給されるPOMは，はく離した付着藻類，水生大型植物や水生動物の遺体や破片などでそもそも小型である[7]．下流になると，上流から中流においてダウンサイジングされた微細なPOM（FPOM）が，流下粒状有機物の主体となる．もちろん，大きな粒子のほうがより沈降しやすく，これも上流から中流へのサイズ変化を起こす一因となっている．

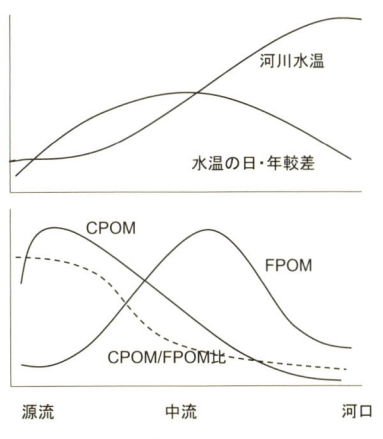

図 4.48 河川の源流から河口までの，水温と粒状有機物（POM）の連続的変化（模式図）
CPOM: 粗大粒状有機物，FPOM: 微細粒状有機物．軸は絶対値を示すわけではない．

水流の一方向性により，物質やエネルギーは生物そのものも含めて上流から下流へと運ばれる．そのために，生態的影響も基本的には上流から下流へ働くことになる．すなわち，上流側の生態系が下流側の生態系の構造や機能を規定する．栄養塩や粒状有機物については，上流側で生産されたものが下流側の重要な基礎資源となり，再利用される．すなわち有機物や栄養塩，それにエネルギーが上流から下流へスパイラリング（生態的循環）して徐々に降っていく．

河川の生態系を支える基礎資源は大きく見ると2つある．1つは太陽エネルギーと水中の栄養塩を利用して生育する付着藻類や水生植物で，それらは直接あるいは間接に河川動物の餌として利用される．もう1つの基礎資源は，周辺森林などから供給される落葉などの粒状有機物である．すなわち，河川生態系には光エネルギーを基本とする生植物（生食，古典的）食物連鎖に加えて，落葉などの外来性有機物を基礎とする腐食食物連鎖や微生物食物連鎖があり，特に上流域では後者が重要な機能を果たすという[8]．ハイブリッドカーのようなあるいは車の両輪（愛媛大学大森博士の表現）のようなシステムとなっている．河川連続体仮説の

概念図は，原著[5]をやや改変して示した（図4.49）.

上流では河畔林が繁り水辺に迫るために落葉などの外来性有機物の供給は多いが，樹冠が流路を覆うために河床への到達光量が少なく，付着藻類や大型水生植物群集は貧弱である．落葉を基礎資源とする腐食食物連鎖などが卓越する．底生無脊椎動物では，落葉などに依存するシュレダー（shredder）（破砕食者）が優占する．エグリトビケラ科やカクツツトビケラ科など落葉を利用した筒巣を作るトビケラ幼虫などが多い[9]．これらのシュレダーは，落葉やCPOMとその上に生える微生物（カビ，細菌）を餌とする．食べ残しや糞などはFPOMとして排出され[10]，その場で繰り返して利用されるとともに[11,12]，下流側にも供給される．魚類ではサケ・マス類などの肉食性魚類が卓越し，森林昆虫など河道外からの餌が重要となる．

中流域では川幅が広がり河床への到達光量は大きく，藻類や水生植物の現存量と生産量が大きくなり，生植物を基礎資源とする食物連鎖が卓越するようになる．また，上流から供給される小型化されたFPOMも重要な餌資源となる．典型的なハイブリッド型生態系である．付着藻類群集の発達に伴い，それを餌とするグレーザー（grazer）（あるいはスクレーパー（scraper），刈り取り食者ともいう）が増加し，上流から供給されるFPOMを餌とするコレクター（collector）（収集食者）も増える．ヒラタカゲロウ科やヤマトビケラ科は水生昆虫グレーザーの典

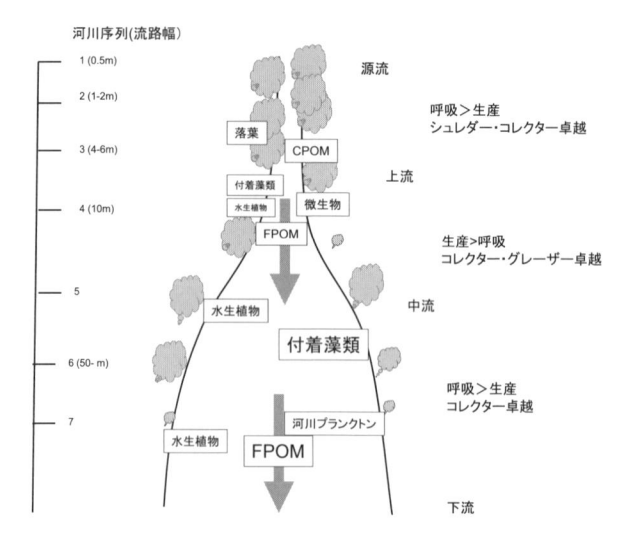

図 4.49 河川連続体仮説の概念図（Vannoteなど，1980を改変）

型であり，アユ *Plecoglossus altivelis* も魚類中では異例のほぼ藻類専食のグレーザーである．夏季の河川ではきわめて高い植物（付着藻類）生産があり，この藻類専食のアユは天然の淡水魚としては世界でも最も大きな生物生産を果たしている．一方，濾過摂食型のコレクター特に造網性トビケラのシマトビケラ科やヒゲナガカワトビケラ科の幼虫が底生動物群集の重要な構成要素となる[13]．

下流域では河川は深くなり水中の懸濁物も増え，河床への到達光量は再び低下し，付着藻類や大型水生植物などの生植物による基礎生産は減少する．上流から流れてくるFPOMが基礎資源となる腐食（あるいは微生物）食物連鎖が主体となる．上流から流れてきて河床に堆積するFPOMを餌とする堆積物コレクターや，河床付近を漂う細かい有機物を餌とする懸濁物コレクターが多くなる．主要な底生無脊椎動物は，二枚貝類，ミミズ類（水生貧毛類：ミズミミズ科など），ユスリカ科幼虫などである．干潟などの浅海砂泥底の底生動物の群集構造との類似性が高くなる．

4.4.4 河川連続体仮説以外の枠組

1980年に提唱された河川連続体仮説は，世界中の河川生態研究に大きな影響を与えた．しかし2000年以降には，この連続体仮説に対立あるいは補完する考え方も提唱されている．その中で，代表的な仮説を紹介する．

1）洪水パルス仮説（flood pulse concept: FPC）　　河川連続体仮説が河川の上流から下流への動きを枠組の中心に置くのに対して，この仮説[14]は河川の横断方向の連続性あるいは連関性に注目している．氾濫原と河道内の有機物の洪水時の交換，特に氾濫原から河道への有機物などの流入が，河川生態系を支える重要な資源であると考えるのが根幹である．また，河道から氾濫原への洪水のパルスが氾濫原に成立するウエットランドの保全と再生に不可欠の役割をもつという展開もされている．氾濫原の開発が進み堤防が築かれ，本来の氾濫原が河川から切り離された日本の河川においても，河原と河道との間の洪水時の有機物粒子や栄養塩の交換は大きな役割をもつ．水位の上昇時には河道から河原へと有機物や栄養塩が供給され，水位低下に伴って河道周辺の水体や河原の上に有機物や栄養塩が残されて，生態的機能をもつ．また，冠水は一時的な水体（たまり）を創出し，魚類，両生類，水生昆虫類の一時的ではあるが重要な生息場所や繁殖場所になる．

氾濫原が高度に利用されている日本でも，河川とのつながりの大きな水田では洪水パルス仮説が示しているような機能をもつことは注目されつつある．ナマズやコイの仲間が梅雨期などの増水時に水田を産卵場として利用することは，かつ

ては普通に見られた光景だった．しかし，今では水田の水管理や用排水路の整備を伴う耕地整理がそのような連関を消滅させてしまった．このような連関の保全と回復は，河川生態系だけでなく周辺の氾濫原に成立してきた日本の農村生態系にとっても重要な課題である．

2) 内的生産モデル（riverine productive model: RPM）　河道内生産モデルはRCCやFPCの再検討から生まれてきた[15]．このモデルでは実際の大河川における観測に基づいて内生的基礎生産，特に付着藻類や大型水生植物の貢献度が大きいとする．それに加えて河道の周辺の河畔植生から供給される有機物も重要であると主張している（図4.50）．すなわち，河道と周辺域を合わせて河川の内部生産が重要だとするモデルである．また，この場合の生産は河道の流心よりも岸の部分や周辺水体において大きくなるが，従来はこのような周辺部は無視されてきた傾向がある．底生無脊椎動物の組成も，河川連続体仮説に従えば下流域では捕食者とコレクターが主体になるはずだが，実際には一定程度の割合でグレーザーも見られるという．

3) 中規模撹乱仮説と河川生態系　河川の枠組とはやや離れるが，関連性の深い生態学的な考え方を紹介する．

群集や生態系の安定性と多様性の関連は生態学の主テーマである．Connellら[16]は，熱帯サンゴ礁と森林群落の群集資料をもとに，「中規模撹乱仮説」を提唱した（図4.51）．撹乱のない安定環境では種間競争が強く働き特定の種が他種を駆逐して，結果として群集全体の生物の多様性は小さくなる．一方，撹乱の強度と頻度が大きくなると種の消滅や絶滅が促進されるために，再び生物多様性は

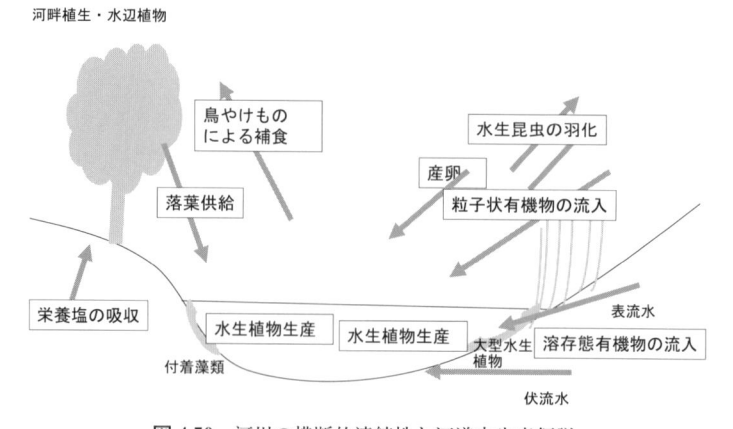

図4.50　河川の横断的連続性と河道内生産仮説

4.4 河川生態系のマネジメント

競争による種の排除 ←→ 撹乱に対する耐性の低い種の排除

生物多様性

安定環境　　　　　　　　　　　不安定環境

生態遷移極相　←------------→　生態遷移初期
小　　　　　撹乱強度　　　　　大

図 4.51 中規模撹乱仮説

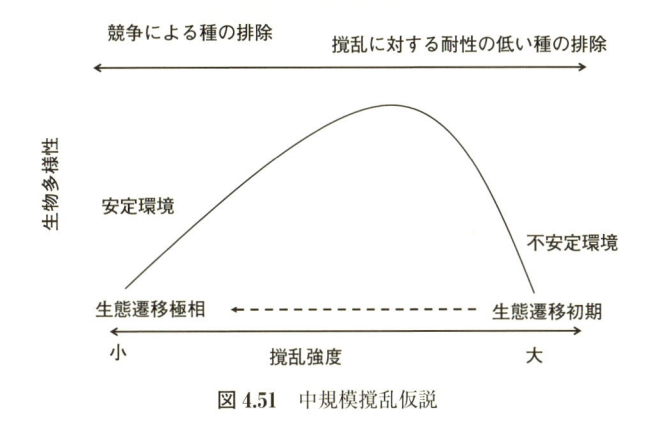

減少する．種間競争強度と撹乱がともに中程度の環境において，撹乱による種の消滅が少なくかつ種間競争強度も強くない状態になり，生物多様性が最大化されるという考え方である．

河川生態系は既に述べたように撹乱の卓越する場であるが，中規模撹乱仮説を実証した研究は多くはない．オーストラリアの河川における洪水撹乱と付着藻類群集の多様性との関係の解析では，中規模撹乱仮説は概ね成立するようである[17]．しかし，付着藻類よりは寿命が長い肉眼的底生無脊椎動物については，中規模撹乱仮説はまだ実証されていない．群集破壊を伴うような洪水の再帰時間が対象動物の寿命に比べて短すぎるのだろうか．この仮説の検証は今後の課題である．

4.4.5 河川生態系における貯留・徐放装置

既に述べたように，一方向に大きな速度で流れる水という媒体に成立している河川生態系では，生態的循環[18]だけでなく栄養塩を含む物質やエネルギーを一時的に貯留し徐々に放出する仕掛け（徐放装置）がなければ，不毛な生態系となる．その主役は生態系の主体でもある生物の作る貯留装置であるが，河川構造が作る物理的貯留装置もある．それらの健全な維持も生態系マネジメントの要である．その概要を紹介する．また，構造的に形成される貯留装置は，栄養塩や有機物を貯留・徐放するだけでなく，生物の生息場所としても機能する．特に，ミクロからメソスケールの装置は，稚仔魚や若齢幼生の保育場や避難場所としての機能ももつ．

a. 生物的装置
1) 底生動物群集　　河川生態系から見れば，多様な生物が河川内の各々に適

した場で成長・発育することが貯留・徐放装置として基本的に重要な点である．既に述べた造網性トビケラ類だけでなく種々の底生動物が，様々な方法でいろいろなサイズと質の有機物を利用し，それを自分自身の身体に変えることが有機物の貯留時間の延長に大きな機能を果たしている（図 4.52）[19]．また，生物生産過程，特に呼吸，排泄，摂食の一部，さらに死亡は，徐放装置としての，重要な機能である．

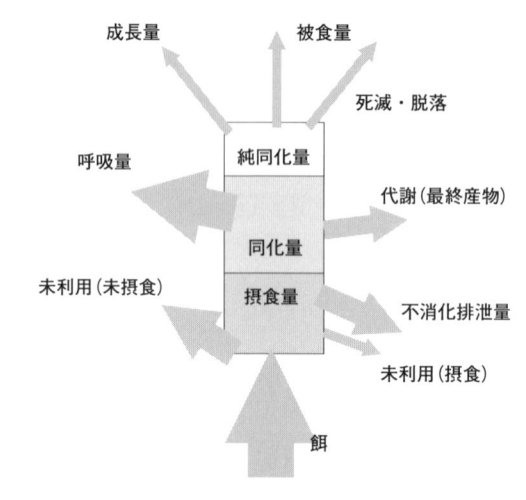

図 4.52 個体あるいは個体群の生物生産フロー（炭素ベース）

生物体としての貯留効果には，生活環，餌の転換効率，排泄速度といった生物学的特性が関連している．基本的には生活環が長く大型の種類ほど生物体としての貯留・徐放機能は大きいと考えてよいだろう．ヒゲナガカワトビケラなどの造網性トビケラは，密度や生体量が卓越するだけなく半年以上の比較的長い生活史をもつので[2,20]，その貯留効果は格段に大きい．大型で長い生活環をもつカワゲラ類やヘビトンボ類も，密度は低いものの貯留効果は大きいことになるだろう．底生動物群集の生態機能のモニタリングについては，各生物種の密度や現存量だけではなく，生産速度，世代数などの生活史特性などにも注目する必要がある．

2) バイオフィルム　底生動物以外で貯留に大きな役割を果たすのは，付着藻類と微生物からなるバイオフィルム（生物被膜）だろう．バイオフィルムを微生物とその分泌物，その基質に藻類などが混在した膜に限定して使うこともあるが，ここでは河川に広く見られる無機物も含む付着藻類−微生物系として扱う．付着藻類が主体のバイオフィルムは生体量が少なく回転の早い群集で，グレーザーの貴重な餌資源となる．また，グレージングが働くことによってバイオフィルムが恒常的に更新され，効率のよい貯留・徐放装置となっている．

バイオフィルムに無機堆積物や微生物が共存した場合ではかなり様相が違ってくる．珪藻や藍藻類を中心とした付着藻類は，それらの微細な立体構造によって[21]，微細有機物（FPOM）や微細土砂を捕捉するとともに，シアノバクテリ

ア（光合成細菌）も含む微生物群集が発達する．そのマットはかなり厚くなることがある．この状態のバイオフィルムは洪水などの撹乱には不安定であり，厚い膜構造になると下層での光量が減少するために生体量当りの生産速度は小さくなる．しかし，平水時においては栄養塩や微細粒子の保持能力は高い[22]．いずれにしても，バイオフィルムは個々の規模は小さいが，動物群集より形成速度が早く河床面の被度も大きく，貯留装置としては重要な役割を果たす．また，止水的な環境では，昼間の光合成卓越と夜間の呼吸によって，近傍の酸素環境に大きな影響を与えることもある．

3) リターパック（落葉堆） 生物群集そのものではないが，流路の周辺から供給される落葉落枝は有機物の貯留装置としても大きな役割をもっている．また，粒状有機物だけでなく随伴する生物群集も，その豊かさと固有性によって有機物と栄養塩の滞留に大きな役割を果たしている．森林からの落葉供給は，温帯の場合にはほとんどが秋に集中する．直接に河川流路に供給される落葉は秋に集中するが，林床や河岸に堆積した落葉は，洪水の頻度と規模に対応してその河川への流入量などが変化し[8]，時間的にはより分散して河川に供給されることになる．リターパックは，既に述べたような物理的・化学的・生物的過程によって分解が進む．河川流路周辺の陸上や隔離的な水体あるいは流路内の緩流部に形成されるリターパックは，そこから徐々に有機物や栄養塩が河川流路に供給されるので永続性が高くなる．また，河床間隙に捕捉された落葉は，微生物活動の中心となり栄養塩などの供給源ともなる[23]．リターパックは空間的に複雑で立体性の高い生息場所を供給することで，特異性が高く密度の高い底生動物群集を保持する．また，携巣性トビケラなどの巣材の重要な供給源にもなっている．

4) 渓畔植生 渓畔林や河畔植生は，栄養塩の動態に2つの大きな役割を担っている[24,25]．1つは陸域からの過剰な栄養塩の一時的貯留で，これは農地，牧畜地などからの栄養塩負荷を軽減して，河川の富栄養化を防ぐ．また，ヨシなどの河川周辺の植生は河川水あるいは河川堆積物から有機物を吸収し，植生帯による自浄作用を通じて富栄養化を防止すると同時に栄養塩を植物体として貯留する．植物体が枯死したのちも，CPOMなどの粒状有機物の形で徐々に基礎資源として河川生態系に供給されることになる．これらの貯留と循環に要する時間は，溶存有機物や流下有機物などよりは格段に長く，河川生態系の基礎資源供給に大きな役割を果たすことになる．また，植生帯の保水機能は，河川の流出を安定化させることで間接的に生物群集の安定化にも寄与すると思われる．

水際の植生が創出する生息場所は，底生動物や魚類にとって必須の場であ

り[25,26]．固有性の高い種類や仔稚魚期に不可欠の保育場・避難場となる．水流を低減させる効果は，土砂などの堆積物の捕捉機能をもつだけでなく，流下有機物を集中的に堆積させる効果もある．

b. 物理的あるいは河川構造的装置

1）流路周辺の水体 河川周辺部には，ワンドやたまりと呼ばれる緩流部や止水部が成立する（図4.53）．このような場所は本流と一定程度隔離されているために，水や

図 **4.53** ワンド・たまり
木津川に形成されたたまりなどは，砂河川ためにダイナミックに位置と規模を変化させた．

有機物，それに栄養塩の貯留時間を延ばす機能をもっている．特に本流から一定程度隔離された水体は，高水時にも有機物が急速に排出されることを防ぐ．従来，流程の短い日本の河川では発見されないとされてきた河川性プランクトンが長良川などの下流域から発見された[27,28]．これらのプランクトンの供給源としても河川周辺部の生息場所は重要な役割を果たしていると推察されるが，この点については日本国内では実証的な研究はない．

2）伏流水と河床間隙 表流水に比べて流れの緩やかな伏流水も，有機物や栄養塩の貯留と供給の場として注目されている．地下水−伏流水は，物質とエネルギーの貯留場として重要な役割を果たすことが様々な研究で明らかになってきた[29〜32]．伏流水は比較的浅い河床間隙を流れ，表流水との交換もあり流速も大きいのに対して，地下水は表流水との交換がなく流速も遅い．

普通のサンプリングの対象になる比較的浅い河床間隙でも，光，溶存酸素，そして流速は表流水とは劇的に異なる．この部分は表流水から供給される有機物，栄養塩によって成立する生態系であり，完全に他栄養的な生態系である[29〜32]．物質やエネルギーは物理的なプロセスによって表流水と交換されるだけでなく，生物的なプロセスによっても交換が促進される．

この伏流水の流れる河床間隙には，一時的生息者と恒常的生息者を含めて豊かな動物群集が発見されている[33〜35]．ミミズ類は典型的な恒常的生息者で，陸上のミミズと同様に河床間隙の有機物や栄養塩の生物的更新に貢献しているが，陸生ミミズの作る団粒構造のような大規模な環境改変は知られていない．水生昆虫類は成虫期にはこの生息場所を離れるので，基本的には一時的生息者であるが寿

命が長く永住性の高い種類も多い．ユスリカ科（ハエ目），カワゲラ類の一部，ヒメドロムシ科（コウチュウ目）には生活史の大部分をこの生息場所に限って棲む種類（専門家）がいる．また，カゲロウ類やカワゲラ類の多くの種類の若齢幼虫は，この部分を保育所あるいは避難所として利用している．

これらの水生昆虫類幼虫は，河床間隙に貯留された有機物を河床表面や陸上に生物的に輸送する役割も果たしている．また，間隙生物群集は洪水などの撹乱に対しても生残する比率が高く，撹乱後の群集回復の供給源としても重要である[36]．河川プランクトンの胞子やシスト（芽胞）も残り，シストバンクにもなっている．間隙動物群集の貯留・徐放装置としての重要性はもっと注目されていいだろう．

4.4.6 河川生態系の連続性
a. 縦断的連続性

魚類，特に通し回遊魚による海洋環境からの栄養塩の回帰は，最近特に注目を集めている研究課題である．遡河回遊魚のサケ科魚類は，産卵，繁殖に伴う死亡個体が海洋環境の窒素やリンを直接に渓流にもち込むことで特に基礎生産の潜在的レベルをあげると考えられている．

採卵などのすんだギンザケ *Salmo kisutch* などの雌雄の死体を河川に実験的に配置しその移動や利用を調べた研究[37, 38]では，死体の多くが肉食性や腐肉食性の獣や鳥類に利用され，それらの捕食者からの栄養塩の回帰が河川の生産構造に大きな影響を与えることが示されている．これらの遡河回遊性魚は遡上量も多く，繁殖後の死体も河川に残り，被食や分解によっても栄養塩を河川生態系に供給する．このような形での栄養塩の回帰は安定同位体を用いた研究でも確かめられている[39]．サケ科魚類の産卵遡上の多い寒帯から温帯北部の河川では，このような形での海洋からの栄養塩の回帰は重要な意義をもっている．また，安定同位体を用いた研究でも，遡上してきた魚類からの栄養塩が食物網を通して河川の生態系に貢献するとの研究がある[40]．日本国内では，サケマス類の河川回遊個体群の多くが河口付近で捕獲され人工採卵用親魚や漁獲になり，自然の遡上産卵群は少ない．漁業資源の保全の観点からは現実的，便宜的，あるいは「水産行政」的には仕方がないのかもしれないが，河川における栄養塩の循環・回帰から見ると大きな問題である．

コロナイゼーションサイクルは，幼虫時代の流下による上流側の個体群の損耗を雌成虫などが遡上することで補償する機構であり，多くの水生昆虫個体群で観察，確認されている[41]．日本の河川に生息する種類では，ヒゲナガカワトビケ

ラについては優れた研究がある[42,43]．河川や個体群によっては成虫遡上の頻度や強度は異なるようだが，大型の種類でありかつ個体サイズの大きな雌の個体群レベルの遡上行動は，栄養塩の上流への回帰として大きな役割を果たしている．もちろん，ヒゲナガカワトビケラ以外の水生昆虫でも，多くの種類で産卵遡上飛行が確認されている[44]．

b. 横断的連続性

洪水パルス仮説は，高水時やその減水時に横断方向に物質やエネルギーが運ばれることを強調しているが，河道内生産モデルも示唆しているように，平水時にも横断方向の物質・エネルギー循環は重要である．これは，大河川だけでなく，上流から下流まで河川生態系全体を通じての大原則である．

河川底生動物群集の重要な構成要素である水生昆虫類の多くは，成虫期には陸上環境特に河畔陸域を利用する．一時的に河川を離れることで洪水などの撹乱が起きても流下することがなく，結果として貯留時間の延長に寄与することになる．また，産卵や繁殖のために河川に戻る個体，特に産卵後の雌個体はスペントとして魚などの重要な餌となり[45]，物質とエネルギーの河川生態系への再帰に貢献している（図4.49参照）．未成熟の成虫として羽化する種類，クロカワゲラ科やエグリトビケラ科では，少なくとも個体レベルで見れば陸上生態系から窒素などの栄養塩を河川生態系へ付加する役割を果たしていることになる．

4.4.7 河川生態系マネジメントとモニタリング

a. マネジメントの方向

河川のマネジメントではなく，河川生態系のマネジメントには少なくとも2つの方向を区別する必要があるだろう．

1つは保全型マネジメントあるいは受動的マネジメントである．これは現状が一定レベル以上の健全な状態，あるいは関係住民や管理者などが現状を是認した場合には，特段の営為を河川や河川生態系に加えることのないマネジメントである．この場合でも，河川生態系の状態を知って，必要な場合には生態系再生事業や次の再生型マネジメントに移行するために継続的なモニタリングは必要である．もう1つは，再生型マネジメントあるいは能動的マネジメントである．現状の生態系が劣化しているあるいは一定の環境目標などの設定が行われ，なんらかの人の営為を加えて生態系の質を上げる場合である．

これらの2つのケースを合わせて，マネジメントとモニタリングの時間的関係を図示してみた（図4.54）．保全型マネジメントの場合には，「河川水辺の国勢調

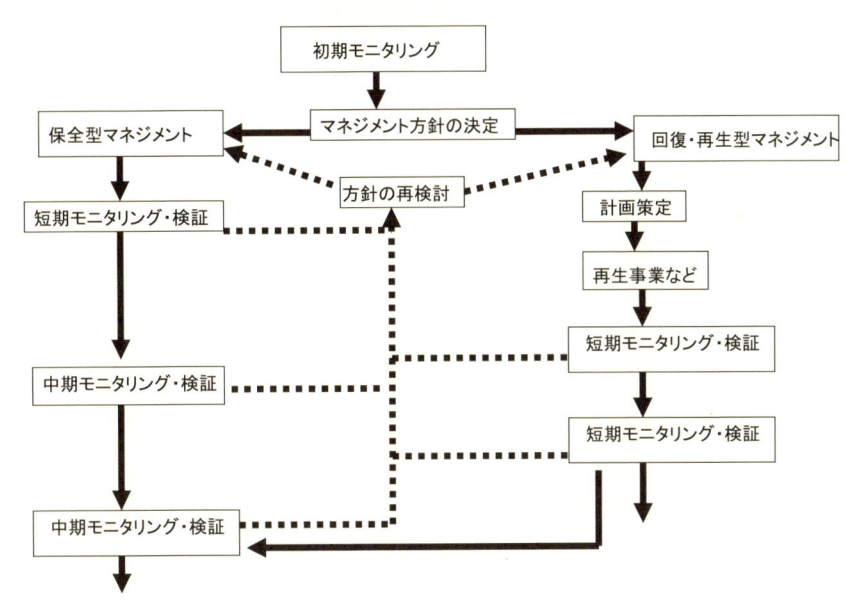

図 4.54 マネジメントとモニタリングのフロー

査」のように5年程度の間隔で河川環境や河川生息場，生物群集を含む生態系調査を実施すればいいだろう．しかし，再生型の河川生態系マネジメントを実施する場合，すなわち自然再生事業などを実施しながらマネジメントを実施する場合には，事業による環境影響評価の調査，事業影響（効果）のモニタリング調査など，最低でも年に1回以上の時間間隔を詰めた生態系調査が必要だろう．事業影響が一定レベル以下で安定化すれば，保全型マネジメントに移行できる．

　種が多様であるだけでなく，生態的機能も多様な生物種あるいは生物群集を含む河川生態系においては，特定の生物種を直接に志向した管理や再生は無意味で，ときには生態系全体に悪影響を与える可能性もある．とすると，生態系の再生保全を含むマネジメントには，生息場所の保全や再生を通じて行われなければならない．この中には，河川の縦断方向の連続性を担保する魚道なども含まれる．しかし，河川における人為的な生息場所の創出と永続的なマネジメントは最も難しい環境課題である．

b. 生態系マネジメントのためのモニタリング

　環境アセスメントに伴う生態系評価では，生物群集については典型性（種），上位性（種），特殊性（固有性種？）に注目することが多い．また，生物多様性

など生物種リストも重要な対象となる．しかし，「河川生態系」のモニタリングは，それだけでは不十分である．

1つは，本節の最初に述べたように，生態系は「生物とその周辺の非生物環境の統合体」であり，生物要素だけのモニタリングとマネジメントでは，片手落ちである．また，事業のための環境アセスメントではなく生態系のマネジメントでは，飼育下の生物やホタルやトンボなどの特定の生物の保護や回復でもなく，生態系の本来もっているすべての生物を保全管理することが必要になる．個々の生物を対象としてマネジメントを考えるのはほとんど無意味である．とすれば，生物群集の成立している場である生息場所の保全管理を通じて，生物群集の保全管理を図ることが，より適切な方向だろう．その意味では，河川環境調査は生息場所の把握に重点をおきながら，生態系の生物要素の調査を行うことが必要だろう．

生息場所の類型的把握については，山地渓流についてチェックシートの形での試論を出した[46, 47]．河川の基本構造としての瀬－淵，あるいはステップ－淵の1次構造，横断方向に岸などや流心の2次構造を区別し，3次構造としては微生息場所要素を区別した（表4.12）．この表を使うことで生息場所の多様性を評価することができる．

表4.12 渓流河川におけ生息場所多様性の評価シート

区分	景観的区分	微生息場所要素									
		岩盤	湿潤区	浮き石	はまり石	砂利	抽水植物	植物根	モスマット	砂地	堆積型リターパック	ダム型リターパック	河床間隙
流れの中央部	滝状の瀬	◎							◎				
	早瀬	○		◎	○						○	○
	平瀬	○		○	◎	○					○	○
	淵	○								◎	○	○
水中の岸辺	滝状の瀬	○	◎						◎				
	早瀬	○	○	◎	○		○	○			○	○
	平瀬	○	○	○	◎	○	○	○			○	○
	淵	○	○			○	○	○		◎	○	○
	サイドプール					○	○	○		◎	○	○
要素の起源		侵食	地形	侵食	堆積	堆積	生物	生物	生物	堆積	生物	生物	侵食+堆積
安定性		◎	○										◎
多様性レベル				◎			◎		◎		◎	◎	
固有性レベル		○	○				◎		◎				○

○はよく見られる，◎は重要な生息場所．

もう1つの生息場所評価の方法は，もう少し大きな類型で河川ユニットを区分しそれぞれについて流速，水深，底質，有機物，水質などの調査と評価を行う方法である．やはり，山地渓流について，私達は12のユニットを区別し，それぞれに特徴的な生物群集を見出した[48, 49]．これは，いわば本州中部の山地渓流のレファレンスサイトである．各ユニットの詳細な環境解析は行っていないが，環境や生物群集の組成を比較することで生態系評価を実施できる．

生息場所の質の評価と，水位（水量）の変動に対するモデルも使った解析にはHIS（生息場所好適性指数），IFIM[50]などを使う手法があるが，それらの詳細については関係の文献を参照されたい．生態系のうちの生物群集のモニタリングは，生物種リスト（インベントリー），個体数密度も含む群集組成，さらに現存量（バイオマス）を含めた組成を調べることが多い．

c. ホットスポットに着目したマネジメント

生態系の保全や管理において，上位種，キーストーン種，アンブレラ種などに注目することでその生態系全体を一定程度評価できることはしばしば主張され，かなり一般的な考え方になっている[51]．そのようなシンボル種に偏るような保全運動やマネジメントには異論もあるが，生態系保全の初期段階ではある程度は許されるかもしれない．河川生態系においても，アユ，ホタル，トンボなどが注目されることがあるが，どちらかといえば象徴的な役割のほうが大きく，陸上生態系ほどには効果的ではないように思われる．河川生態系については，今後は象徴種を越えた生態系全体あるいは機能的な側面により注目する必要がある．

生息場所を重視する立場からすれば，シンボル種に頼るよりは対象地域，水域の中の重要な場（ホットスポット）に注目し，その場の保全と再生を図るほうが効果的と思われる．河川生態系では，特に以下のような場が生態系の中のホットスポット（注目場）となる．すなわち，系の中でも特段に多様性の高い場，特有の生物群集をもつ場，環境悪化に脆弱である場，生態影響が集中するといったような場で，これらの場に注目し集中して環境と生物群集調査やマネジメントを実施するのも1つの方法である．これは，いわば対象とする生態系の生物あるいは生態的な活動中心[52]を押さえる手法である．河川生態系でそのようなホットスポットとしては，具体的には次のような場があると考えている．

1）瀬 従来からも定量調査の代表地点とされてきた．広生息場所分布種も含めて最も種多様性の大きな場所で，生物密度や生産性も高い，種間関係の中心的な場所になっていることが多い．まずはこの部分に注目して調査し，保全効果のモニタリングポイントとすることには十分な合理性がある．

2) 水際 　水陸移行帯，エコトーンとして，2つの系の接点で生物多様性が高くなり，生態的にも活動中心になることは，岩礁海岸，干潟などの海陸移行帯にも典型的に見られる．海岸では，定常的な水位変動である潮汐による環境変動と物質などの移送が大きな効果を果たす．汽水域を除けば河川には定常的な水位変動はないが，中小規模の洪水や渇水は潮汐と共通するような生態効果を果たすし，非洪水時の河流も物質移送に大きな役割を果たし，陸域との接触面である河岸に物質を蓄積する．

水位変動に伴って河岸に残される無機物・有機物の堆積は，バスタブリングと呼ばれる．水を貯めた浴槽の中で石鹸を使ったときに上部の水位の部分にできる石鹸と垢などからなるリングである．海岸の打ち上げ堆積にも似る．陸上にあるときはゴミムシなどの生息・摂食場所となり，増水すれば水中への栄養塩などの供給源となる．このようなリングの形成のためにも河岸の傾斜は緩やかなほうが望ましいことは明らかで，河畔植生も有機物の蓄積に効果をあげる（図 4.55）．

図 4.55　河畔のバスタブリング（京都府木津川）
高水時の水位を示すバスタブリングは橋桁などにはっきりと見えるが，その面積は小さい．緩傾斜の河岸やミゾソバなどの河畔植生には広く有機物が堆積・付着したリングが見られる．

3) 合流点 　合流点砂州など，地形的にも複雑な生息場所配置が見られ，それに付随して種多様性の高い部分となる．また，大きな河川に規模の小さな河川

が合流するような場合には，両方の生物要素が共存することになり，種の多様性が高くなることが多い．霞堤のような構造であれば，陸域や氾濫原との連続性も担保されホットスポットとしての機能は上昇すると思われる．このような視点の生態系調査や自然再生が行われることが今後期待される．

上記のような様々なタイプのホットスポットについて河川生態系としてのモニタリングをするときには，非生物環境と各々の生物グループを同時的同所的に調査することが望まれる．河川の様々な場を同時にすることが困難ならば，生態系をサブユニットに分けて，それぞれを統合的に調査するのも1つの方法である．

d. 生態系要素のマネジメント

生態系のマネジメントは，基本的には河川の自然に任せることが基本であるが，それでも適切に人為を加えることで一定程度のマネジメントの効果を挙げることができる生態系要素もないではない．そのような要素について，若干列挙し，マネジメントの方向性を考究してみたい．

1) 渓畔植生　河道内植生の管理は課題が多い．本州中部の河川において河道の樹林化で問題になっている樹種は，砂防工事などの土止めに使われていた北米原産の外来種のハリエンジュが圧倒的である．マメ科で菌根菌を共生させ貧栄養の河原でも旺盛に生育することができる．樹林が形成されることで洪水時の通水障害になるだけでなく，土砂を捕捉することで高水敷と低水路の高低差が大きくなり礫河原が形成されなくなるといった問題を起こしている[53]．

伐採や駆除には大きなコストと手間がかかる．高水敷の切り下げによって高水が河原に載ることで樹林を排除する試みもなされている[54]が，完全なマネジメントにはほど遠い．ハリエンジュに比べると本来の河原樹木であるヤナギ類などは，その寿命が短く十数年単位で更新されているようである．いずれにしても，洪水という川が本来もつダイナミズムが少なくとも河道内で発揮されない限り，生態的に健全な渓畔林は成立しない．また，河川管理の立場からすれば，樹林として一まとめに論ずることなく対象とする樹種の生物特性（寿命，栄養要求，流水耐性）に対応した管理手法を検討・開発する必要がある．

樹木にならない渓畔植生でマネジメントの対象とされるのは，アレチウリ，シナダレスズメガヤなどの外来種の管理と駆除だろう．アレロパシーや圧倒的な繁殖力で在来の草本類を駆逐することで影響が大きい．緊急避難的には人力などを用いた駆除が必要で，またある程度は可能である．一方，これらの外来植生の成立要因も含めて生物的，生理的な特性についての基礎研究が必要である．

渓畔や河畔の植生管理では河原面の切り下げと人為的なフラッシュ（中小洪水）

が主流のようであるが，十分に満足すべき成果は得られていない．自然河川本来の水位変動では，短時間の冠水ではなく長期にわたる冠水が起こることが少なくない．自然河川の氾濫原の植生は，このような長期的でときには季節的な冠水によって維持されてきたものも多い．今後は，短期間のフラッシュ放流だけではなく，堰などを利用した長期の冠水も，河畔植生のマネジメントに使う試みがなされてもいい．このような試みは，オーストラリアのマーレー河の河畔林では大規模な試みがなされている．

2) バイオフィルム　バイオフィルムは，小規模で時間的継続性も短いが，河川生態系にとっては重要な装置である．しかし，この装置が生態的に健全に維持されるためには経常的な更新が不可欠である．この更新には生物過程と物理過程がある．生物過程には，グレーザーが大きな役割を果たす．ベントスではヤマトビケラ類などの携巣性トビケラは予想以上に大きなインパクトを与える[55]．魚類では，日本ではアユが大きなグレージング効果をもつが，海外ではナマズ類など多様な魚類のグレーザーがいる．渓流域では両生類（カエルやサンショウウオ）の幼生もグレーザーになる．

バイオフィルムのマネジメントは，過剰な栄養塩負荷を避けることと，中小規模の洪水撹乱でフィルムの更新を図ればよい．ダム下流河川ならば，日本のダムのもつ程度のフラッシュ放流で十分更新が可能である．もちろん，ベントスや魚類などのグレーザー群集の保全も有効なマネジメントである．

3) リターパック（落葉堆）　この貯留装置が重要な意味をもつのは，主に源流から上流にかけての山地渓流である．この貯留装置も貯留と徐放が重要である．ただし，落葉リターの形で利用可能なのは1年間には及ばず，100日から200日程度で消費されつくし夏季にはシュレダーにとっては餌不足になるという[8,56]．

流域から河道に供給される落葉の量と質には，渓畔植生が重要な意味をもつ．ハンノキ類やカエデ類などの落葉広葉樹は分解が早く微生物の付着も多く，餌資源として適している．同じ落葉性広葉樹でもブナ科は分解速度が遅く，餌資源としての質は劣ると思われる．しかし，資源としては長期間にわたって利用可能である．スギやヒノキなどの針葉樹は餌資源としてはほとんど利用できない．いずれにしても，杉植林の発達した地域でも，渓畔に落葉広葉樹の二次林が成立している河川では，森林管理がきちんとしていれば適切な供給が行われると思われる．たとえば，京都北山の杉林を流れる桂川，奈良吉野の杉林を流れる吉野川の支流，いずれもリターパック，底生動物群集ともに関西では一級の質を誇る．天然林の保全だけでなく人工林の適切な管理も，河川生態系の保全につながる．

リターパックは，餌資源としてだけでなく生息場所としても大きな機能をもっているし，造巣性のトビケラの巣材資源としての価値も高い．その意味でも，リターパックやその分解産物の粗粒状有機物 CPOM の存在様式と動態についてモニタリングすることは重要である．

4) 流路周辺　淀川が先鞭をつけ多くの河川で試みられるようになった人工ワンド，その試みは多いものの持続的な成功例はあまりにも少ない．ワンド保全の最初の試みである淀川大阪市城北地区のワンド群は，20 数年を経て目標種であるイタセンパラを失い外来生物の跋扈する池になり果てた[57]．低水路の確保のための近代河川管理初期の水制が意図せずに生み出したワンドが貴重種の避難場所になったことは，生態系のマネジメントでは示唆的な事実である．

私達のチーム（河川生態学術研究会木津川グループ）が実験的に設置してワンドやたまりの創生と維持を目指した人工植生も，人工的に掘削したワンドも数年しか維持できなかった[58]．多自然川つくりのための人工ワンドの形成には，完成形のワンドを作るのではなく河川の営力，特に年に 1 回から数年に 1 回程度の洪水の営力を生かして完成させるようなワンドの設計が不可欠である．

河畔が種々の生息場所を生み出し多様な生物の生息場所となるためには，蛇行の内側などの適切な場所に緩傾斜の水辺を形成するような仕掛けが重要である．また，急傾斜な河畔にも水平方向の変化をつけることで，多様な生息場所の形成が図れる．また，複列河道が形成される河川区間においてはその方向性を促進し，流路周辺の生息場所が形成されるような骨組を与えるべきである．

5) 伏流水と河床間隙　伏流水と河床間隙は，直接には見えないが河川生態系の要であるとともに，汚濁や横断工作物などの人的な改変に対して最も脆弱な要素と思われる．表流水に比べると水質などが着目されることは少ないが，それは水の利用の観点からであった．生物あるいは生態系にとっては伏流水の存在様式と水質はきわめて重要な課題である．この河川要素の保全で最も肝要なのは定期的な河床の更新と底質（河床材料）の再配置である．特に，河川の緩流域は堆積部となり，底質が目詰まりしやすい．やや規模の大きな洪水が一定以上の頻度で起こることが重要なマネジメントと思われる．

本来の河川生態系のマネジメントは，space for river, river for river すなわち，河川が自然のダイナミクスを取り戻させるような河川あるいは区間（リーチ）を作ることだが，それが十分にできない場合には水制やレフレクターなどの水と土砂の基本動態をある程度制御する仕掛けを作って，あとは川が川を作らせるよう

にして，モニタリングしながら順応的にマネジメントするのが，次善の河川生態系の管理だろう．もちろん河川が仕上げをするのが竣工時期になる．このような河川工事には竣工検査は馴染まないし，園芸的な箱庭工事は，少なくとも生態系には百害あって一利なしである．

4.4.8 生物種個体群のマネジメント

　絶滅危惧種の保護運動は社会的な関心を引きやすい．河川生物についても基礎的な知見，生態系全体への理解もなく走り出した保護運動は枚挙にいとまない．今も流行しているホタルの保護活動は，純粋な住民の愛護意識に下心のある観光業者や行政が悪乗りして深刻な遺伝的汚染などの問題を引き起こしてきた．下水処理場の排水で養殖されるカワニナとホタル，私達河川生態学者は「ホタルは清流のシンボルではない」とつぶやくしかなかった．メダカについても事情はよく似るが，観光産業が乗らなかっただけでも少しは罪が軽いかもしれない．トンボ池など特定の生物を強調しすぎるビオトープ作りも含めて，対象生物を限っての「保護」運動は始まって十数年を経て多くの課題が露呈してきた．もちろん，これは日本だけの特殊事情ではない．

　ホタルやメダカの遺伝的な汚染については，やっと社会的な理解が得られつつあるが，それでも地域個体群を無視した「善意の市民・行政」の「保護運動」は続いている．餌生物のカワニナの放流も深刻な問題を生む．ホタルより移動性の低いカワニナの地域外放流は遺伝的汚染を起こす可能性が高い．それどころか，国外外来種コモチカワツボの急速な分布拡大には，ホタルの餌としての放流もあったとの疑念もある．

　1980年代には先進的だった淀川の淡水魚保護運動はイタセンパラ，アユモドキなどをシンボルにして，保護運動は当時の建設省と対峙して多くの成果をあげてきた．既に述べたように，城北地区の河道の法線を少し曲げワンドを保全・造成させた，河川管理者の組織の中に「環境」委員会も設けさせた．しかし，30年を経過した今，残ったのは人工池で繁殖させられているイタセンパラと，外来種が優占しイタセンパラもアユモドキもさらにドブガイさえも消えた淀川のワンド群である．

　コウノトリの大陸個体の導入，人工繁殖，野外放鳥は大きな成果が挙がりつつある．トキについても野外での繁殖が期待されている．コストは別とし，国民の関心と意識を高めた成果はある．移動性の高い大型鳥類での事例を低移動性でかつ地域ごとの隔離度の高い河川生物に当てはめることは無謀である．コウノトリ

4.4 河川生態系のマネジメント

やトキについてはハプロタイプの分析，大陸個体群との比較で導入は進化史的にも許されると判断したとも聞いている．

これらの高移動性動物に比べると，河川の特に純淡水性の生物の，河川（地域）ごとの集団の隔離度が大きいことに疑いはない．既に，琵琶湖のコアユの放流（これも善意の魚類学者の所業），養殖されたアマゴ，イワナの放流では，遺伝的汚染だけではなく地域在来魚種や在来個体群の消滅も起きている．河川生物個体群の保護管理には，在来地域個体群の保全の視点は欠かせない．

最近は頻繁に行われるようになった地域個体群を人工増殖し，その本来の生息地に再移植する試みについても課題はある．工事などで影響を受ける生物個体群を一時的に保護しなければならない緊急避難を別にすれば，野外個体群を人工的に囲い込むことは多くの問題を起こす．まずは，野外の個体を人工環境へ移すことは，失敗すれば地域個体群の絶滅まで起こしかねないリスクのある所為である．また，人工下で繁殖と増殖に成功してもさらに問題はある．

人工的な環境での繁殖は，遺伝的組成に人工的なバイアスをかけることになる．これには少なくとも2つのプロセスがある．トキやコウノトリの例を挙げるまでもなく，野外の個体群へのインパクトを少なくするためには繁殖に使う個体は最

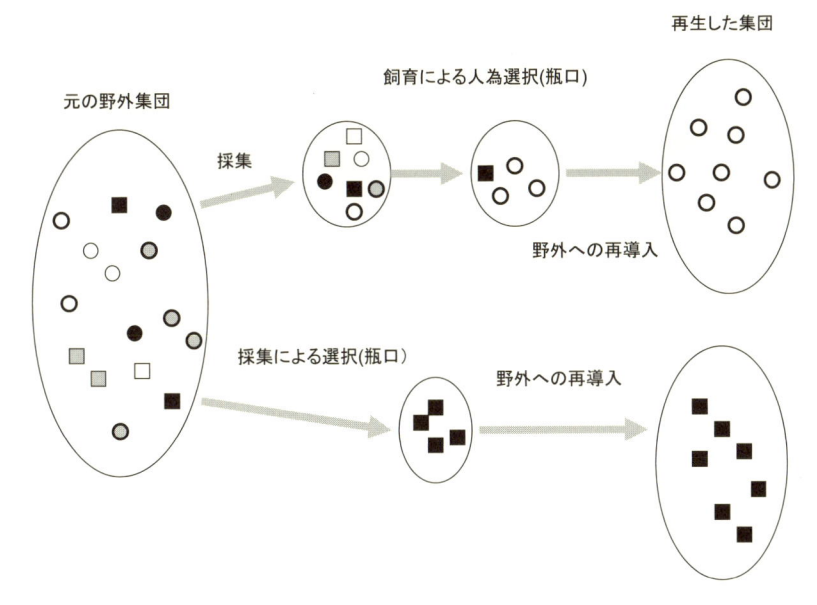

図 4.56 飼育による個体群再生と移植の問題点

小限になることが多い．この行為で遺伝的な多様性は明らかに減少し，歪められる．生態学でいう「ボトルネック（瓶口）効果」である．次の問題は飼育下に適した個体への無意識の選別が起こることである．これも，人為的に遺伝的集団組成へバイアスをかけることになる（図4.56）．繰り返しになるが，あくまで基本は野外での個体群の自然回復を助けることである．その検討なしに安易な人工繁殖に頼ることは許されない．

4.4.9 連続性のマネジメント
a．上下流の連続性

河川連続体仮説から派生したアイデアにSDC仮説がある．ダムなど大型の河川横断構造物による河川の上流－下流方向の連続性の破壊が，河川環境や生物群集にどのような影響を与えるかを予測する定性的なモデルである．このモデルやダムの連続性の断絶については紙面も必要であるし，既にまとめたこと[4.59]もあるのでここでは触れないことにする．

ダムなどより小規模な横断工作物も，河川の連続性に大きなインパクトを与える．しかし，大規模なダム撤去によらずとも課題は解決できるので，再生型マネジメントが可能である．そのいくつかの例を考えてみたい．

砂防堰堤は砂防ダムとも呼ばれるが，一部の巨大な堰堤は別にして国内では堤高が15 mを超えるものは少ない．目の敵にされている大型ダムだけでなく，砂防堰堤や小型の堰も魚類の遡上移動を妨げる．大型ダムに比べて堤高の低い堰や堰堤は魚道によって連続性が確保，改善される可能性はある．しかし，適切に設置され機能している魚道の数は，存在する堰や堰堤の数に比べて格段に少ない（図4.57）．しかも，流域全体の連続性に配慮して配置されているとはとても思われない．通し回遊魚にとっては下流部に分断されるような堰があれば，上流側の堰堤にいかに魚道などが整

図4.57 島根県斐伊川水系にある日登堰堤の魚道
日本の砂防堰堤に設置された魚道としては日本では最大規模だろう．観察窓も作られている．工費は1億5千万円あまりという．

備されてもほとんど意味をなさない.

　魚道があっても，集中的な取水によって長い水切れ区間の生じている堰は多い．特に扇状地の上端などで取水して配水する農業用の統合堰は，長い減水区間を発生させる．space for river とともに water for river というきわめて当然の配慮がマネジメントの基本である．

　砂防堰堤については透過型堰堤，治水ダムについては穴あき（流水型）ダムが連続性の確保には大きな効果を発揮する．最近は全国的に知られている島根県営の益田川ダム（図 4.58）は様々な問題はあるが，まずは河川生態系マネジメントへの大きな一歩である．大きな開口部をもつ透過型砂防堰堤は，魚類などの連続

図 4.58　益田川ダム
島根県の益田川ダムは底面穴あきダム（管理者は流水型ダムと呼ぶ）としては日本の先進的なダム．農業用利水ダムなどの再開発事業で作られた．

図 4.59　蛇谷透過型堰堤
石川県白山市の手取川水系尾添川に建設された．洪水時堰堤上部に堆積した土砂は開口部から徐々に下流に流出する．この侵食作用によって一級の早瀬が形成されている．

性の確保だけでなく土砂の連続性の確保にも大きな効果がある．技術的にはそんなに難しくもないようで，従来型堰堤の改良も含めて長い河川区間の連続性を確保するように施工を拡大するべきであろう．また，透過型堰堤では，堰堤上部に洪水時に堆積した土砂が開口部から徐々に侵食・流下されることで，勾配の大きな一級の早瀬が形成されることがある（図4.59）．連続性の確保とともに早瀬の創出という効果も期待できる．

b. 横断方向の連続性

　横断方向の連続性については3つのスケールの連続性の保全と回復が必要と思われる．河川区域内の河道と河原などの周辺域との連続性，河川とその氾濫原との連続性，さらに縦断方向の連続性とも関連することもあるが，それとはやや性質の異なる支流と本流との連続性である．

　河道と周辺域の連続性の保全には，河道周辺のエコトーンがなめらかな移行部分をもつこと，中小規模の洪水や冠水によって周辺に水が乗ることがポイントである．これは人為的な構造改変によってもある程度は対応可能であるが，基本的には河川のもつ営力を生かした侵食と堆積によって移行帯が形成，維持される必要がある．河岸には裸地を利用して生息するゴミムシ類などやそれを採餌したりするチドリ類などもいれば[60,61]，岸辺の植生を羽化時の休み場に使う水生昆虫もあり，多様な岸辺タイプがあることが望ましい．岸辺植生のツルヨシが過剰に繁茂すると土砂移動が停滞し，特に間隙の低酸素，無酸素環境が出現することもある．適度な堆積土砂（砂礫堆）の更新を促進することが望ましい．

　河川と氾濫原との横断方向の連続性の確保は，日本の多くの河川ではきわめて維持の困難な生態系マネジメントの対象である．河川内の氾濫原の代償的な生息場所要素である「ワンド」や「たまり」の保全は，動的に保全・管理されなくてはならない．これらの水域の更新には適度な水位変動が肝要である．直接の冠水による水体の更新が起こるのは当然だが，水位変動に伴い間隙水あるいは伏流水のダイナミクスが起きることが，生態系にとって重要なイベントである．

　日本には，氾濫原と河川が緊密に連続しているような河川は皆無に近い．特に中下流部にはそのような場所はなく，古くから水田が氾濫原の代替機能をもってきたといわれる．しかし，耕地整理，堤防の整備で河川と水田などの農地との連続性もほとんど断絶しているのが現状である．このような断絶の現状から回復するには，まずは河川−水路−農地の生態的連続性がどのように残り，どこで断絶しているかを検証することがまずは第一のステップのように思われる．GISなどを活用して河川−流域ネットワークを検証し，最小のコストで回復できる場所につ

いて連続性の再生を図るのが，今後の方向だろう．また，実際の魚類などの移動を追跡しながら連続性の確保を図っていくのが望ましい．

先に述べたように，合流点は河川生態系のホットスポットである．本流と支流の連続性には単に河川が合流しているだけではなく，支流から供給される土砂，本流からの背水などによって無機物，有機物が動的に堆積・貯留・徐放される場所となっている．その過程が断絶しないように，また固定化しないように，河川構造の動的なマネジメントが必要である．また，支流からの生物の供給は，本流が洪水などによって大きな撹乱を受けたときの回復のソースとしてきわめて重要である．一方，サケ科魚類などでは産卵時に支流や支沢を利用する種が少なくない[62]．そのような魚類にとっては，産卵場へのルートを確保するためにも少なくとも増水時には本流と支沢との間がスムーズに連関される必要がある．本流河道の侵食や掘削による低下，支流の取水による水量減少に伴い，合流部での水切れが頻繁に見られる現象である．透過型砂防堰堤への改修により土砂供給を増やすこと，産卵河川となるような支流からの取水の停止などが可能な連続性確保のためのマネジメントになる．

参考文献

1) Tansley A.G. : The use and abuse of vegetational concepts and terms. *Ecology*, **16**, 284-307, 1935.
2) 御勢久右衛門：奈良県吉野川における底生動物の生態学的研究，II．吉野川における底生動物の生産速度について．淡水生物，**20**, 1-22, 1977.
3) 安田卓哉，市川秀夫，小倉紀雄：裏高尾の山地渓流における有機物収支．陸水学雑誌，**50**, 227-234, 1989.
4) 池淵周一（編著）：ダム下流生態系．ダムと環境の科学1，京都大学学術出版会，2009.
5) Vannote R.L., Minshall G.W., Cummins K.W., Sedell J.R., Cushing C.E. : The river continuum concept. *Canadian Journal of Fisheries and Aquatic Sciences*, **37**, 130-137, 1980.
6) 谷田一三：生態学的視点による河川の自然復元-生態的循環と連続性について．応用生態工学，**2**, 37-45, 1999.
7) 吉村千洋，谷田一三，古米弘明，中島典之：河川生態系を支える多様な粒状有機物．応用生態工学，**9**, 85-101, 2006.
8) Cummins K.W., Spengler G.L., Ward G.M., Speaker R.M., Ovink R.W., Mahan D.C., Mattingly R.L. : Processing of confined and naturally entrained leaf litter in a woodland stream ecosystem. *Limnology and Oceanography*, **25**, 952-957, 1980.
9) 谷田一三：毛翅目（トビケラ目）．「日本産水生昆虫検索図説」（川合禎次編），pp. 167-215. 東海大学出版会，1985.
10) Coffman W.P., Cummins K.W., Wuycheck J.C. : Energy flow in a woodland stream ecosystem: 1. Tissue support trophic structure of the autumnal community. *Archiv für Hydrobiolgie*, **68**, 232-276, 1971.
11) Wallace J.B., Webster J.R., Woodall W.R. : The role of filter feeders in flowing waters.

Archiv für Hydrobiolgie, **79**, 506-532, 1977.
12) Shepard R.B., Minshall G.W. : Role of benthic insect feces in a Rocky Mountain stream: fecal production and support of consumer growth. *Holarctic Ecology*, **7**, 119-127, 1984.
13) Tanida K. : *Stenopsyche* (Trichoptera; Stenopsychidae) : ecology and biology of a prominent Asian caddis genus. *Nova Suppl. Ent. Keltern*, **15**, 595-606, 2002.
14) Junk W. J., Bayley P. B., Sparks R. E. : The flood pulse concept in river-floodplain systems. *Canadian Speial Publication of Fishery and Aquatic Sciences*, **106**, 110-127, 1989.
15) Thorp J. H. : The riverine productivity model: an heuristic view of carbon sources and organic processing in large river ecosystems. *Oikos*, **70**, 305-308, 1994.
16) Connell J. H. : Diversity in tropical rain forests and coral reefs. *Science*, **199**, 1302-1310, 1978.
17) Townsend C.R., Scarsbrook M.R. : The intermediate disturbance hypothesis, refugia, and biodiversity in streams. *Limnology and Oceanography*, **42**, 93-949, 1997.
18) Newbold J.D. : Cycles and spirals of nutrients. In: River flows and channel forms (G. Petts, P. Clow eds.), pp. 130-159. Blackwell Science, Oxford, 1996.
19) 小野勇一：動物の生産過程. 生態学講座, 18, 共立出版, 1972.
20) Nishimura N. : Ecological studies on the net-spinning caddisfly, *Stenopsyche griseipennis* McLachalan (Trichoptera, Stenopsychidae) 1. Life history and habit. *Mushi*, **39**, 103-114+3 pls.27), 1966.
21) Round F.E., Craford R.M., Mann D. G. : The Diatom, Biology and Morphology of the Genera. Cambridge University Press, Cambridge, 1990.
22) Hynes H.B.N. : The Ecology of Running Waters. University of Toronto Press, Ontario, 1970.
23) Pusch M., Fiebig D., Brettar I., Eisenmann H., Ellis B.K., Kaplan L.A., Lock M.A., Naegeli M.W., Traunspurger W. : The role of micro-organisms in the ecological connectivity of running waters. *Freshwater Biology*, **40**, 453-495, 1998.
24) Osborne L.L., Kovacic D.A. : Riparian vegetated buffer strips in water-quality restoration and stream management. *Freshwater Biology*, **29**, 243-258, 1993.
25) Tabacchi E., Correll D.L., Hauer R., Pinay G., Planty-Tachcchi A-M., Wissmar R.C. : Development, maintenance and role of riparian vegetation in the river landscape. *Freshwater Biology*, **40**, 497-516, 1998.
26) 岩崎敬二, 大塚泰介, 中山耕至：賀茂川中流域の川岸植物群落内の中・大型水生動物群集. 陸水学雑誌, **58**, 277-291, 1997.
27) Murakami T., Isaji C., Kuroda N., Yoshida K., Haga H. : Potamoplanktonic diatoms in the Nagara River; flora, population dynamics and influences on water quality. *Japanese Journal of Limnology*, **53**, 1-12, 1992.
28) Murakami T., Isaji C., Kuroda N., Yoshida N., Haga H., Watanabe Y., Saijo Y. : Development of potamoplanktonic diatoms in downreaches of Japanese rivers. *Japanese Journal of Limnology*, **55**, 13-21, 1994.
29) Smock L.A., Gladden J.E,, Riekenberg J.L., Smith L.C., Black C.R. : Lotic macroinvertebrate production in three dimensions: channel surface, hyporheic, and floodplain environments. *Ecology*, **73**, 876-886, 1992.
30) Stanford J.A., Ward J.V. : A perspective on stream-catchment connections. An ecosystem

perspective of alluvial rivers: connectivity and the hyporheic corridor. *Journal of the North American Benthological Society*, 12, 48-60, 1993.
31) Plenet S., Gibert J., Marmonier P. : Biotic and abiotic interactions between surface and interstitial systems in rivers. *Ecography*, 18, 296-309, 1995.
32) Jones J.B. Jr., Holmes R.M. : Surface-subsurface interactions in stream ecosystems. *Trends in Ecology and Evolution*, 11, 239-242, 1996.
33) Gibert J., Stanford J.A., Dole-Oliver M.-J., Ward J.V. : Basic attributes of groundwater ecosystems and prospects for research. In: Groundwater Ecology (Gibert J., Danielopol D.L., Stanford J.A. eds.), pp. 7-40, Academic Press, San Diego, 1994.
34) Takemon Y., Hirayama Y., Tanida K. : Species composition in a bar-island of a Japanese mountain stream. *Japanese Journal of Limnology*, 60, 413-416, 1999.
35) 田中亜季, 谷田一三：木津川砂州河床の Meiobenthos 群集と簡易浅井戸採集法の開発. 木津川の総合研究 II: 253-267. リバーフロント整備センター, 2009.
36) Williams D.D. : Temporal patterns in recolonization of stream benthos. *Archiv für Hydrobiologie*, 90, 56-74, 1980.
37) Cederholm C.J., Houstin D.B., Cole D.L., Scarlett W.J. : Fate of coho salmon carcasses in spawning streams. *Canadian Journal of Fisheries and Aquatic Sciences*, 46, 1347-1355, 1989
38) Ito T. : Indirect effect of sallmon carcasses on growth of a freshwater amphipod, *Jesogammarus jesoensis* (Gammaridae) : An experimental study. *Ecological Research*, 18, 81-89, 2003.
39) Bilby R.E., Fransen B.R., Bisson P.A. : Incorporation of nitrogen and carbon from spawning coho salmon into the trophic system of small streams: evidence from stable isotopes. *Canadian Journal of Fisheries and Aquatic Sciences*, 53, 164-173, 1996.
40) Garman G.C., Macko S.A. : Contribution of marine-derived organic matter to an Atlantic coast, freshwater, tidal stream by anadromous clupeid fishes. *Journal of the North American Benthological Society*, 17, 277-285, 1998.
41) Waters T.F. : Interpretation of invertebrate drift in streams. *Ecology*, 46, 327-334, 1965.
42) Nishimura N. : Ecological studies on net-spinning caddisfly, *Stenopsyche griseipennis* McLachlan 4. Upstream migration and extension of breeding zone. *Physiology and Ecology, Japan*, 17, 179-183, 1976.
43) 西村 登：ヒゲナガカワトビケラ. 文一総合出版, 1987.
44) 谷田一三, 野崎隆夫, 田代忠之, 田代法之：CADDIS トビケラとフライフィッシング. 廣済堂出版, 1991.
45) 竹門康弘：渓流魚とカゲロウの食う食われる関係. フライの雑誌, 19, 32-39, 1992.
46) 谷田一三：川虫で河川水辺の自然度を調べる. 昆虫ウォッチング（日本自然保護協会編）, 平凡社, 260-266, 1996.
47) 広瀬利雄監修：応用生態工学序説. 信山社, 1997.
48) 谷田一三, 竹門康弘：日本の 2, 3 の山地渓流における微生息場所構造と底生動物群集. Ecoset'95: International Conference on Ecological System Enhancement Technology for Aquatic Environments: 95-100, 1995.
49) Takemon Y. : Biodiversity management in aquatic ecosystems: Dynamic aspect of habitat complexity in stream ecosystems. Ecological Perspective of Biodiversity (Abe T., Higashi

M., Levin S. A.（eds.））: pp.259-275. Springer, Amsterdam, 1997.
50) アメリカ合衆国内務省・国立生物研究所（原著），中村俊六，テリー・ワドゥル（編訳）：IFIM入門．リバーフロント整備センター，1999.
51) 鷲谷いずみ，矢原徹一：保全生態学入門－遺伝子から景観まで．文一総合出版，1996.
52) エルトン，C. S.（原著），川那部浩哉，松井宏明，井原敏明，谷田一三（訳）：動物の生態．思索社，1989.
53) 河川生態学術研究会多摩川研究グループ：多摩川の総合研究－永田地区の河道修復－．リバーフロント整備センター，2006.
54) 河川生態学術研究会千曲川研究グループ：千曲川の総合研究II－粟佐地区の試験的河道掘削に関する研究－．リバーフロント整備センター，2008.
55) Katano I., Houki A., Isobe Y., Oishi T. : Comparison between gut contents of *Micrasema quadriloba* Martynov（Brachycentridae）and algal communities in the habitat. *Nova Suppl. Ent., Keltern*, **15**, 521-528, 2002.
56) Kochi K., Kagaya T. : Green leaves enhance the growth and development of a stream macroinvertebrate shredder when senescent leaves are available. *Freshwater Biology*, **50**, 656-667, 2005.
57) 平松和也，内藤 馨：淀川城北ワンド群の魚類群集の変遷．関西自然保護機構会誌，**31**, 57-70, 2009.
58) 井上泰江，竹門康弘，谷田一三，安佛かおり，三田村緒佐武：木津川砂州上のタマリ動物群集の動態－自然タマリと人工タマリにおける増水前後の比較．木津川の研究－京田辺地区を中心にして－，337-367，リバーフロント整備センター，2003.
59) 谷田一三，竹門康弘：ダムが河川の底生動物に与える影響．応用生態工学，**2**, 153-164, 1999.
60) 江崎保男，松原 始：チドリを頂点とした食物網とその動態．木津川の総合研究II, 93-105．リバーフロント整備センター，2009.
61) 松良俊明：水際の昆虫群集．木津川の総合研究II, 107-119．リバーフロント整備センター，2009.
62) 中村智幸：イワナをもっと増やしたい！，フライの雑誌社，2007.

索　引

欧文

ADCP　192
BOD　146, 158
CEC　46, 47
COD　146
CPOM　111, 117, 222, 237
D-P-S-E-R モデル　6
EU Directive　74
FPC　223, 224, 230
FPOM　111, 117, 221, 226
GIS　92, 242
HAB　203
HEP　112
HIS　233
IFIM　75, 113, 233
LCA　29
LQ 式　152
PAHs　166
PAL　46, 47
PHABSIM　112
POM　111, 117, 221
PRTR 法　149
RCC　110, 220, 223, 240
RPM　224
SDC 仮説　240
Shannon-Wiener 指数　121
STD 論　107
TOC　146
WHO　79
WUA　112, 113

あ　行

青潮　212
赤潮　203
秋葉ダム　97, 100
穴あきダム　241
アマーリング　137
安定同位体　229
アンブレラ種　233

硫黄酸化物　3, 4
閾値　8
移動限界水深　124
移動床過程　108
移動床系　104
移動床相互作用素　109
インベントリー　233

ウィン・ウィン　34
ウェットランド　223
ウォッシュロード　91, 93
雨水浸透　15
雨水流出率　78
雨天時越流水　165

衛生指標　174, 175
栄養塩　144, 188, 221, 225, 229
エクマン螺旋　200
エクマン流　200
エコキュート　51
エコトーン　234, 242
エコロジカルフットプリント　30
エスチャリー　196
エスチャリー循環　198
エネルギー資源　2
鉛直循環流　200
エンドオブパイプ技術　5

大型水生植物　222, 224
大潮　195
屋上緑化　61

温室効果ガス　41

か　行

海岸侵食　124
外皮　46
回遊魚　229, 240
外来性有機物　222
角閃石　129
撹乱　217, 219, 224, 229
河口デルタ　132
河床間隙　228, 229, 237
河床付着生物膜　154
化審法　149
風の道　26
河川生態系　217, 219, 221, 224, 237
河川連続体仮説（RCC）110, 220, 223, 240
仮想水　73
仮想評価法　33
合併浄化槽　162
河道動態　103
河道内生産モデル　224, 230
河畔植生　224, 234
華北平原　80
カーボンニュートラル　21
簡易処理水　174
灌漑スケジューリング　79
環境
　　——の価値　31
　　——の媒体　4
環境アセスメント　232
環境アセスメント技術　115
環境影響　1
環境影響評価　231
環境基準　9, 154

環境機能　83
環境クズネッツ曲線　3
環境負荷　1, 2, 9
環境容量　7, 8, 9
慣行水利権　74
冠水　223

気温　52
キーストーン種　233
基礎資源　221
木津川　108, 118
起伏量　92
気密　49
京都議定書　40, 41, 43, 45

クールルーフ　62
グレーザー　222, 236

珪藻　226
渓畔植生　227, 235, 236
渓畔林　221, 227, 235
下水処理水　17
下水道　162
限界掃流力　103
限界損害費用　32
限界対策費用　32
健康項目　23, 159
顕示選好法　33
懸濁物　223
原単位法　155

広域地方計画　11
公害　3
黄河流域　85
交互砂州　107
洪水パルス仮説（FPC）223, 224, 230
交通需要管理　27
高度処理　24
鉱物組成　125
合流式下水道　164
合流式下水道雨天時越流水　165, 189
合流点　234
枯渇性資源　15
国際生物学事業　218

国土計画　11
国土形成計画　11
国土数値情報　92
小潮　195
個体群　218, 239
コリオリ力　200
コレクター　222
コロナイゼーションサイクル　229
混合層　208
混合粒径土砂　135
コンジョイント分析　33
コンポスト　22

さ　行

再生型マネジメント　230, 240
再生可能エネルギー　20
再生可能資源　15, 16
最適汚染水準　32
佐久間ダム　97
雑排水　162
サブ景観　120
サブリーチ　105
砂防堰堤　240
鮫川・勿来海岸流砂系　127
三大都市圏　10
山地渓流　232, 233

シアノバクテリア　226
市街地排水　162, 165
次世代省エネ基準　48, 50
自然再生事業　231
自然浄化機能　154
シートフロー　135
し尿処理　162
遮集倍率　165
集水域　68
樹脂サッシ　51
受動的なマネジメント　230
シュレダー　222, 236
循環型社会　18
循環資源　19
上位種　233
省エネルギー　41
省エネルギー基準　45, 46, 48
湘南海岸　125

植生域　108
植物プランクトン　188, 202
食物網　229
食料資源　16
除草剤　151
徐放　219, 243
徐放装置　225
人口減少期　74
人工洪水　217
人工排熱　55
人工ワンド　237, 238
浸透設備　14
振動流装置　135
シンボル種　233
森林生態系　217
森林面積　12

水質汚濁　22
水質環境基準　159
水質総量規制　163
水制　237
水生大型植物　221
水生昆虫　228, 229
吹送流　198, 199
水田　217, 223, 242
水浴場水質（判定）基準　174, 175, 181
水流遮蔽面積　108
数値流体力学　59
スクレーパー　222
ステークホルダー　69
スパイラリング　219, 221
スプロール　13
スマートグロース　37
スルーシング　96

生活環境項目　23, 159
生活史　82
生植物食物連鎖　221
生息環境評価指標　113
生息適性　112
生息場所　234
生態系　111, 217, 218, 235
生態系機能　119
生態系生態学　218
生態系マネジメント　231

生態的機能　120
生態的循環　225
生物群集　217, 218, 233
生物生産　226
生物多様性　121, 231
石英　129
セグメント　105, 110
セシウム137　131
世代間の衡平　91
絶滅危惧種　238
ゼロエミッション　19, 20
全国計画　11

総合土砂管理　90
掃流砂　91, 93
掃流力　104
総量規制　155
側方輸送　221
粗粒化　104

た 行

大気汚染　27
堆砂デルタ　93
大腸菌群　174, 175, 178
太陽光発電　45, 51
ダウンサイジング　221
多環芳香族炭化水素類（PAH）
　166
宅地　13
たまり　107, 223, 228, 242
ダム堆砂　90, 92
多様性　218, 224
単独浄化槽　162
断熱　44, 47, 49
断熱窓　51

地域個体群　217
窒素　144
中規模撹乱仮説　224
昼光　51
腸管系ウイルス　175, 178
長石　129
潮汐　193
重複余剰種仮説　121
潮流　192
直接負荷　28

貯砂ダム　95
貯水池回転率　93
貯水池堆砂　125
貯水池土砂管理　95
貯水池捕捉率　93
貯留・徐放装置　229
貯留装置　219, 225, 227, 236

通風　51

底生動物群集　226, 236
底生無脊椎動物　222, 223
汀線変化モデル　132
手取川　108
点滴　161, 162
天竜川 - 遠州灘海岸　138

透過型（砂防）堰堤　241, 243
東京都水環境保全計画　160
東京都水環境マスタープラン
　160
東京湾　187
東京湾再生　163
東京湾再生推進会議　163
東京湾流域別下水道整備総合計画
　163
透水性舗装　14
動的平衡　133
トーキョー・ウォール　64
都市型水害　14, 26
土砂還元　100
土砂生産　91, 93
土砂生産量　125
土石流　91
土地利用　10
トラベルコスト法　33
ドリップ灌漑　79
トレードオフ　30, 34, 35

な 行

内湖　83
内水氾濫　78
内的生産モデル（RPM）　224
鉛210　131

二酸化炭素　3, 4

二酸化炭素排出　2
日射遮蔽　45, 49
日本住宅性能表示制度　48
認可水利権　74

熱中症　58
熱容量　55
年間熱負荷　46
燃料電池　51

農業　28
農業生態系　217
農地　13
農薬　81
ノンフロン断熱材　51

は 行

バイオトイレ　80
バイオフィルム　226, 236
バイオマス　115, 233
バイオマス資源　21
バイオマス・ニッポン戦略　21
廃棄物　3, 4, 18
背砂　94
排砂バイパス　95
排砂門　96
排出負荷量　163
バスタブリング　234
ハビタート　110
ハビタートスケール　105
氾濫原　223, 235, 242

ピーク流量　103
微細有機物（FPOM）　111, 117,
　221, 226
微生息場所　232
微生物　226, 236
微生物食物連鎖　221
非生物的環境　218, 220
ヒートアイランド　24, 52
ヒートアイランド強度　52
ヒートポンプ給湯機　51
漂砂系　123
表明選好法　33
表流水　228, 237
日除け　47

索引

微量化学物質　144
貧酸素水塊　81, 210

富栄養化　144, 188
富栄養化防止策　81
負荷量　152
複層ガラス　51
伏流水　228, 237
腐食植物連鎖　221, 223
不浸透面　14
付着藻類　116, 222, 224
物質循環系　111
浮遊砂　91, 93
フラッシュ　235
フラッシング　96
プランクトン　228
糞便性大腸菌群　174, 175, 178
分流式下水道　164

ヘドニック法　33

崩壊地　92
放射性同位元素　131
防露　49
保全型マネジメント　230
ホットスポット　233, 243
ボトルネック効果　240

ま 行

益田川ダム　241
マネジメント　217, 230, 235, 243

ミキシングダイアグラム　190
水環境　22
水資源　16
水資源賦存量　16, 17
水の有価化　72
水マネジメント　67
密度流　198
密度流排出　95
美和ダム　95, 97
民生部門　41, 43

メタン発酵　21
面源　161, 162

モニタリング　230, 238

や 行

有機塩素系化合物　81
有機汚濁物質　144
有光層　208
湧昇流　201
遊水機能　78
誘発負荷　28

溶存酸素　210
溶存有機物　227
養浜工　135
予測可能性　220

ら 行

ライフサイクルアセスメント

（LCA）　29
落葉　221, 227
藍藻　226

利水域　67
リターバック　227, 236
リベット種仮説　121
流域　67, 102
流域圏　68
流域水マネジメント　68, 83
流下 POM　221
流下プランクトン　117
流下有機物　227
流況　102
流砂系　90, 123
流砂量　103
流出土砂量　124
流出負荷量　145, 152
粒状有機物　221
両生類　236
リン　144
臨界深度　208

レッドフィールド比　205

濾過摂食型　223
ロジスティック方程式　115

わ 行

ワンド　107, 228, 237, 242

編者略歴

佐藤　愼司
<small>さ とう しん じ</small>

1958年　奈良県に生まれる
1983年　東京大学大学院工学系研究科土木工学修士修了
現　在　東京大学大学院工学系研究科社会基盤学専攻・教授
　　　　工学博士

土木工学選書
地域環境システム　　　　　　　　定価はカバーに表示

2011年2月15日　初版第1刷

編　者	佐　藤　愼　司
発行者	朝　倉　邦　造
発行者	株式会社　朝　倉　書　店

東京都新宿区新小川町 6-29
郵便番号　162-8707
電　話　03 (3260) 0141
Ｆ Ａ Ｘ　03 (3260) 0180
http://www.asakura.co.jp

〈検印省略〉

Ⓒ 2011〈無断複写・転載を禁ず〉　　壮光舎印刷・渡辺製本

ISBN 978-4-254-26532-3　C 3351　　Printed in Japan

エンジニアリング振興協会 奥村忠彦編
土木工学選書
社会インフラ新建設技術
26531-6 C3351　　　　　A5判 288頁 本体5500円

従来の建設技術は品質，コスト，工期，安全を達成する事を目的としていたが，近年はこれに環境を加えることが要求されている。本書は従来の土木，機械，電気といった枠をこえ，情報，化学工学，バイオなど異分野を融合した新技術を詳述。

石川県大 丸山利輔・京大 三野 徹編
地 域 環 境 水 文 学
44022-5 C3061　　　　　A5判 192頁 本体4000円

地域の水循環の基礎を解説した教科書。〔内容〕地域環境水文学とは／大気中の水の動きと物質の動き／地表水の動きと物質の動き／土壌水の動きと物質の動き／地下水の動きと物質の動き／栄養塩類の流出とその制御／地域における水循環管理

丸山利輔・三野 徹・冨田正彦・渡辺紹裕著
地 域 環 境 工 学
44019-5 C3061　　　　　A5判 228頁 本体4000円

生活環境の整備や自然環境の保全などを新しい視点から解説する。〔内容〕地域環境工学とは／土地資源とその利用／水資源とその利用／生産環境整備／生活環境の整備／地域環境整備／地域環境と地球環境／(付)地域環境整備の歴史的展開と制度

兵庫県大 江崎保男・兵庫県大 田中哲夫編
水 辺 環 境 の 保 全
―生物群集の視点から―
10154-6 C3040　　　　　B5判 232頁 本体5800円

野外生態学者13名が結集し，保全・復元すべき環境に生息する生物群集の生息基盤(生息できる理由)を詳述。〔内容〕河川(水生昆虫・魚類・鳥類)／水田・用水路(二枚貝・サギ・トンボ・水生昆虫・カエル・魚類)／ため池(トンボ・植物)

前日大 木平勇吉編
流 域 環 境 の 保 全
18011-4 C3040　　　　　B5判 136頁 本体3800円

信濃川(大熊孝)，四万十川(大野晃)，相模川(柿澤宏昭)，鶴見川(岸由二)，白神赤石川(土屋俊幸)，由良川(田中滋)，国有林(木平勇吉)の事例調査をふまえ，住民・行政・研究者が地域社会でパートナーとしての役割を構築する〈貴重な試み〉

前農工大 小倉紀雄・九大 島谷幸宏・大阪府大 谷田一三編
図説 日 本 の 河 川
18033-6 C3040　　　　　B5判 176頁 本体4300円

日本全国の52河川を厳選しオールカラーで解説〔内容〕総説／標津川／釧路川／岩木川／奥入瀬川／利根川／多摩川／信濃川／黒部川／柿田川／木曽川／鴨川／紀ノ川／淀川／斐伊川／太田川／吉野川／四万十川／筑後川／屋久島／沖縄／他

日本陸水学会東海支部会編
身 近 な 水 の 環 境 科 学
―源流から干潟まで―
18023-7 C3040　　　　　A5判 176頁 本体2600円

川・海・湖など，私たちに身近な「水辺」をテーマに生態系や物質循環の仕組みをひもとき，環境問題に対峙する基礎力を養う好テキスト。〔内容〕川(上流から下流へ)／湖とダム／地下水／都市・水田の水循環／干潟と内湾／環境問題と市民調査

岩田好一朗編著 水谷法美・青木伸一・村上和男・関口秀夫著
役にたつ土木工学シリーズ1
海 岸 環 境 工 学
26511-8 C3351　　　　　B5判 184頁 本体3700円

防護・環境・利用の調和に配慮して平易に解説した教科書。〔内容〕波の基本的性質／波の変形／風波の基本的性質と風波の推算法／高潮，津波と長周期波／沿岸海域の流れ／底質移動と海岸地形／海岸構造物への波の作用／沿岸海域生態系／他

前九大 楠田哲也・九大 巖佐 庸編
生態系とシミュレーション
18013-8 C3040　　　　　B5判 184頁 本体5200円

生態系をモデル化するための新しい考え方と技法を多分野にわたって解説する"生態学と工学両面からのアプローチを可能にする"手引書。〔内容〕生態系の見方とシミュレーション／生態系の様々な捉え方／陸上生態系・水圏生態系のモデル化

東大 神田 順・東大 佐藤宏之編
東 京 の 環 境 を 考 え る
26625-2 C3052　　　　　A5判 232頁 本体3400円

大都市東京を題材に，社会学，人文学，建築学，都市工学，土木工学の各分野から物理的・文化的環境を考察。新しい「環境学」の構築を試みる。〔内容〕先史時代の生活／都市空間の認知／交通／音環境／地震と台風／東京湾／変化する建築／他

上記価格(税別)は2011年1月現在